黄帝手植柏克隆与古树保护繁育研究

李三原　编著

西北农林科技大学出版社
·杨凌·

图书在版编目（CIP）数据

黄帝手植柏克隆与古树保护繁育研究 / 李三原编著.
—杨凌：西北农林科技大学出版社, 2023.11
ISBN 978-7-5683-1326-1

Ⅰ. ①黄… Ⅱ. ①李… Ⅲ. ①柏科—基因克隆—研究
②树木—良种繁育—研究 Ⅳ. ①S722.8

中国国家版本馆CIP数据核字(2023)第226285号

黄帝手植柏克隆与古树保护繁育研究
李三原 编著

出版发行	西北农林科技大学出版社		
地　　址	陕西杨凌杨武路3号	邮　编	712100
电　　话	总编室：029-87093195	发行部：029-87093302	
电子邮箱	press0809@163.com		
印　　刷	陕西天地印刷有限公司		
版　　次	2023年11月第1版		
印　　次	2024年3月第1次印刷		
开　　本	787 mm × 1092 mm　1/16		
印　　张	18.75		
字　　数	338千字		

ISBN 978-7-5683-1326-1

定价：108.00元

作者简介

李三原，插队知青，西北大学毕业，中央党校一年制中青年干部培训班毕业，中央党校研究生班毕业，教授级高级工程师。曾在美国加利福尼亚大学、香港科技大学和北京林业大学学习。中国茶叶流通协会荣誉会长、国家矿产储量参理员、陕西省老科学技术教育工作者协会副会长、陕西省珍贵苗木花卉工程技术研究中心主任、国家林业和草原局茯茶工程技术研究中心管委会主任。

曾参与和主持陕北侏罗纪煤田勘探、神府煤田沉积相、鄂尔多斯侏罗系和三叠系含油层、煤炭地下气化、黄帝手植柏克隆、老子手植银杏克隆、泾阳茯砖茶抢救复产、宋代孔雀茶、牡丹历史文化和产业、健康饮用水、茯茶制作工艺、林麝野化放归、朱鹮跨越秦岭放归、森林灭火炸弹等项目的开发和研究工作。

著有《黄帝手植柏克隆与古树保护繁育研究》《榆林矿产资源开发利用研究》《陕西茶话》《陕西官茶》《陕北白于山调查》《秦岭白云山调查》《健康饮用水》《牡丹归来》《元宝枫油》《千古之谜秘色瓷新解》《中国玉文化之滥觞》《行为中的悟性论》《比较文艺与混合文艺》《陕西大漆》《石魂》《麝父来香》《丝路衮冕十二章纹》等。主编有茶叶丛书——《陕西茶史》《陕西茶产业》《陕西茶文化》。

曾获得中共中央组织部授予的“全国百名人民好公仆”称号，出席了中国共产党成立75周年座谈会受到中央政治局全体常委接见；受到中央社会治安综合治理委员会和中央组织部嘉奖；获“全国国防后备力量建设十佳新闻人物”“新中国六十年茶事功勋人物”“绿色中国年度焦点人物”“第十五届‘陆羽奖’国际十大杰出贡献茶人”“陕西茶行业十佳茶人终身成就奖”“茯茶功勋”等荣誉。

内容简介

本书是有关黄帝手植柏克隆技术和古树保护繁育题目的著作，介绍了黄帝手植柏无性繁殖和有性繁殖的技术环节和工作过程，对所取得的重要科技成果作了科学总结。这一成果既为古树名木保护开辟了一条新途径，也为科技工作者提供了一个资料翔实的克隆案例。同时，介绍了古树保护、黄帝陵与黄帝手植柏的相关知识，以及仓颉手植柏、孙思邈手植柏和老子手植银杏的繁育保护情况。

书中利用生理学、栽培学、育种学、分子生物学等原理，通过微型扦插、组织培养、嫩枝嫁接等无性繁殖和种子繁育的有性繁殖技术，对黄帝手植柏进行繁育保护，是传承历史文化和永久保存千年古树优秀基因的重要举措和崭新尝试。以嫩枝扦插和组织培养的方式对黄帝手植柏进行克隆是国内首创，根据公开资料查询发现对 5000 年的古柏树成功克隆也是世界第一例。这项科技成果解决了千年古树扦插和组织培养极难生根这一植物学难题，同时深入研究了侧柏古树端粒的相关结构，提出基因克隆的设想，这些将对我国乃至世界古树保护繁育工作具有重要的科研和学术价值。

全书分七章，可作为古树名木保护、森林保护、生态学研究的参考书，也可作为大专院校师生、科研院所研究人员，以及管理人员的阅读和参考书。

前 言 Preface

古树名木是自然界和前人留下来的宝贵遗产，具有多方面的重要价值。陕西省拥有丰富的古树名木资源，其中桥山轩辕黄帝手植柏是最为璀璨的一颗明珠，被誉为“中华百棵名树之首”和“世界柏树之王”。黄帝手植柏是中华民族世代相传、生生不息的民族精神和文化象征，备受世人敬仰。更有效更持久地保护古树名木是开展黄帝手植柏克隆与保护复壮研究的目的，也是编撰此书的初心所在。

古树名木繁育工作是科学研究、森林遗产保护、历史文化传承的需要，也是经济、政治、社会和生态文明建设的需要。千年古树基因虽优，但自然生命必有时限，针对如何从根本上研究解决黄帝手植柏的保护问题，我曾多次赴黄帝陵考察古柏树，深感育林之艰辛，润民之久远。在夜深人静的时候经常思考黄帝手植柏克隆与保护复壮之路，谋划古树万代永续之法。

2012 年 8 月，我提出通过植物克隆技术解决古树名木生命永续的问题，之后陕西省林业厅、黄帝陵文化园区管委会启动了古树名木繁育保护工程，成立黄帝手植柏克隆课题研究组和保护复壮工作组，分别委托中国林业科学研究院、西北农林科技大学、陕西省宁东林业局、西咸新区泾河新城基泰绿色生态发展研究院等单位，通过组织培养、微型扦插、嫩枝嫁接等克隆技术和种子繁育技术，摸索古柏树无性繁殖和有性繁殖体系，我作为提出者参与了方案的制定和项目的研究。古树名木的克隆与保护复壮的每项工作都极具挑战性和开创性。2012 年 10 月，延安市人民政府和陕西省林业厅在黄帝陵举行古树名木保护暨黄帝手植柏繁殖材料采集仪式，陕西省人民政府和国家林业局负责人出席并讲话。经过中国林业科学院专家近两年的探索，以不同树龄侧柏为试验对象，建立了侧柏古树扦插和组织培养的无性繁殖技术体系，开展了侧柏古树扦插生根过程的生理基础研究，攻克了几千年侧柏古树扦插、组织培养无性繁殖技术和种子繁殖的技术难题，成功获取黄帝手植柏克隆苗。这种可永久保存黄帝手植柏的优良基因，保护并保存了珍贵古树的种质资源。这不仅为保护和克隆繁殖侧柏古树奠定了基础，也为其他古树无性繁殖提供了重要价值的探索和方向。之后，黄帝陵汉武帝挂甲柏、周至县楼观台老子手植银杏、白水县史官镇仓颉手植柏、耀州区药王山孙思邈手植柏的繁育保护工作也取得突破性进展。

国家林业局指出："这是传统文明与现代科技的完美结合，是对古树名木更积极的保护，是真正意义上的可持续发展"。2014年清明节，在黄帝陵祭祖大典期间，轩辕庙黄帝手植柏旁首次展示了黄帝手植柏克隆苗，来自海内外的中华儿女驻足观瞻、肃穆凝视、照相合影，久久不愿离去。2016年黄帝手植柏种子搭载长征二号运载火箭，在天宫二号空间实验室度过了不平凡的太空之旅，2017年太空种子培育试验获得成功，各大新闻媒体纷纷报道，引起了公众热议和广泛关注。为了保护好古树名木，陕西省制定了《陕西省古树名木保护条例》《陕西省古树名木养护技术标准》《陕西省古树名木价值评估办法》，出版了《陕西古树神韵》大型画册，开设了宣传网站，提高了社会公众关注古树、保护古树的热情。

陕西古树名木的无性和有性繁殖与保护复壮工程，自2012年启动以来，已历时10个春秋。因工作缘故，本人笔耕保护所得，收集整理相关资料，从2013年起,用了10年时间编写了《黄帝手植柏克隆与古树保护繁育研究》一书，其资料来源如下：

第一章的部分内容主要来自《黄陵文典（黄帝祭祀卷）》、东北师范大学出版社出版的《黄帝文化研究》、陕西省公祭黄帝陵工作委员会办公室组织编写的《黄帝祭祀大典图志》、中国林业出版社出版的《陕西古树神韵》、西北大学中国思想文化研究所张茂泽教授、陕西省社科院何炳武研究员等的著作和文章；陕西省绿化委员会办公室、延安市黄帝陵管理局、陕西省林业信息宣传中心、陕西省宁东林业局、陕西省森林文化协会、泾河新城基泰绿色生态发展研究院、中国林业网站等也为本章的编写提供了部分资料和珍贵照片。

第二章至第四章的技术资料部分主要来自《黄帝手植柏无性繁殖技术研究总结报告》（中国林业科学研究院）、《侧柏古树扦插繁殖技术与生根机理研究》（魏黔春）、《古树轩辕柏端粒相关基因克隆及组织培养技术研究》（赵育新）。

第五章和第七章内容主要来自南京林业大学、西北农林科技大学、中国林业科学研究院、北京林业大学、北京市园林科学研究院、重庆保绿丰集团公司编制的《黄帝手植柏保护复壮技术方案》《老子手植银杏保护复壮技术方案》。

第六章的部分资料来自白水县政协文史资料委员会和仓颉庙景区管委会组织编写的《仓颉庙》（上下册）和铜川市药王山管理局提供的资料，柏树文化主要来自冯广平、包琰等编写的《秦汉上林苑植物图考》《北京皇家园林树木文化图考》。

在此，对尹伟伦院士、曹福亮院士、张守攻院士、江泽平研究员、常二梅博士及其团队和参与者，为黄帝手植柏克隆与古树保护繁育所付出的辛勤劳动表示深深的感谢！对他们所取得的重要成果表示真诚的祝贺！对所有为古树名木作出贡献的人以及提供资料的单位，在此一并致谢！

本书大部分内容涉及黄帝手植柏等古树名木繁育的专业技术问题，由于编者的专业能力所限，可能会有不准确甚至错误的表述，在编写中为了尽量保持章节内容的完整性，有一些重复的内容并未删减，请读者参考使用。

李三原

2023 年 6 月 12 日

特别鸣谢

黄帝手植柏克隆与种子繁育课题研究组成员

张守攻 生物学、森林培育和可持续经营专家，中国工程院院士，研究员、博士生导师，曾任中国林业科学院院长，指导黄帝手植柏繁育工作。

江泽平 古树生物学专家，中国林业科学研究院林业研究所首席专家、研究员、博士生导师，林业研究所所长，黄帝手植柏无性繁殖研究项目技术负责人。

李三原 陕西省珍贵树木工程技术研究中心主任，教授级高级工程师，提出无性繁殖和有性繁殖黄帝手植柏等古树名木的建议，参与制订研究方案和实施计划，组织实施研究工作及其宣传展示活动。

常二梅 博士、研究员，与**刘建锋**研究员负责采样和无性繁殖。

孙晓梅研究员、**许洋**高级工程师、**史胜青**研究员、**李迎超**助理研究员、**魏黔春**硕士和**赵育新**硕士等分别负责采样和无性繁殖、扦插及组织培养，采取样品和全光照喷雾繁殖、扦插和嫁接繁殖等工作。

黄帝手植柏保护复壮专家组成员

曹福亮 组长，森林培育专家，中国工程院院士、教授、博士生导师，曾任南京林业大学校长。

赵　忠 副组长，森林培育学科带头人，教授、博士生导师，曾任西北农林科技大学常务副书记。

叶建仁 林业有害生物预防与控制专家，教授、博士生导师，曾任南京林业大学副校长。

江泽平 中国林业科学研究院林业研究所首席专家、研究员、博士生导师，林业研究所所长。

汪贵斌 银杏专家，教授、博士生导师，国家林业和草原局银杏工程研究中心常务副主任，南京林业大学国际教育学院副院长。

丛日晨 植物学专家，教授级高级工程师，曾任北京市园林科学研究院副院长。

翟明普 森林培育专家，教授、博士生导师，北京林业大学林学院教授。

牟晓伟 森林保护专家，教授级高级工程师，重庆保绿丰生物科技有限公司董事长。

康永祥 树木学专家，教授、博士生导师，西北农林科技大学林学院森林植物教研室主任。

黄帝手植柏保护复壮技术方案评审组成员

尹伟伦 组长，生物学、森林培育学专家，中国工程院院士，教授、博士生导师，曾任北京林业大学校长。

李凤日 林分生长、森林可持续经营专家，教授、博士生导师，东北林业大学林学院院长。

汤庚国 古树名木保护专家，教授、博士生导师，曾任南京林业大学森林资源与环境学院副院长。

沈应柏 植物生理学、植物保护学专家，教授、博士生导师，北京林业大学生物科学与技术学院教授。

孙振元 树木生理生态专家，研究员、博士生导师，中国林业科学研究院林业研究所首席专家。

黄帝手植柏保护复壮工作组成员

李三原 陕西省林业厅，教授级高级工程师。

张　勇 陕西省公祭黄帝陵工作委员会办公室。

王建阳 陕西省林业厅，经济师。

薛恩东 陕西省林业厅，高级工程师。

贺长翔 陕西省林业厅，经济师。

田　瑞 陕西省绿化委员会办公室。

陈宝林 陕西省森防总站，高级工程师。

刘长荣 陕西省宁东林业局，高级工程师。

冯　岩 陕西省林业厅办公室。

张会明 延安市黄帝陵管理局。

目录 CONTENTS

第一章 黄帝陵与黄帝手植柏

第一节 轩辕黄帝与黄帝陵

一、轩辕黄帝

黄帝，姓公孙，名轩辕，号有熊，因长期居住在姬水之滨，遂改姓姬，后来活动于有熊一带，故又称有熊氏。

黄帝本是部落首领，生活在距今5000年前的新石器时代。黄帝是少典氏娶有蟜氏所生，少而聪明，禀赋神异，修德振兵，阪泉之战击败炎帝族，涿鹿之战击败蚩尤族，使得黄帝、炎帝、蚩尤三大部族融合，与中原各氏族部落联姻，结成部落联盟。黄帝被拥戴为部落联盟领袖，构成华夏民族的基础，建立了世界上第一个有共主的国家，当时人们以土为崇拜对象，故称为黄帝。

黄帝是中华文明的人文初祖，共崇始祖，经过几千年传承弘扬，成为凝聚中华民族的精神纽带、团结华夏儿女的精神旗帜。黄帝娶嫘祖为妻，生了25个儿子，五帝中的颛顼、帝喾、尧、舜都是黄帝的后代。大禹所传的夏人，契的后裔商人，后稷的子孙周人，以及春秋战国时期各诸侯国的民众，多属黄帝血脉。司马迁系统记录了黄帝的血脉传承，确立了黄帝的华夏始祖地位。司马迁记载了秦人和汉朝人都是黄帝后裔。闽越人是越王勾践的后代，而越王勾践则是周太伯之后，与周文王同属一家。朝鲜王满本为燕人，是周召公的后裔。西汉时期北方匈奴的先祖是“夏后氏之苗裔”（《史记》卷110《匈奴列传》），匈奴属于黄帝血脉，夏后氏即夏人的后代，与大禹同姓姒。南方“蛮夷”的先祖盘瓠，则是高辛氏帝喾的大臣，因有功帝喾“以女配盘瓠”，生6男6女，后来发展为号曰“蛮夷”的族群（《后汉书》卷86《南蛮西南夷列传》），广布中国南方的“蛮夷”有黄帝的血脉基因。

黄帝时期是中华文明大创造时期，黄帝带领先民制衣冠、制陶冶炼，战争中用铜制兵器，发明指南车，定算数、创医学、定音律、重农耕、养蚕缫丝，驯养使用牛马，创造礼制，设官治民，发明文字，制定历法和甲子，共享财产，建立夫妻制，结束蒙昧野蛮，开启文明先河，使中华文明取得了奠基性成就。黄帝被列为五帝之首，中华民族的文明史由黄帝纪元开始。

从考古发掘看，陕西、甘肃、山西、河南、河北、山东、安徽等地，发现了大量仰韶文化中期（公元前 6500 年～公元前 4000 年）遗址，在陕北出现了石峁遗址，出现了农业、制陶、纺织、冶铜等生产方式，诞生了文字、历法、音乐、舞蹈、宗教等文化，社会组织从氏族、胞族、部落发展到了部落联盟，出现了中心聚落。

二、黄帝陵

黄帝陵是黄帝的陵寝，历史上称古轩辕黄帝桥陵（图 1–1），司马迁《史记》正史中唯一记载的是陕西黄帝陵。在陵寝前祭亭立有石碑，1944 年改称桥陵为黄帝陵（图 1–2），黄陵县因此得名。1961 年，黄帝陵被国务院公布为第一批全国重点文物保护单位，列为古墓葬第一号，有“华夏第一陵”之称。黄帝陵是中华民族圣地，是中华文明的精神标识。

图 1–1　轩辕黄帝桥陵

图 1–2 黄帝陵

司马迁《史记》记载："黄帝崩，葬桥山"。黄帝陵位于陕西省黄陵县西北 1000 米处的桥山，桥山面积 566.7 公顷，沮水环绕，山丰土沃，黄帝陵背依海拔 994 米和 1021 米的两座山峰，陵冢海拔 977.8 米，高 3.6 米，周长 48 米，保持着原始古朴风貌。

桥山山顶，路立石碑，刻文武百官到此下马，登谒陵神道进入黄帝陵园，穿过棂星门至黄帝陵冢的祭亭。亭中央石碑刻"黄帝陵"三个字（图 1–2），祭亭后面石碑书"桥山龙驭"四个字，再后面就是黄帝陵。轩辕庙碑亭有一块黄帝脚印石，脚印长 62 厘米，深 2 厘米，为汉代文物。祭祀大院包括祭祀广场、三出阙、轩辕殿、角楼等建筑。轩辕殿中央是巨型石刻黄帝像。每年清明节人们都会在祭祀广场举行公祭黄帝典礼。

相传黄帝活了 100 多岁，乘龙升天时，臣民们挽留不住，以致把黄帝的衣襟、靴子和宝剑都拽了下来。为了纪念黄帝，民众把这些遗物埋在桥山之巅，所以说桥山是黄帝的衣冠冢。

三、黄帝陵保护

黄帝陵在历朝历代都得到了较好的保护和修缮，自春秋至今先后重修整修了 54 次。唐代宗大历五年（770），因坊州有轩辕黄帝陵，鄜坊节度使臧希让上言，在桥山西麓设置黄帝庙。宋太祖开宝五年（972），为防洪水侵蚀，将黄帝庙移建于今址。此后，元至正年间（1341—1368）、明洪武四年（1371）、嘉靖四十二年(1563)、天启元年(1621)、崇祯九年(1636)、清顺治八年(1651)，康熙六年（1667）、十九年（1680）、三十年（1691），雍正七年（1729），乾隆二十五年(1760)、三十七年(1772)、五十五年(1790)，嘉庆十二年(1807)、道光二十二年（1842）等，曾先后多次进行维修。民国二十八年（1939），陕西省政府主席蒋鼎文于省库奇绌之时，拨万元略修庙宇。民国三十年（1941）9月，军事委员会政治部部长张治中谒陵时，捐款3万元增饰轩辕大殿，民国三十二年（1943）春，陕西省政府主席熊斌拨款10万元兴修陵寝。

1956年3月，陈嘉庚上书中央建议整修黄帝陵庙，毛泽东批示请周恩来对黄帝陵进行保护维修，郭沫若为黄帝陵祭亭手书黄帝陵三个字。1959年至1961年，陕西省人民政府拨款整修黄帝庙大殿、修建过厅，共修建宫式大殿7间、厅房7间、碑室5间，1964年，重修碑亭和大门。1976年，陕西省革命委员会文化局拨款修缮山顶祭亭、黄帝庙大殿和围墙。改革开放以后，陕西省将黄帝陵列为重点维护整修单位。1984年6月黄帝陵第一期维修保护工程破土动工，1985年6月完成迁殿、围墙、石级登道、护树围栏、停车场、庙区通水等项目；1987年黄帝陵第二期维修保护工程实施，1988年完成接待室、棂星门、陵后瞭望塔、古柏围栏、碑廊、黄帝石雕像及像龛等项目。

1990年4月，原中共中央政治局常委、书记处书记李瑞环在陕西视察期间，对重新规划整修黄帝陵问题作了讲话。同年5月，陕西省文物事业管理局组织有关单位，本着“雄伟、庄严、肃穆、古朴”的八字方针，开始草拟黄帝陵整修规划，多位国家领导人及著名建筑规划专家对黄帝陵整修提出了重要意见。1991年9月，陕西省人民政府成立整修黄帝陵办公室，1992年8月启动黄帝陵第一期整修工程，1998年12月竣工。第一期主要是保护黄帝陵冢，修筑登陵山道和陵北的龙驭阁，优化庙前环境，体现黄帝陵的宏大气势。2003年1月启动黄帝陵第二期整修工程，2004年3月竣工。第二期主要是修整轩辕庙区，新建祭祀大殿，完善周边交通系统。2008年，为更好保护黄帝文化遗产，陕西省人民政府决定在黄帝陵周边规划建设黄帝文化园区，规划总面积约24平方千米，空间结构为“一轴、一河、一环、八区”。

2014年，陕西省审议通过《黄帝文化园区修建性详细规划》《黄帝文化中心建筑设计方案》。2015年2月，习近平总书记来陕视察时指出，黄帝陵、兵马俑、延安宝塔、秦岭、华山等是中华文明、中国革命、中华地理的精神标识和自然标识，强调对历史文化，要注重发掘和利用，溯到源、找到根、寻到魂，找准历史和现实的结合点，深入挖掘历史文化中的价值理念、道德规范、治国智慧。2017 年 10 月，成立了中共陕西省委黄帝陵文化园区工作委员会、陕西省黄帝陵文化园区管理委员会，以加强对黄帝陵的保护。

第二节　黄帝陵祭祀

国之大事，在祀与戎。祭祀意为置备供品对祖先行礼，表示崇敬并祈求保佑。祭和祀初见于甲骨文，祭表示祭祀的行为方式，祀表示祭祀的根本目的。黄帝陵祭祀是中华民族最高的祭奠，从黄帝逝世时起，华夏族就开始了祭祀活动，并逐渐成为国家制度，具有传承民族传统和规范国家政治、礼仪制度的意义，彰显出其唯一性与神圣感。随着黄帝文化不断发展，现已演变成为中华民族的象征性符号。东北师范大学出版的《黄帝文化研究》一书，对公祭轩辕黄帝历史作了总结。

自从春秋开始，黄帝陵一直是我国历朝历代国家大祭场所，历经战国时代、汉唐宋元明清各代至今，成为隆重的国祭。黄帝陵轩辕庙内现存祭祀碑刻124通，其中祭文碑刻46通，均为御制祝文，即皇帝亲自颁发的祭文，代表着国家级祭祀。保存的千余篇祭文和几万棵古柏彰显了历代不分民族宗派，上至帝王显贵，下至黎民百姓对始祖轩辕黄帝的崇敬景仰之情。1980 年以来，形成了清明节公祭、重阳节民祭的黄帝祭祀制度。每年清明节在黄帝陵祭祀广场（图 1-3）举行的公祭轩辕黄帝典礼，由国家领导人和海内外中华儿女代表参加。

图 1-3　黄帝陵祭祀广场

一、古代公祭轩辕黄帝

古代对黄帝的祭祀历史非常久远，据《竹书纪年》记载，黄帝去世后，他的大臣左彻“削木为黄帝之像，帅诸侯朝奉之”开始祭奠。据《国语·鲁语上》记载，在4000年前的尧舜禹时代，黄帝被有虞氏和夏后氏作为始祖祭祀，有虞氏指舜，夏后氏指禹，祭祀黄帝是他们的制度。3000年前，周穆王是首位主持祭祀黄帝的天子，《穆天子传》卷二载，周穆王“升于昆仑之丘，以观黄帝之宫，而丰隆之葬，以诏后世。”《史记》记载，2400年前，战国时期周威烈王四年即秦灵公三年（公元前422年），秦国开始祭祀黄帝，秦灵公“作吴阳上畤，祭黄帝”，首次建庙专祭黄帝。这一段记载的是在吴阳（今陕西省宝鸡市吴山）建上畤祭祀黄帝，建下畤祭祀炎帝。

司马迁《史记·五帝本纪》记载“黄帝死，葬桥山”。在黄帝陵祭祀轩辕黄帝已有2000多年的历史，祭祀活动已形成一种民族认同的文化。元封元年（公元前110年），汉武帝刘彻北巡朔方，勒兵十余万，还祭黄帝冢桥山，祭黄帝于桥山，修祈仙台，在陵园左侧筑20米高的祭台，遗挂甲柏，石碑书“汉武仙台”四个字。汉武帝以天子身份，在陕西黄陵主持公祭，为后来黄陵公祭开了先例。西汉末年，王莽将轩辕黄帝之祭奉为国祭。

唐代宗大历五年（770），鄜坊节度使藏希让上言，坊州有黄帝陵，请置庙，四时享祭，列于祀典。大历七年（772），黄帝陵、庙出现于文献记载，朝廷设官管理黄帝陵庙、遣官祭祀黄帝成为制度。从唐代宗开始，在黄陵县黄帝陵庙致祭被纳入国家常规祭典，在魏晋南北朝时期对黄帝的祭祀，除沿袭了前代在南郊祭天的同时，还设明堂祭祀。

在宋元时期黄帝庙被列为重点加以整修维护，规定朝廷每三年祭祀一次黄帝，为了祭祀方便，把唐大历年间设置的黄帝庙从桥山西麓移到现黄帝庙所在地。元朝祭祀轩辕黄帝沿袭宋代，《元典章》规定伏羲、神农、黄帝是开天辟地的始祖，国家应当祭祀。

明代认为轩辕黄帝不仅是中华民族的远古祖先，也是医家的祖师。桥山黄帝陵列为国家祭祀始祖的圣地，三年一大祭。大祭时由皇帝亲写祭文，由太常寺派遣大臣携带香帛等前来桥山祭祀。规定祭文要由皇帝亲自撰写，要求每次祭陵的祭文、祭祀日期、祭品名称、数量和主祭、陪祭官员姓名都要刻石立碑。明太祖洪武四年（1371）特遣中书省管勾甘赴黄帝陵致祭，这次祭祀留下了最早的一篇祭祀黄帝的祭文。清代对于黄帝的祭祀沿袭明代，多由皇帝派专员致祭，一般是三年一次，也有临时祭告。清朝 260 余年间，见诸史料的皇家祭祀有 33 次。

二、当代公祭轩辕黄帝

当代公祭黄帝陵主要指民国时期和新中国成立以后两个阶段。

（一）民国时期祭祀

1908 年重阳节，同盟会祭扫黄帝陵，祭文对于列强环伺，欲瓜分我河山，满清政府不恤国耻，极大忧愤，祭文回顾了中华民族经历的曲折，在黄帝陵前宣誓，要为扫除专制建立共和而共赴国难，在中国建立共和国体。1911 年辛亥革命前夕，同盟会会员祭谒黄帝陵（图 1–4）。于右任冒雨谒拜黄帝陵，为黄帝陵编写《黄帝功德纪》，以于右任为首的一部分陕西同盟会会员，曾秘密地祭谒黄帝陵。

图 1–4　同盟会会员祭谒黄帝陵

1912 年 1 月，孙中山就任中华民国临时大总统，3 月派遣 15 人组成的代表团赴陕西中部县（今黄陵县）桥山致祭黄帝陵。1935 年 4 月，中国国民党中央执行委员会、监察委员会确定清明节为民族扫墓节，岁岁举行仪式。

1935 年开始，每年清明节举行公祭仪式。1935 年至 1947 年，国民党中央和国民政府每年都派员前往黄帝陵祭祀黄帝。1948 和 1949 年的清明节，国民党在陕西省政府大楼北端布置礼堂，举行了遥祭黄帝陵大典。1937 年 4 月 5 日清明节，在中华民族危难之际，国共两党同时派代表首次共祭黄帝陵，毛泽东亲笔起草了著名的《祭黄帝陵文》。

（二）新中国成立以来的祭祀

1949 年，中华人民共和国成立，每年公祭黄帝陵由陕西省领导人主持，在清明节举行。1964 年到 1979 年，公祭黄帝活动一度中断。

1980 年，黄帝祭祀形成了清明公祭、重阳民祭的黄帝祭祀制度。每年清明公祭典礼由国家领导人和海内外中华儿女代表上万人参加。1994 年起，国家领导人、国家有关部委领导、有关省区市领导、海内外知名人士每年都参加清明节黄帝陵公祭。1996 年，中共中央《关于公祭黄帝陵有关问题复电》要求陕西省委、省政府将清明公祭黄帝活动组织好，使公祭黄帝活动产生积极的影响。

2009 年，清明公祭黄帝陵（图 1–5），黄帝陵祭典被列为国家级非物质文化遗产，黄陵县被命名为中国黄帝祭祀文化之乡。2014 年，清明节公祭黄帝陵升为国家祭祀，并首次由遴选出的民间主祭人与官方共同致祭（图 1–6）。

图 1–5　黄帝陵公祭（2009）

图 1-6 黄帝陵公祭（2014）

三、民间祭祀轩辕黄帝

1935 年开始，每年清明节都会举行民祭活动。民间祭祀无固定的仪式，根据祭奠者的愿望和习俗而定。《黄陵文典（黄帝祭祀卷）》对民祭有以下记载。

（一）社会各界拜祭

1982 年 5 月，参加第五届电影百花奖颁奖大会的各界人士拜谒黄帝陵。1988 年黄陵县恢复重阳节民祭轩辕黄帝逸仙盛会。1993 年 10 月至 1996 年 10 月每年的重阳节黄陵县万余民众都会在古乐声中举行民祭轩辕黄帝逸仙大典。1997 年 10 月，全国 200 多家大中城市电视台和影视界代表举行恭祭黄帝陵典礼；同月国家经贸委和省市经贸委、全国计划单列市报社祭祖团及黄陵民众千余人举行祭祀典礼。1998 年 10 月，黄陵县政协、黄陵县民间拜祭黄帝陵。1999 年 6 月，大连市党政代表团拜谒黄帝陵并捐资 100 万元。2000 年 4 月，中国市长协会会长联席会代表举行祭祀黄帝陵典礼。2001 年 6 月，国家电力公司、山东鲁能集团负责人拜谒黄帝陵并捐资 150 万元。2001 年 7 月，全国社会发展计划工作会议代表拜谒黄帝陵。2002 年 1 月，科技部代表拜祭黄帝陵。2002 年 7 月，国家质量监督检验检疫总局代表拜祭黄帝陵。2002 年 9 月，中国人民解放军总装备部代表拜祭黄帝陵。2002 年 10 月，中国证监会代表拜祭黄帝陵。2002 年 10 月，黄陵万余民众举行壬午年民祭轩辕黄帝逸仙大典。

2003 年 4 月，北京老干部代表团拜祭黄帝陵。2003 年 7 月，中华环保世纪行记者团拜祭黄帝陵。2003 年 10 月，黄陵民祭轩辕黄帝，并对祭祖形制、仪仗阵容、祭祀服装、道具等多方面进行改革，增加了“海内外中华儿女追远祭祖”仪式。2004 年 9 月，全国 21 城区（市）政协工作联席会第十六次会议代表恭祭黄帝陵。2004 年 9 月，全国农村财政研究会代表拜祭黄帝陵。

2004 年 9 月，轩辕黄帝和嫘祖中秋祭颂活动在黄帝陵举行，中共盐亭县委、盐亭县人民政府敬献花篮，举行黄帝陵、嫘祖陵圣土圆聚合茔仪式。

2005 年 5 月，中国作家采风团拜谒黄帝陵。2005 年 8 月 20 日，全国旅游工作座谈会代表拜祭黄帝陵。2005 年 10 月，云南澜沧拉祜族自治县在黄帝陵举行千年古茶祭献黄帝活动。2006 年 10 月，中国民间文化旅游研讨会代表拜祭黄帝陵，在轩辕庙山门前举行国家级非物质文化遗产“黄帝陵祭典暨中国黄帝祭祀文化之乡”命名揭牌仪式。黄帝陵祭典被国务院公布为第一批国家非物质文化遗产名录，列为民俗目录八大祭典类之首，黄陵县被中国文联、中国民协授予“中国黄帝祭祀文化之乡”。

（二）香港澳门台湾各界拜祭

香港澳门各界拜祭。1997 年 6 月，在黄帝陵举行“隆庆香港回归、告慰先祖英灵”祭祀活动。1999 年 8 月，香港政治经济文化访问团拜祭黄帝陵。1999 年 9 月，澳门体育界代表团拜祭黄帝陵。1999 年 10 月，港澳台代表及黄陵县代表千余人举行己卯年重阳节民祭黄帝陵典礼。1999 年 11 月，澳门青年携手贺新春寻根之旅一行拜祭黄帝陵。2000 年 1 月，香港凤凰卫视千禧之旅一行恭祭黄帝陵。2001 年 8 月，中央政府驻澳联络办考察团拜祭黄帝陵。2002 年 3 月，香港经贸访问团拜祭黄帝陵。2004 年 5 月，香港媒体高层访问团拜祭黄帝陵。

台湾各界拜祭。1946 年，抗战胜利后在台湾回归祖国一周年之际，台湾同胞组成台湾光复致敬团赴祖国大陆，在耀县中山中学举行了遥祭黄帝陵典礼。1988 年 1 月，台湾外省人返乡探亲促进会一行拜谒轩辕黄帝（图 1–7）。1989 年 10 月重阳节，陕西省地县领导和黄陵县群众、台湾各界万余人举行民祭黄帝陵典礼。1990 年 2 月，“台湾中国统一联盟大陆访问团”祭奠黄帝陵。1990 年 7 月，台湾胜大庄文化企业集团总裁率台湾书画界同人恭祭黄帝陵。1990 年 10 月重阳节，台湾祭祖团及黄陵县各界群众万余人在桥山举行祭祀轩辕黄帝典礼。1996 年 9 月，海峡两岸摄影家、艺术家、新闻工作者及黄陵县代表千余人拜谒黄帝陵。1997 年 5 月，台湾国民党副主席林洋港和家人亲朋一行拜谒黄帝陵。2000 年 7 月，中国统一联盟主席一行拜祭黄帝陵。2000 年 9 月，国民党原副主席一行拜谒黄帝陵。2005 年 4 月，中国国民党中央常务委员拜谒黄帝陵。2005 年 5 月，亲民党主席、副主席率领亲民党大陆访问团寻根祭祖拜谒黄帝陵。2006 年 9 月，原“台湾光复致敬团”后裔及相关学者拜祭黄帝陵。此外，每年 4 月 24 日，台湾地区都会遥祭黄帝陵，由台湾地区领导人或遣官致祭。

图 1–7　台湾外省人返乡探亲促进会一行拜祭黄帝陵（1988）

（三）海内外华人拜祭

1984 年 5 月，美籍华裔物理学家、美国哥伦比亚大学教授李政道与夫人拜谒黄帝陵。1986 年 6 月，西安交通大学庆祝建校 90 周年暨迁校 30 周年，期间 30 多位香港地区和海外校友、西安交通大学领导致祭黄帝陵。1991 年 10 月重阳节，黄陵县各界群众万余人以及欧洲 8 个国家的“全欧崇正总会联合会”赴大陆实业考察团举行祭祀轩辕黄帝仪式。1992 年 10 月重阳节，延安地区暨黄陵县各界代表、台港澳同胞、海外侨胞万余人举行纪念轩辕黄帝逸仙盛会。1993 年 8 月，国家体委、全国侨联、国家旅游局、公安部、交通部举行“世界华侨华人龙舟系列赛祭祖与取火种仪式”，5000 名来自世界 100 多个国家和地区的华侨华人及中央、省地县各界人士公祭黄帝陵（图 1–8）。1995 年 10 月，英国唐人街街坊会会长、陕西省政协委员拜祭黄帝陵并举行捐资仪式。1997 年 6 月，西安交通大学组织的第二届全球华人智能控制与智能自动化大会代表，300 多名海内外华人、国内外著名学者恭祭黄帝陵。2000 年 9 月，新加坡海外华人代表一行恭祭黄帝陵，并栽植寻根祭祖纪念树。

2000年10月重阳节，海内外各界人士千余人举行庚辰年重阳民祭黄帝陵典礼。2001年9月，在南京参加第六届世界华商大会的14个国家的华人华侨代表谒陵祭祖。2001年10月重阳节，世界客属代表举行辛巳重阳节首届恭祭黄帝陵典礼。2004年8月，陕西省旅游局组织的全球华人华侨大祭祖活动启动仪式在轩辕大殿举行。2004年10月重阳节，3000余人举行“甲申年重阳节海内外中华儿女恭祭黄帝陵典礼”。2005年7月，世界苏氏宗亲会代表拜祭黄帝陵。2006年9月，世界梁氏宗亲西安恳亲大会代表拜祭黄帝陵。2006年10月重阳节，丙戌年海内外中华儿女举行恭祭黄帝陵大典，这次祭祖是历年来重阳祭祀规模最大、规格最高的一次祭祀典礼（图1–9）。

图1–8　世界华侨华人拜祭黄帝陵（1993）

图1–9　重阳节民祭黄帝陵（2006）

四、代表性祭文（选编）

（一）明太祖洪武四年（1371）祭文

皇帝谨遣中书管勾甘，敢昭告于黄帝轩辕氏：

朕生后世，为民于草野之间。当有元失驭，天下纷纭，乃乘群雄大乱之秋，集众用武。荷皇天后土眷佑，遂平暴乱，以有天下，主宰庶民，今已四年矣。君生上古，继天立极，作烝民主，神功圣德，垂法至今。朕兴百神之祀，考君陵墓于此，然相去年岁极远；观经典所载，虽切慕于心，奈禀生之愚，时有古今，民俗亦异。仰惟圣神，万世所法，特遣官奠祀修陵，圣灵不昧，其鉴纳焉！尚飨！

（二）清圣祖康熙元年（1662）祭文

帝王继天立极，功德并隆，治统道统，昭垂奕世。朕受天眷命，绍缵丕基，庶政方亲，前徽是景。明禋大典，亟宜肇修。敬遣专官，代将牲帛，爰昭启荐之忱，聿备钦崇之礼。伏维恪歆，尚其鉴享！

（三）国民政府（1936）祭文

中华民国二十有五年四月四日，国民政府特派陕西省政府主席邵力子敬祀于桥陵曰：

维帝一德如春，两仪合撰，纪纲八极，经纬万端，吊民着阪泉之战，膺惩昭中冀之诛，律吕秩瞑以调，典章灿焉以备，为青史所未有，开黄族之纪元。今当清明之穗，特申展谒之仪，虔事惟诚吉，蠲用亨悟冀，悯兹遥胄，锡以宏施，在天默相，俾烽燧之敉宁；率土蒙庥，邀雨旸之时若。四时无沴，羞生小康。敬荐明禋，伏维歆格。

（四）中华苏维埃政府主席毛泽东、人民抗日红军总司令朱德（1937）祭文

中华民国二十六年四月五日，中华苏维埃政府主席毛泽东、人民抗日红军总司令朱德恭派代表林祖涵，以鲜花时果之仪致祭于我中华民族始祖轩辕黄帝之陵。而致辞曰：

赫赫始祖，吾华肇造；胄衍祀绵，岳峨河浩。聪明睿智，光披遐荒；建

此伟业，雄立东方。世变沧桑，中更蹉跌；越数千年，强邻蔑德。琉台不守，三韩为墟；辽海燕冀，汉奸何多！以地事敌，敌欲岂足；人执笞绳，我为奴辱。懿维我祖，命世之英；涿鹿奋战，区宇以宁。岂其苗裔，不武如斯；泱泱大国，让其沦胥！东等不才，剑屦俱奋；万里崎岖，为国效命。频年苦斗，备历险夷；匈奴未灭，何以家为！各党各界，团结坚固；不论军民，不分贫富。民族阵线，救国良方；四万万众，坚决抵抗。民主共和，改革内政；亿兆一心，战则必胜。还我河山，卫我国权；此物此志，永矢勿谖。经武整军，昭告列祖；实鉴临之，皇天后土。

尚飨！

（五）中国国民党中央（1937）祭文

惟中华民国二十六年四月四日民族扫墓之期，中国国民党中央执行委员会追怀先民功烈，欲使来者知所绍述，以焕发我民族之精神，特派委员张继、顾祝同，驰抵陵寝，代表致祭于我开国始祖轩辕黄帝之陵前曰：

粤稽遐古，世属洪荒；天造草昧，民乏典章。维我黄帝，受命于天；天国建极，临治黎元。始作制度，规矩百工；诸侯仰化，咸与宾从。置历纪时，造字纪事；宫室衣裳，文物大备。丑虏蚩尤，梗化作乱；爰诛不庭，华夷永判。仰维功业，广庇万方；佑启后昆，恢廓发扬。追承绩猷，群情罔懈；保我族类，先灵攸赖。怀思春露，祀典告成；陈斯俎豆，来格来歆！

尚飨！

（六）陕甘宁边区政府（1939）祭文

惟中华民国二十八年四月六日，陕甘宁边区政府政府主席林祖涵、陕甘宁边区参议会议长高岗，谨率民众代表莫文华、白振邦、艾思奇、毛齐华、何思敬、张琴秋等，致祭于我祖轩辕黄帝之灵曰：

巍巍我祖，肇启中华；荡涤瑕秽，东亚为家。历数千年，乃开民国；中山先生，实宏祖德。国共合作，革命宏谟；中更摧折，十载蹉跎。强敌侵凌，乃寝内战；唯一方针，统一战线。国共两党，重新合作；三民主义，厥为公约。民族主义，抗战到底；妥协中途，实所不敢。民权主义，政治自由；唤起民众，必由之途。民生主义，经济平等；既富且教，经国之本。凡此方针，贵在实行；说而不做，实贼乎人。寇患愈深，日蹙百里；何以止之，全民奋起；再接再厉，不屈不挠；四万万众，修我戈矛。打倒日寇，建新中国；上绍千秋，下开百业。今朝致祭，无限悃忱；清浆为典，秀草为熏；非曰告饩，誓我精神；山河日月，鉴此忠诚。

尚飨！

（七）陕西省人民委员会（1955）祭文

1955年4月5日清明节，陕西省人民委员会副省长陈柏仁等用鲜花醴果之仪向中华民族始祖轩辕黄帝陵敬以虔诚地致祭，曰：

一年来，全国人民在中国共产党和中央人民政府与毛主席的正确领导下，在各个战线上取得了重大的成就。我们的工业生产和基本建设都有了显著的发展。工业生产在国民经济中的比重已有提高。国营、合作社和公私合营工业在全部工业中的比重已占了优势；有些新建、改建和续建的大工业已投入生产。我国建设的重点工程，少部分已经完工，部分正在紧张施工，大部分正在努力完成准备工作。今年计划新建的一千多公里铁路正在修筑，沟通内地和西藏的康藏、青藏两条公路已经通车。我国农业生产，去年虽遭遇百年来未有的洪水，但粮食生产仍比一九五三年增加。农业生产合作社已发展到六十万个。为争取今年大丰收，全国农民正在热烈地进行春耕生产。对手工业和资本主义工商业的社会主义改造，也正在积极地逐步进行。劳动人民的物质和文化生活水平，在生产不断发展的基础上，亦得到相应的改善和提高。

我国人民是爱好和平的，我国已同二十五个国家建立或正在建立外交关系。我国同各人民民主国家平等互利的友谊日益增长。由于我国及其他爱好和平国家和人民的努力，随着朝鲜的停战，印度支那的和平也恢复了。我国总理与印度、缅甸总理分别会谈，所取得的成就对维护亚洲与世界和平产生了重要作用。在国内由于实行了正确的政策和具体步骤，进一步巩固了人民民主专政。我国各民族人民已经团结成为一个平等友爱的大家庭；各少数民族在聚居的地方享受着广泛的区域自治权。我国人民民主统一战线，发挥和继续发挥着应有的作用。这些都是我国建设社会主义的重要保证，都有力地推动着我国社会主义建设和社会主义改造事业。

今年，是我国五年计划建设具有决定意义的一年。全国人民都本着勤劳、勇敢和艰苦奋斗的优良传统，积极劳动，努力增加生产，厉行节约，争取完成和超额完成一九五五年的各项生产建设计划；都正在继续加强团结，百倍地提高警惕，防止和打击一切反革命的破坏活动，为早日解放我国神圣领土台湾，为保卫亚洲和世界和平而奋斗！为争取在几个五年计划之内，将我国建设成为一个伟大的社会主义国家而奋斗！

尚飨！

（八）陕西省各界（1980）祭文

公元一九八〇年四月四日，庚申清明，陕西省人民代表大会常务委员会、陕西省人民政府、政协陕西省委员会、延安行政公署、黄陵县革命委员会以及省地县各界代表，隆重集会于黄帝之陵，虔诚肃穆，以祭以扫，并备鲜花雅乐，致祭于我中华民族始祖轩辕黄帝曰：

惟我始祖，赫赫扬扬，根深叶茂，源远流长。奠中华民族之初基，启华夏文化之晓光。“人文初祖”，功德辉煌，亘千秋而愈烈，历万世而益昌。

惟我始祖，勤勤恳恳，不畏强暴，酷爱和平。协和百族，辑睦四邻，兆民以安，四方以宁。洵洵美德，沦肌浃骨，传之五千余年而愈益发扬光大，恢廓昌明。

黄帝子孙，秉此懿德，团结自强，生生不息。历经五千余年，我中华民族已蔚然成为占世界人口近四分之一的伟大民族，并以其悠久之历史与优秀之文化，对世界文明和人类发展作出了卓越的贡献。当前，春满人间，朝阳如火，祖国大地，欣欣向荣。凡我黄帝子孙，华夏后裔，缅怀先民艰苦创业之精神，展望祖国光辉灿烂之前景，豪情壮志，一往无前。誓当踔厉奋发，加倍努力，团结一切可以团结的力量，调动一切可以调动的积极因素，同心同德，鼓足干劲，力争上游，多快好省地建设现代化的社会主义强国，为人类做出更大贡献，以此告慰于我中华民族始祖轩辕黄帝之灵。

（九）重阳节民祭黄帝陵（1992）祭文

惟公元一九九二年十月四日，岁次壬申，节在重阳，延安地区行政公署、黄陵县人民代表大会常务委员会、黄陵县政府、中国人民政治协商会议黄陵县委员会暨各界代表、台港澳同胞、海外侨胞，敬祀于元祖轩辕黄帝陵曰：

吾祖垂德，肇造中华，地大物博，矗立东亚。悠悠春秋，绵绵冬夏，子孙繁衍，万姓一家，载驰载驱，共筑广厦。开文明之先河，功在吾祖；垂万世之基业，兴旺发达。

清正为公，廉洁去奢，改革开放，政绩尤嘉。乃慰乃止，厥途康达，中国特色，举世咸夸。兴我邦族，机遇最佳，勿失勿弃，勠力筹划。昔之四大发明，享誉寰宇；今之四化建设，重振华夏。

鸣呼！元祖龙登，犹存教化，瓜瓞黾勉，谅可俯察。无论海外，即或天涯，同根一体，能不崇赖。高天厚土，无须劳马，心香一瓣，克企笑纳。彼昭告者宏猷，至远至大；盼吾祖之余荫，神州普洒。

伏惟尚飨。

（十）公祭黄帝陵（1994）祭文

惟甲戌年二月二十五日，序属三春，节届清明，九州岛日丽，万物争荣。中国人民政治协商会议全国委员会主席李瑞环，中央有关部门代表，陕西各界代表，部分省、自治区、市代表，台港澳同胞代表、海外侨胞代表，聚首桥山，以至诚肃敬之心，鲜花苹藻之供，缅怀始祖，致祭于轩辕黄帝之陵，曰：

赫威始祖，圣德神功，创我中华民族之根基，启五千年文明之曙光。煌煌伟业，泽被遐荒。亘千秋而愈盛，历万世而弥昌。代复一代，风云激荡。不论政平讼理，国富民强；而或战火炽烈，四海苍黄。幸有轩辕子孙，自励自强；千秋功业，万人共仰。

斗转星移，世道沧桑。历尽艰辛，多难兴邦。春风化雨，改革开放，赖始祖之英灵，奔四化之康庄。举国上下，慨当以慷。中华儿女，奋发图强。加快改革，扩大开放。惩治腐败，整肃纪纲；广开言路，民气畅扬。一国两制，大事共商，实现统一，人神共襄，同心同德，再造辉煌。

（十一）公祭黄帝陵（2020）祭文

岁次庚子，节届清明；桥山巍丽，松柏翠凝。轩辕胄裔，敦诚敦敬，谨备尊礼，恭祭圣灵。辞曰：

吾祖煌煌，伟烈彰彰；修德备武，泽被遐荒。肇兴社稷，鸿勋远祚千古；教化礼乐，懿范永垂万方。

天地玄黄兮，开来继往；潮流浩荡兮，壮阔轩昂。回首七十载，只争朝夕，奇迹史册彪炳；儿女十四亿，不负韶华，拼搏玉汝于成。不忘初心，恒念人民幸福；牢记使命，追梦民族复兴。坚定自信，制度创新守正；埋头苦干，大道笃定前行。经济腾达，国力坚毅昌盛；隆治安泰，华诞礼赞峥嵘。扫黑除恶，人人交口称颂；深纠四风，求是不骛虚声。大兴机场，聚云鹏于金凤；九天嫦娥，舒广袖于月宫；巡疆碧海，凭国铸之巨舰；破冰极地，看遨雪之双龙。两岸同根同源，大势不可阻挡；港澳繁荣稳定，逆流情法不容。尽锐出战，脱贫攻坚决战决胜；奋力拼搏，全面小康必达必成！

去岁今春，大疫忽起。战恶疠，中央擂鼓誓夺全胜；擎红旗，赤子齐心众志成城。同时间赛跑，举国闻令而动；与病魔较量，白衣执甲逆行。弘人间大爱，八方驰援荆楚；助世界救患，人类命运共同。舍生取大义，烈士捐躯山河咏泣；青峰埋忠骨，英雄恒在气贯长虹。战此疫，泱泱中华核心一统；胜此疫，特色道路光耀苍穹。

追赶超越催人奋进，五个扎实重任在肩；三秦故土大风雄唱，铿锵激荡沃野桑田。稳增长总量跃升，惠民生百姓欢颜。占高点创新驱动，施全力三大攻坚。放管服降本增效，长安号捷报频传。防病毒守土援鄂，卫京畿镇戍秦关。追缅往昔，秦川古烈多豪迈；砥砺前行，万里风云入壮怀。

巍巍古柏，肃肃祖陵，常念鸿德，永纪丰功。祈吾祖，保中华国泰民康物阜，佑天下和谐互利共生。

大礼告成，伏惟尚飨！

（十二）公祭黄帝陵（2021）祭文

岁序辛丑，节届清明。桥山巍巍，沮水溶溶。惠风和畅，草木葱茏。谨具鲜花雅乐之仪，致祭于轩辕黄帝之陵。辞曰：

辉赫我祖，功峻德崇。惠民利物，人文化成。制兵除暴，戡乱不庭。百姓修睦，万方以宁。贻厥子孙，泽被无穷。乃功乃德，是继是承。

悠悠山海，沐日月而浩莽；泱泱华夏，历苦难且辉煌。忆百岁之初，云遮日蔽；愤列强之辱，国破民殇。叹拳拳赤子，谁人可扶大厦；问渺渺苍穹，何日坚挺脊梁？开天辟地，红船建党扬帆起航；改天换地，五星高悬光耀四方。翻天覆地，改革开放更新万象；追梦复兴，崭新时代旗帜高扬。胸怀千秋伟业，百年恰是风华正茂；肩负万钧重任，我辈自当奋发图强！

牢记初心，不忘来时之路；昂首前行，勇往强盛征途。殚精竭虑，报家国九死其犹未悔；鞠躬尽瘁，为人民无我而终不负。决战脱贫全胜，全面小康在望，人间奇迹彪炳千古；抗疫八方合力，援外四海同舟，天下一家大道不孤。自立自强，誓破扼颈之苦；绿水青山，畅享共生之福。披荆斩棘，守正鼎新革故；开放包容，共赢与世同书。海峡血浓于水，民心盼合连根共祖；特区修法治暴，一国两制有乱必除。战士戍边陲，以身铸碑，不让寸土；人民皆英雄，众志成城，江山永固。领袖雄韬伟略，掌巨轮乘风破浪，无惧急流险阻；核心坚毅如磐，抵中流擎天定海，任凭云涌潮伏！

三秦呈新貌，西部振雄风。埋头凝心，追赶超越；谨遵嘱托，砥砺前行。稳基本，求高质，精准施策聚力发展；援荆楚，护京畿，守土战疫共济和衷。卫中华之祖脉，系父老之欢容；锚格局之定位，助神州之龙腾。十三朝故土，豪迈不止于史；十四五奋进，矢志再立新功！

春风浩荡，沮水绵长。先祖洪德，永世不忘。祈佑嘉惠，国泰民康。

谨荐斯礼，伏惟尚飨！

（十三）公祭黄帝陵（2023）祭文

岁次癸卯，节届清明。桥山巍巍，沮水溶溶。春风骀荡，万物孳萌。谨具鲜花雅乐之仪，致祭轩辕黄帝之陵。辞曰：

仰我初祖，生而神灵。长而敦敏，业峻功崇。播殖百谷，舟车始乘。堂室栋宇，是建是营。衣冠爰作，万方仪型。咸池张乐，修德立诚。缔构华夏，肇启文明。泽被后世，宣惠无穷。

激荡世纪云雷，红旗遍染，护佑山河无恙；逐梦千秋伟业，初心不改，百年始为序章。治国有常，利民为本；上下同欲，实干兴邦。二十届盛会，擘画强国蓝图，擂战鼓豪情万丈；十四亿儿女，矢志复兴宏愿，闻号角步履铿锵。赴使命，赤子朝乾夕惕；战疫情，我辈挺膺担当。稳经济，万众齐心协力；保安全，四海和谐安康。御险突围，中华发展引领寰宇；十九连丰，大江南北稻米流香。神舟接力，太空之家遨游星海；冰雪舞动，双奥之城举世无双。反独促统，大势之趋，两岸民心所望；一国两制，繁荣稳定，港澳路满朝阳。广交挚友，互利共赢，文明包容多样；扼守边陲，击鼓亮剑，三军誓诛豺狼。世界风云几多变幻，人民领袖振举乾纲；核心凝聚磅礴伟力，巨龙腾霄恒耀辉煌！

长安春潮起，三秦奋楫行。发展质效俱进，府库仓廪充盈；山川钟灵毓秀，人民乐业安宁。秦创之原，燃自强明炬；中欧班列，敬丝路驼铃。强基补短，聚产业群链；招商引智，迎天下宾朋。牢记嘱托，孜孜切切；守土尽责，业业兢兢。犯其至难而图其至远，进事虽艰但做则必成！

巍巍古柏，肃肃祖陵，常念鸿德，永纪丰功。祈护中华，福佑苍生。

大礼告成，伏惟尚飨！

第三节　黄帝手植柏与桥山古柏

一、轩辕黄帝手植柏

黄帝陵轩辕庙占地面积 10 亩，院内有侧柏古树 14 棵，其中轩辕庙门里路西有一棵巨大的柏树，相传为轩辕黄帝亲手所植，故称黄帝手植柏，尊称轩辕柏。黄帝手植柏是侧柏树，亦称轩辕柏、香柏、黄柏、香树、云片柏，为中国特产常绿乔木。黄帝手植柏树龄 5 000 余年，是我国最古老的一棵柏树，为世界柏树之王，历朝历代，拜谒不断，敬仰连绵，虽经沧桑，但至今树枝像虬龙在空中盘绕，依然四季常青、枝繁叶茂、干壮体美、苍劲挺拔、冠盖蔽空。黄帝手植柏树高 19.3 米，树基直径 3.5 米，胸径 2.7 米，树冠南北长约 12.8 米（南 8.0 米，北 4.8 米），东西长约 11.8 米（东 4.9 米，西 6.9 米），树冠覆盖面积约 189 平方米。树围七人合抱犹不围，当地民谚称“七搂八扎半，疙里疙瘩不上算”。民国三十一年（1942），中部县（今黄陵县）政府对黄帝庙古柏进行勘查统计，黄帝手植柏高 5.8 丈（19.33 米），正身（即由根至分枝处）高 4.1 丈（13.67 米），下围 3.11 丈（10.37 米），中围 1.9 丈（6.33 米），上围 1.67 丈（5.57 米）。如图 1–10。

图 1–10　黄帝手植柏

黄帝手植柏沐浴了5 000年风雨，目睹了中华民族的荣辱兴衰，彰显了中华民族生生不息、国脉传承的强大生命力，已经成为中华悠久历史的民族精神和文化象征。1982年，英国林业专家罗皮尔考察了27个国家的柏树后，认为唯有黄帝手植柏最粗壮最古老，称赞其为世界柏树之王，1998年，中华名树公选养护委员会将其评为中华百棵名树之首。

相传黄帝建立部落联盟定居桥山以后，发现桥山一带群民，有的栖居于树，有的与兽同穴，于是黄帝和大臣力牧、大鸿、共鼓等商议教化群民，在临水靠山的半坡上伐木造屋。建成后，子民离开树杈和洞穴搬进新屋，把桥山改名为桥国。后来由于经常砍伐树木，导致山洪暴发，冲毁房屋，洪水卷走了许多民众。黄帝带领大臣们上山查看，发现凡是树林被砍光的山峁，不仅挡不住水，连地上的草也被冲了。于是他对子民说今后再也不能乱砍树木了，如果再乱砍下去，桥国就没有树林了，野兽也没处藏身，到那时我们吃什么？穿什么？住哪里？我愿和大家一起上山栽种树草。黄帝带头栽了一棵柏树，臣民们纷纷栽树种草，几年后桥国的山峁林草茂密，一片葱绿。从此，植树造林便成了中华民族世代延续的优良传统。图1-11为黄帝率领子民在桥山栽植柏树的情景。

图1-11 黄帝率领子民在桥山栽植柏树

二、黄帝手植柏太空种子

（一）黄帝手植柏种子从太空返回

2016年8月中旬，在国家载人航天工程办公室、国家相关部委及陕西省委、省政府的高度重视下，陕西省林业厅、陕西省黄帝陵公祭办公室、延安黄帝陵管理局派专人采摘黄帝手植柏种子，检验筛选出 99 克（7 383 粒）具备出芽繁殖条件的种子。2016 年 9 月 15 日，黄帝手植柏种子搭载天宫二号空间实验室进入太空（图 1–12），历经两个多月的太空旅行后，于 11 月 18 日随神舟十一号飞船返回地球。11 月 22 日在北京举行神舟十一号飞船返回舱开舱仪式（图 1–13），经北京市方圆公证处公证后，黄帝手植柏搭载物太空种子（图 1–14）成功交接，并于 12 月 13 日返回陕西。

图 1–12　太空中的天宫二号

图 1–13　神舟十一号飞船返回舱开舱仪式

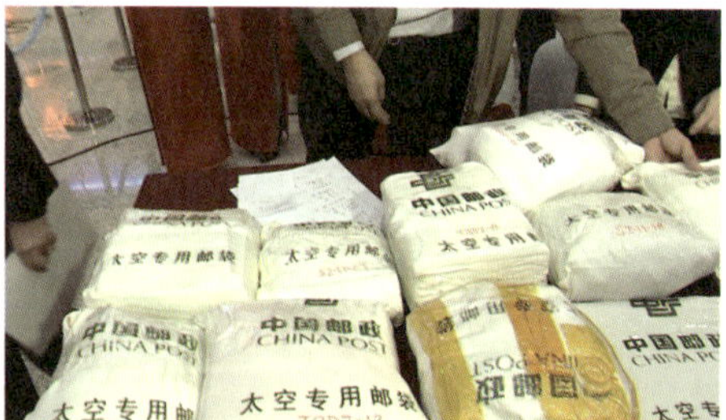

1–14　神舟十一号飞船返回舱搭载物

2016 年 12 月 21 日，陕西省人民政府举行黄帝手植柏太空种子移交仪式，省政府负责人将 7 383 粒种子中的 5 367 粒交付陕西省林业厅，用于保护、培育和科学研究。后将黄帝手植柏太空种子安全运到了位于秦岭北麓南五台陕西省珍贵树种种质资源圃，安排专人进行保护、培育和科学研究。另外的 2 016 粒交付黄陵县，用于保存、展陈和宣传。如图 1–15 和图 1–16。

图 1-15　黄帝手植柏太空种子

图 1-16　陕西省林业厅负责人回答记者提问

通过航天育种技术选育扩繁黄帝手植柏太空种子，对凝聚和团结海内外中华儿女、弘扬中华文明、增强民族自信和文化自信、提升民族自豪感意义深远，也对我国乃至世界古树保护繁育工作具有重要的科研和学术价值。这是首次来自黄土高原的植物种子进入太空，是陕西省乃至西北地区植物物种研究发展的重要里程碑。

（二）黄帝手植柏太空种子公证书

2016 年 12 月 9 日，中华人民共和国北京市方圆公证处公证书如下：

根据《中华人民共和国公证法》《公证程序规则》的规定，本公证员与工作人员闫利涛于 2016 年 8 月 12 日在中国酒泉卫星发射中心东风宾馆东三楼3层3311房间，对黄帝陵管理局提交的拟利用天宫二号搭载的种子进行了清点、封装。搭载的种子被装入编号为TGDZ-07的搭载包装袋中，该包装袋上粘贴了盖有“北京市方圆公证处保全证据专用章”的北京市方圆公证处封条。

2016年8月16日，上述搭载物在中国酒泉卫星发射中心装入天宫二号。2016年9月15日20时04分，天宫二号在中国酒泉卫星发射中心发射升空。

2016年10月17日7时30分，神舟十一号飞船在中国酒泉卫星发射中心由长征二号FY11运载火箭发射升空，并与在轨运行的天宫二号进行空间交会对接；执行神舟十一号飞船飞行任务的航天员将搭载于天宫二号内的搭载物取出，放入神舟十一号飞船返回舱；经过33天飞行，神舟十一号飞船返回舱于2016年11月18日13时59分在内蒙古自治区中部主着陆场回收着陆。2016年11月20日12时，返回舱运至中国空间技术研究院。

2016年11月22日15时，本公证员及工作人员闫利涛在中国空间技术研究院现场参加了返回舱的开舱过程，将从返回舱中取出的搭载物保存于北京市方圆公证处。2016年11月28日，本公证员和工作人员闫利涛及中国载人航天工程办公室的工作人员闫西海在北京市方圆公证处开封了搭载包装袋，并对搭载物进行了清点。

2016年12月6日，本公证员及申请人在我处，对在编号为TGDZ-07的搭载包装袋中取出的申请人搭载的种子进行了清点、确认。申请人黄帝陵管理局搭载的黄帝手植柏种子共99克。

兹证明神舟十一号飞船返回舱开舱时取出的搭载种子的包装袋封装情况良好，封条完好无损；并证明与本公证书相粘连的证物袋中所封存的99克黄帝手植柏种子，取自于TGDZ-07的搭载包装袋，为天宫二号搭载物之一。

（三）保护好中华文明的精神标识

在黄帝手植柏太空种子交接仪式上，陕西省人民政府负责人要求保护好中华文明的标识，做好保护繁育等工作，全文摘录如下：

搭载天宫二号空间实验室、由神舟十一号航天员带回来的黄帝手植柏种子顺利移交给了林业厅和延安市，这不仅仅体现了科研价值，更多是这批种子所承载的中华文明的象征意义。

黄帝是中华文明的创造者，他肇始了中华民族原生态的物质文明。黄帝手植柏种子遨游太空，表达了中华儿女对中华民族的伟大始祖轩辕黄帝的追思和纪念，彰显了中华民族生生不息、国脉传承的强大生命力，强化了凝聚和团结中华儿女坚守和弘扬中华文化、努力建设和实现中国梦的文化自信。

在陕西桥山黄帝陵祭祀黄帝的活动自古有之，历代王朝确定以桥山黄帝陵为祭祀黄帝的圣地，具有传承民族传统和规范国家政治、礼仪制度的意义，彰显出其唯一性与神圣感。新中国成立后，尤其是改革开放以来，桥山迎来了海内外同胞共祭黄帝的盛况，形成了清明节公祭、重阳节民祭的祭祀制度。黄帝陵也成为海内外中华儿女寻根祭祖的民族圣地与精神家园，每年清明举行的公祭轩辕黄帝典礼，已成为最具有传统文化内涵和精神感召力的民族盛典，成为突出民族认同、国家统一、和谐发展的中华大典，昭示着中华民族的崛起和复兴，也为陕西的经济社会发展提供了强大的文化支撑。

以此活动为契机，广泛宣传黄帝陵和黄帝文化及其在中华传统文化中的崇高地位，不断从黄帝文化宝库中萃取精华、汲取力量，做强公祭黄帝陵品牌，凝聚民族文化认同感和归属感。保持对黄帝文化理想和价值的高度信心，保持对黄帝文化生命力、创造力的高度信心。

以此活动为契机，努力发挥弘扬黄帝文化与促进陕西经济社会协调发展的作用，为陕西的发展提供强大的文化源泉和动力。做好这批种子的保护、展示、繁育、宣传等工作，让黄帝陵古柏种子繁育壮大、代代相传，使之既为清明公祭黄帝典礼提供新的亮点，又为广泛宣传黄帝陵和黄帝文化增添新的内容，办好清明公祭黄帝典礼及其系列活动，使清明公祭黄帝典礼成为中华民族的崛起和复兴的大典，成为激励海内外中华儿女团结凝聚、不断前行的精神力量，为实现中华民族伟大复兴作出新的更大贡献。

二、黄帝手植柏繁育保护

自从春秋以来，黄帝陵一直是我国历朝历代国家大祭场所，因此黄帝手植柏也就拥有了独一无二的特殊政治含义。随着一年一度陕西黄帝陵清明节公祭活动的开展，黄帝手植柏成为维系全球华人民族意识不可取代的重要人文历史古迹和地标物。在几千年的历史长河中黄帝手植柏不仅因其独特的抗逆、长寿等优良遗传特性而被世人惊叹，更因其独特的地理位置和中华文化背景而成为承载海内外华人思想情感和精神寄托的纽带。黄帝手植柏具有无法替代的重要价值，然而随着树龄的增长、气候的变化及人为的干扰等内外因素的影响，黄帝手植柏呈现出衰老的趋势，所以保存其特有的基因极为重要。2012 年 8 月，陕西省林业厅决定通过克隆和种子繁育技术来保存黄帝手植柏等古树名木的优良基因。

（一）中国林业科学研究院克隆黄帝手植柏

2013 年 3 月，陕西省林业厅委托中国林业科学院林业研究所通过组织培养、微型扦插、嫩枝嫁接等克隆技术和种子繁育技术，在张守攻院士（图 1–17）和江泽平研究员的指导下进行了 6 批次 8 956 次试验，于 2013 年 10 月成功培育出黄帝手植柏克隆苗。2014 年清明节祭祖大典期间，黄帝手植柏克隆苗首次在黄帝陵轩辕庙向公众展示。有关黄帝手植柏的扦插、组织培养、端粒相关基因研究详见本书第二章至第四章。

图 1–17　张守攻院士（右二）现场指导黄帝手植柏克隆工作

（二）陕西省宁东林业局繁育黄帝手植柏

2015 年 3 月，陕西省林业厅决定在秦岭北麓建设南五台珍贵树种种质资源圃。2017 年 3 月，黄帝手植柏等古树繁育苗由中国林业科学研究院移交给陕西省林业厅并入植种质资源圃（图 1–18 至图 1–22），其中黄帝手植柏实生苗 257 株、黄帝手植柏扦插克隆苗 3 株；汉武帝挂甲柏实生苗 235 株、汉武帝挂甲柏扦插克隆苗 3 株；老子手植银杏扦插克隆苗 37 株（表 1–1）。

2016 年 12 月 21 日，陕西省人民政府将 5 367 粒太空种子交由陕西省林业厅进行保护、培育和科学研究。图 1–23 为黄帝手植柏太空种子扩繁启动会现场。2017 年 5 月中旬，在陕西省宁东林业局南五台珍贵树种种质资源圃，黄帝手植柏太空种子扩繁培育试验小组通过恒温箱培育试验，出苗 50 棵，出苗率达到 33%，标志着黄帝手植柏太空种子培育获得成功。其间，共培育两批次，获得太空种子苗 213 棵，平均出苗率 32.6%，现保存 173 棵。

表 1-1　古树繁育苗保存数量表

序号	苗木名称	入园年份	原株数	现保存株数
1	黄帝手植柏实生苗	2017 年	257	210
2	黄帝手植柏扦插克隆苗	2017 年	3	3
3	汉武帝挂甲柏实生苗	2017 年	235	199
4	汉武帝挂甲柏扦插克隆苗	2017 年	3	3
5	老子手植银杏扦插克隆苗	2017 年	37	31

图 1-18　黄帝手植柏克隆苗移交给珍贵树种种质资源圃

图 1-19　黄帝手植柏克隆苗（李三原摄，2022）

图 1-20　黄帝手植柏第二代苗（李三原摄，2022）

图 1-21　黄帝手植柏太空亲子苗（李三原摄，2022）

图 1-22　汉武帝挂甲柏第二代苗（2015）

图 1-23　黄帝手植柏太空种子扩繁启动会

（三）西咸新区泾河新城基泰绿色生态发展研究院繁育黄帝手植柏

2021 年 3 月，陕西省黄帝陵文化园区管理委员会委托西咸新区泾河新城基泰绿色生态发展研究院进行黄帝手植柏繁育。该院的试验小组在中国林业科学研究院的指导下已成功培育出健壮植株。

绿色生态发展研究院繁育试验小组将黄帝手植柏种子采摘后，清除杂质（图 1-24），经太阳晒干密封储存。经过土壤配比、催芽、播种等环节，10 天左右黄帝手植柏种子发芽出土（图 1-25），经过一段时间再进行移植。图 1-26 为黄帝手植柏播种 3 个月后的出苗情况。已经有四批黄帝手植柏种子播种和进入苗期管理。研究院保存有黄帝手植柏第二代苗 955 株，幼苗整体出苗整齐，长势良好，至 2022 年 9 月幼苗植株高 15 ～ 20 厘米。

图 1-24　清除黄帝手植柏种子中的杂质

图 1-25 黄帝手植柏播种 10 天左右出苗情况

图 1-26 黄帝手植柏播种 3 个月后

四、桥山古柏群保护

（一）桥山古柏群

桥山古柏群属国家珍贵历史文化遗产。古柏群面积 1 335 亩，有古柏树 83 000 余棵，其中 1 000 年以上的古柏树 34 600 余棵，是我国最古老且保存最完好的古柏群，形成了黄土高原上的一座四季常青、风景独特的绿岛奇观。康熙年间，有一位县令曾令人普查古柏 49 天，但没有给出具体结果。民国二十七年（1938），中部县（今黄陵县）县长卢仁山和国民党第三行政区督察专员余正东两人捐款国币 20 万元，调动一个民团的团丁对所有桥山柏树逐一清查登记编号，历经 19 天详细普查，共查得古柏树 61 286 棵，并载入了黄陵县志。

图 1-27 桥山古柏树

黄帝陵区山丰土厚、雨量充沛、植物生长茂盛，陵区四周柏树品种繁多，常见的有侧柏、雀柏、崖柏、麻花柏等。古柏郁郁葱葱、密密层层、虬枝龙化、黛色参天，姿势优美奇特，形态自如异常，气势非凡。除天然生长的古柏外，现在保存的多为唐代至北宋以来的人工栽植柏（图 1-27）。

（二）古代保护

《黄帝陵志》记载：在桥山人工植柏最迟始于汉代；《史记》记载：汉武帝“北巡朔方，勒兵十余万，还祭黄帝冢桥山”。轩辕庙院内有棵被称为挂甲柏的古柏，相传汉武帝祭祀黄帝时，在这棵树上挂过盔甲，以此传说黄帝陵在汉武帝以前就有柏树。民国三十一年（1942），中部县政府勘查，汉武帝挂甲柏高 4.5 丈（15 米），正身 1.5 丈（5 米），下围 1.67 丈（5.57 米），上围 1.26 丈（4.2 米）。

唐代桥山古柏已经满山遍野、郁郁葱葱、苍劲挺拔。唐开元（713—741）、天宝年间（742—756），人工栽植松柏 1 400 余棵，由于天旱少雨成活率低，加之人为破坏，历年损失很大，这样的情况一直延续到宋代。轩辕庙内碑廊保存的祭祀保护碑刻最早的是北宋时期的《栽种松柏圣旨碑》，碑文记载：北宋嘉祐六年（1061）正月二十八日，仁宗赵祯派遣大臣前来桥山祭扫黄帝陵墓，发现桥山柏树栽多活少，损失严重。仁宗降旨命坊州（今黄陵县）县令发动民众保护和增栽柏树，当地官员用 10 贯钱向民众购买柏树 1 415 棵，种植于桥山，并令寇守文、王文政、杨迈 3 户专门看护桥山柏树，防止火灾和人为破坏，并将其名字刻于石碑，免除一切徭役赋税，这是官方指派的最早的专职护林人员。庙碑上还保留着北宋嘉祐六年发布的一条保护黄帝陵古柏的通令：“不畏公法之人，愚徒之辈，泼皮歹人，砍伐柏树，毁坏建筑，许诸人捉拿到官，痛行断罪。”

《黄帝陵志》记载：元朝对桥山古柏的保护措施得力，皇帝传令立碑保护桥山古柏，每年春秋两季拨出专款护林。因有斫伐桥陵内柏树林木之事发生，泰定二年（1325）泰定帝圣旨称：据见告省会，给榜文常训，张挂禁约，无得似前骚扰。如有违犯之人，许诸人捉拿到官，痛行治罪。明代对黄帝陵及其生态环境实行重点保护，免除黄帝陵的地产粮税。明太祖朱元璋降旨黄帝陵设立五品护陵官二人，后来逐渐演变为黄陵县令即为护陵官。桥山古柏也曾遭受破坏，明末农民起义军攻打黄陵县城历经 70 余日，地方官府守军为构筑工事，砍伐桥山柏树万余棵，这是有史以来桥山古柏遭受到的最严重的一次破坏。清代官府曾多次提倡栽植柏树，养护古柏。当地民众视桥山古柏为神灵之物。

（三）新中国成立后保护

新中国成立后，桥山古柏和黄帝陵得到了更好的保护。1976 年，恢复了专职护林员。1980 年 4 月，黄陵县对历年所伐桥山古柏树茬进行清查，共编号登记古柏树茬 439 个。

1984 年 10 月，陕西省人民政府拨款 70 万元，在修缮黄帝陵过程中，给黄帝手植柏、汉武帝挂甲柏以及树龄在 2 000 年以上的 13 棵古柏做了铁围栏和砖砌围栏。1985 年冬季至 1986 年春季，黄陵县设置专职人员并拨专款 1 万元专用于护林防火。

1986 年 5 月下旬，桥山 1 300 多亩古柏遭受侧柏松毛虫侵害，400 亩古柏针叶开始发黄变枯，黄陵县动员数千人经过 20 多天共捕捉松毛虫 1.23 万千克，约 800 多万条。黄陵古柏遭受虫害期间，中央和省地有关领导多次来黄陵察看，9 月中旬在桥山实施飞防作业，72 小时后杀虫率为 99%。不仅如此，桥山古柏还受到了小蠹虫与天牛虫的侵袭，10 多棵柏树和轩辕庙内的 5 棵古柏树受害尤为严重，黄陵县和陕西省文物局对濒危古柏树进行抢救，使得千余亩柏树重焕生机。1996 年，陕西省林业厅森防总站、西北林学院、黄陵县文物管理所对黄帝陵古柏林毒蛾进行了调查，采用生物方法引益鸟进行天然杀虫，对林区害虫进行了航防，防治面积 1 337 亩，防治效果达 85%。

随着古柏树龄的增加，一些柏树有衰弱的趋势，亟待保护复壮。2001 年，多家单位联合开展古柏复壮保护工作，选取轩辕庙区 1 000 年以上的 5 棵古柏树，运用复合换气透水、古树复壮基质、引根控根等多项专利技术进行试验。

2001 年，陕西省海外联谊会发起栽植中华民族林活动。10 多年来，已有数万人在桥山种植数万余棵连根柏。2008 年，国家对桥山古柏群 1 000 年以上的古柏树挂牌保护，建立了古树名木电子档案和消防系统，防火视频监控范围 30 平方千米。2016 年中秋，黄帝陵首届中秋祈福圆梦节推出中华圆梦林种植体验活动，民众亲手栽植柏树，寄愿家人平安健康、中华民族繁荣昌盛。2018 年“黄陵谒祖祈福中华”环球华人新年在黄帝陵祭祀广场举行，陕西原创歌曲《美丽中国连根脉》响彻桥山。

轩辕养生谷位于黄陵县城以西 40 千米处，相传是岐伯与黄帝谈论养生的地方，古代中医学名著《黄帝内经》的主题思想形成于此。轩辕养生谷面积 43.6 平方千米，南北距离 14.8 千米，东西距离 9.8 千米，最高海拔 1 547 米，年平均温度 9.4℃。谷内森林茂密、地貌奇特、气候湿润、水资源丰富、生态环境清雅迷人，有动植物 750 余种，森林覆盖率 98%。内经岩、十里松廊、云海漫步、湿地草甸、西陵峡、神农谷、回军岭、七星岛、降龙峡等景观，错落有致地分布在轩辕谷中。

第二章 黄帝手植柏扦插克隆繁殖与生理机理研究

古树是指树龄在100年以上的树木，是探索大自然奥秘的桥梁和依据，既是珍奇的自然资源，又是记录环境变迁和社会演变的历史文物。目前，国外记载的最古老的树木是位于瑞典的挪威古云杉，树龄约9 555岁（Leif K，2008）。古树常常具有较高的社会效益、经济效益和生态效益，更具欣赏价值。在大自然漫长的历史变迁中，它们携带着该物种最优秀的基因，具有极强的抗逆性（邱声林，2012）。古树对于研究树木生理具有很大的参考价值，是一座优良种源基因库，扦插、嫁接、组织培养等无性繁殖技术都可以很好地保护古树名木的基因资源（汪劲松，1999）。目前对古树研究集中在树体特征、古树衰老、无性繁殖等方面，相对而言，对于古树扦插繁殖及相关生理的研究较少。

黄帝手植柏为柏科侧柏属常绿乔木，也称轩辕柏、香柏等。目前，对于侧柏古树的研究集中在抗衰老分子机理、复壮、种子活性、组织培养等方面。随着古树年龄增长，树体生长日趋衰弱，繁殖复壮技术迫在眉睫。无性繁殖技术有组培、扦插等方法，但是目前针对侧柏古树扦插繁殖的技术还未见有报道。本课题以侧柏古树为材料，进行扦插繁殖系列试验，在探讨生根机理的同时找到适合侧柏古树扦插繁殖的最优方案，为其他古树无性繁殖研究提供借鉴。

第一节 国内外古树扦插研究进展

一、植物扦插繁殖研究进展

扦插繁殖是一种基于植物再生作用的最常用的无性繁殖方法，即利用植物器官的再生机能，由原株上切取一定大小茎、枝条、叶、根等材料插入基质中，在外部环境条件适宜时可通过自身遗传及生理机能调解，再次形成完整植株的繁殖（付新爽，2014）。植物再生是指植物体的某一部分因受伤使整体的协调受到破坏而表现出的一种弥补损伤和恢复协调的机能（森下义朗等，1988；梁玉堂，1989）。

文献查阅表明，超过 1 000 年的侧柏古树尚未发现有扦插繁殖成功的报道。根据国内外的研究情况来看，目前植物扦插繁殖主要集中在扦插繁殖技术的研究、扦插生根机理的研究以及插条形态解剖学研究等三个方面。扦插繁殖技术的完善是提高插穗成活率的关键所在，包括采穗母树、采条部位、插条制备、扦插基质选择、扦插时间、药剂选择与使用、灭菌措施以及生根过程中环境因子的调控技术等，这些研究在一定程度上有效地解决了许多较难生根树种的繁殖问题（Copes et al., 2000；Ford et al., 2002）。扦插生根机理的研究侧重于生理、生化方面的研究，着重阐明植物营养水平、酶活性、内源激素变化、内源生根抑制物质等与生根的关系。插条形态解剖学研究着重阐述不定根发生的机理和过程，与生理和生化机理共同为扦插繁殖的技术措施提供理论依据。

二、植物扦插繁殖技术方法

组织开展黄帝手植柏扦插繁殖技术试验研究，遴选出适合黄帝手植柏扦插生根的因子、水平和技术方案，初步掌握不同树龄侧柏古树扦插繁殖技术，以期为其扦插繁殖体系的建立提供技术和理论依据，达到提高其扦插生根率，缩短生根时间的目的。通过对黄帝手植柏扦插过程中的相关营养物质、内源激素、酶活性等生理指标以及内源抑制物的测定和分析，掌握生根过程的动态生理生化响应，为适时添加所需营养物质提供参考。

课题研究组通过了解国内外的相关研究与进展，汲取前期对黄帝手植柏无性繁殖研究积累的经验，针对黄帝手植柏克隆繁殖异常困难这一重要课题，开展了一系列的探索性研究。这不仅为保护和克隆繁殖黄帝手植柏奠定了基础，也为其他古树名木无性繁殖提供了重要的参考价值。

（一）扦插技术研究内容

黄帝手植柏异常珍贵，不宜大量取材。课题研究组对已有针叶树扦插繁殖技术体系进行改进，突破性获得古黄帝手植柏的扦插克隆苗，然而生根率依旧很低。在此基础上，课题研究组打破以往经验，创造性地提出以不同树龄侧柏为试验对象，以5年生幼树为对照，选取100年、300年、700年生古树为研究对象，进行扦插繁殖技术体系的探索和优化，初步建立侧柏古树扦插繁育技术体系，这将为古黄帝手植柏扦插繁殖提供依据，也避免了直接应用黄帝手植柏枝条造成的取材受限制的瓶颈问题。

研究方向为：研究不同树龄侧柏古树选用不同植物生长调节剂的种类及其适宜的浓度、处理时间等条件下对扦插生根的影响，研究不同采条部位插穗对扦插成活的影响，研究不同内源抑制物清除方式对于侧柏古树扦插生根的影响。同时，在扦插繁殖的过程中开展不定根发生可能机理探讨，寻找插条内部物质与外部生根之间关系。在此基础上，选配有利于提高侧柏古树插穗生根能力的最佳生根促进剂浓度组合及处理时间，促进扦插试验成功。最后，再利用不同年龄侧柏材料，对扦插繁殖做全面综合技术研究，并将其研究成果综合应用于黄帝手植柏扦插繁殖，从而为建立黄帝手植柏扦插繁殖育苗体系提供充分科学依据。

（二）扦插生根生理生化研究

开展侧柏古树扦插生根过程的生理基础研究，初步摸索和建立侧柏古树的扦插和组织培养无性繁殖技术体系。探究侧柏古树整个扦插生根过程中相关的营养物质（可溶性糖、淀粉、可溶性蛋白）含量、酶活性（SOD、PPO、POD）含量、丙二醛（MDA）含量、内源激素（IAA、ABA、GA、ZT）含量的变化与插穗生根的关系；探究侧柏古树内源生根抑制物（如酚类、黄酮类）对插穗生根的影响以及对内源生根抑制物进行生物鉴定。

（三）研究技术线路

侧柏古树扦插繁殖的研究技术线路，如图2-1所示。

三、古树扦插繁殖技术研究

国内对几百年古树扦插繁殖已有一些研究，总体上树龄越大生根越困难。例如，300年树龄的大红袍茶树扦插繁殖取得成功，但600年树龄的银杏扦插生根率仅为8%～25%。300年、500年及600年树龄的东北红豆杉，

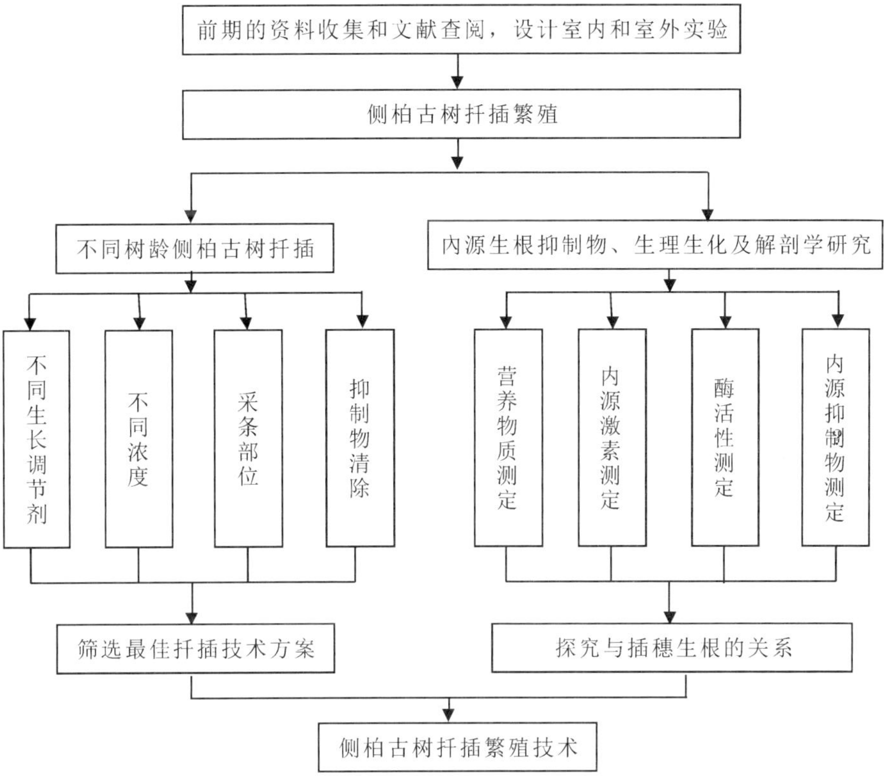

图 2-1 技术路线图

扦插生根率分别为 45%、36% 及 25%，插穗随着母树树龄和枝条年龄增加，生根率呈降低趋势。5 年、600 年及 1 300 年树龄的银杏，扦插生根率分别为 66.7%、24.9% 及 24.4%。3 年树龄的槐树扦插生根率为 48.4%，而 20 年树龄以上的槐树均未能生根。结合课题组和相关文献发现，影响扦插生根技术体系建立的影响因素包括以下几方面。

（一）母树年龄和枝条年龄

采条母树年龄与插条不定根形成有关。树龄越高木质化程度过度，导致枝条的含水量和营养物质含量相对较低，造成扦插生根率下降。因而大部分树种会随着树龄的增加或胸径增人，插条生根能力明显下降，下降的程度因树种或品种而异（刘桂丰等，1991；Osterc et al.，2009；Husen，2011；姜凤琴等，2012）。对 25 年、50 年、100 年树龄以上的东北红豆杉进行扦插繁殖研究，扦插生根率最高分别为 88%、6% 及 3%，具有明显的年龄效应（周建伟、郭利国，2013）。同样以东北红豆杉为对象，在 20 年、300 年、500 年、

600 年树龄的植株上选取插穗，扦插生根率分别为 85%、45%、36% 及 25%（王振华、程广有，2012）。王永格等（2012）对 300 ～ 400 年、1 000 年、1 300 年古槐树进行扦插，并以 3 年幼树、20 年中龄树做对照。研究表明，3 年树龄的槐树生根率最高为 48.4%，20 年树龄以上的槐树皆未生根。此外，他们还分别对 5 年生的幼龄银杏、30 年生的中龄银杏以及 600 年生的古银杏进行研究，发现幼龄树与老龄树枝条在生根方面存在明显差异，幼龄树的扦插生根率最高达 66.7%，而古银杏生根率最高仅为 24.9%。李亦凡、曹福亮（2004）研究 100 年银杏嫩枝扦插得出的生根率最高为 91.95%。姜凤琴等（2012）从树龄约 400 ～ 500 年的甘蒙柽柳古树林选取插穗，结合树龄 1 ～ 3 年的幼龄插穗及树龄为 5 ～ 10 年的成熟林插穗做对照进行扦插繁殖，结果显示古树林插穗的平均成活率最低，仅为 35.93%，5 ～ 10 年成熟林插穗居中为 46.17%，而幼龄树的平均成活率最高为 78.80%。以上说明古树扦插繁殖过程中的生根率都较小，程度因树种和扦插方法而异，但总体仍表现出随年龄增大，生根率下降的趋势。

木本植物扦插根据枝条的成熟程度分为硬枝扦插（2 年及以上）、嫩枝扦插、半硬枝扦插。硬枝木质化程度高、抗性强，含有较多营养物质，但生根抑制物同样较多。嫩枝木质化程度低，富含生长激素，通常生根容易且快速（刘杰，2010）。半硬枝常用于常绿阔叶树种。武姝、范涛（2012）以 5 年生黄花忍冬为材料，研究硬枝扦插与嫩枝扦插对生根的影响，发现硬枝扦插苗木生根率为 70% 左右，但根系发达；而嫩枝扦插苗生根率达 95% 左右。蔡成军、刘宝光（2014）在对树龄为 10 ～ 12 年的加拿大铁杉研究时发现，经过处理的硬枝扦插生根率最高达 47.6%，低于用嫩枝扦插生根率的 69.2%。卢翔等（2011）对树龄为 25 年左右的山桐子进行嫩枝扦插与硬枝扦插，试验结果显示，硬枝扦插繁殖成活率总体偏低，最高生根率为 30%，而嫩枝扦插的最高生根率则为 43.3%。周建伟、郭利国（2013）扦插东北红豆杉时，100 年生插穗和 50 年生插穗均采用 2 年生老枝，生根率仅为 6% 和 3%，而 25 年插穗用 2 年生老枝扦插最大生根率为 77%，使用 1 年生嫩枝时的最大生根率为 87.4%，使用当年生嫩枝的最大生根率为 88%。大多数试验结果都显示在扦插过程中，不论是低龄树种还是成熟龄树种，嫩枝插条生根率较硬枝插条生根率高，其中当年生嫩枝的生根率一般高于其他嫩枝。但是在对树龄较大的树种以及古树进行扦插繁殖中，并未都采用当年生嫩枝进行扦插，如姜凤琴研究甘蒙柽柳时均选用硬枝作为插穗，400 年左右的材料具有一定的生根率，而王永格等在扦插古槐树时均选用嫩枝，但生根率非常低。由此可见，试验中选择嫩枝还是硬枝做插穗，需要根据不同树种和母树年龄进行选择。

（二）枝条采条部位

采条母株的营养条件对插条的生根能力影响很大，插条随母株上着生部位不同而产生生理条件的差异。通常而言，母树梢部幼嫩枝条内源生长激素含量高、细胞分裂能力强，对生根有利。因此，许多落叶阔叶树中如刺槐、杨树类等和许多树种嫩枝扦插以枝条中、上部为好（王东光，2013）。傅瑞树等（2005）分别研究 3 年生以及不同胸径的南方红豆杉不同部位插条对生根的影响，结果显示除了母树胸径 50 cm 以上、穗条年龄为 2 年的上部插穗生根率大于树冠中部，其余均呈现树冠中部穗条生根率大于下部穗条，中部穗条居中的规律。但有的树种位于基部的枝条生根率却高于中、上部（赵剑波，2002）。有的树种其插穗采条部位与生根率没有明显关系。例如，高林琴（2007）分别采集 7 年生云杉上、中、下部枝条扦插，结果表明幼年树采条部位对生根无显著影响。王振华、程广友（2012）采集不同枝龄不同方位的东北红豆杉扦插，插穗生根率与方位不呈现规律性变化。在对高龄树种进行扦插过程中，既有用下部枝条作为插穗的，也有不考虑采条位置的，需要根据具体树种以及生长情况来定，但总体原则应以发育年龄较小的枝条为主，这样的枝条较易生根。

（三）枝条的生物量

枝条的生物量（直径、长度和叶数等）对生根的影响因树种而异。大多数树种扦插选择直径较粗的插穗更容易生根。李永进等（2008）对 2 年生的马尾松不同规格插穗扦插结果显示生根率随直径的增加而增加。对于成熟龄树以及高龄树而言，粗插穗较细插穗更易生根。甘蒙柽柳 3 种规格插穗中，粗插穗（直径 0.8 ～ 1.4 cm）的平均成活率最高，达 62.15%，细插穗（直径小于 0.5 cm）的平均成活率最低，仅 34.49%，中等插穗（直径 0.5 ～ 0.8 cm）则居中，同时发现幼龄树 3 种规格的成活率均高于高龄树（姜凤琴等，2012）。

插条保留的叶面积大小以及顶芽对于扦插具有重要的影响。对于某些树种而言，顶芽能显著提高生根率，这可能跟顶芽及侧芽的内源生长激素有关，即使是树龄较大的树种也有这一现象。例如，李亦凡等（2004）研究顶芽对 50 年、100 年树龄的银杏扦插生根影响时发现，有顶芽的插穗生根率比无顶芽的高出 1 倍左右。叶子作为制造营养物质的器官，一方面能合成生长类激素促进生根，这一点对于嫩枝扦插尤为突出；另一方面如果留叶量过大，势必造成蒸发力度增强，插穗易失水（许方宏，2003），如果插条间距过小，则大量的叶片会造成插条之间相互遮挡而影响光合作用。吴奎河等（2004）以幼龄紫薇为材料对插穗叶片进行不同处理，发现去除或修剪叶片比留存全叶的生根率高。詹亚光等（2001）以白桦大树萌条为材料研究了留叶方式对生根的影响，得出“插穗留一片叶生根率最高”这一结论。因此，无论对于幼龄树、成熟龄树还是高龄树，对于保留的叶片数量应根据具体树种、具体扦插方式而定。

（四）外源激素

对插条进行适当的物理、化学方法处理，能提高树木扦插繁殖的成活率，其中化学处理的药剂可分为生长素类、激动素类、抗蒸剂类和其他物质（袁利利，2012）。研究最多且实用高效的为植物生长调节剂，即外源激素，包括生长促进剂、生长抑制剂和生长延缓剂（潘瑞炽，2006）。外源激素不仅有利于根源基的形成，同时也能促进愈伤组织的增殖（许晓岗等，2013），并能调动叶片和插条中的碳水化合物向切口处转移（Husen，2008）。常见的有萘乙酸（NAA）、吲哚丁酸（IBA）、吲哚乙酸（IAA）等，以及某些复合的植物生根促进剂如 ABT 生根粉等。木质素酸钠（ASL）作为一种新型的植物生长调节剂，具有促进伤口愈合、插条发根及加速苗木生长等作用，并能提高幼苗的抗逆性。针对不同种类的树种，不同的外源激素处理低龄树对生根具有不同的促进作用，而对于高龄古树的作用较不明显。王永格等（2012）使用 ABT1 对 3 年生槐树处理时，生根率较对照高出 1 倍左右，而高龄古槐树使用 ABT1 处理对于生根率则没有明显影响。Palanisamy 和 Subramanian 使用 IBA 处理 63 年树龄的柚木能有效提高生根率。孙兰英（1998）用 ABT6 处理 3 ～ 4 年生银杏幼树，生根率达 84.6%。李亦凡等（2004）使用 ABT6 处理 50 年、100 年树龄的银杏嫩枝，生根率高于对照而低于 3 年生银杏。王永格等（2012）研究表明，ABT1、IBA 处理不同年龄银杏，5 年生银杏生根率最高；而使用 NAA 处理时，600 年树龄的银杏生根率最高为 24.9%，其次是 30 年生银杏，而 5 年生银杏的生根率最低。Azamal Husen（2012）认为对于 1 年、5 年、10 年以及 15 年生的朴树而言，IBA 3 000 mg/L 都是最佳的选择。因此，针对不同树种，所使用的激素种类、浓度以及处理时间都有所差异，应尽可能尝试不同激素以找出最佳的使用组合。

（五）环境因子

影响扦插生根的几个环境因子主要包括光照、温度、空气湿度和基质水分等，这些因子任意一个条件不适都将成为插条生根的限制因子。

1. 光照

光照能促进插穗内植物生长激素的合成。叶片的光合作用能制造养分，同时光照能提高插床温度，这些都利于插穗生根。然而，过强的光照使插穗内生根抑制物的含量增加，同时蒸腾加剧会导致插穗因失水而灼伤（周志刚，2008；张金浩，2014）。因此在扦插过程中，给予适当的光照以满足其生长需要十分必要，但在光照过强时应做好遮阴工作，以减少水分的散失，保持插条水分平衡。

2. 温度

影响插条生根的温度可分为基质温度和空气温度。基质的温度影响插穗内的各种酶的活性及插穗生理代谢活动，空气温度则主要影响插穗的蒸腾作用及地上部分的生长（李焕勇，2014）。在插条生根期间，一般要求气温低于土壤温度，抑制地上部分生长，促进基部愈合生根（鲁丹，2013）。不同树种，扦插生根需要的最适温度不同，一般最适宜生根的环境温度范围为 20 ～ 28℃（张明宏等，2014）。

3. 空气湿度与基质水分

影响插穗生根的重要环境因子包括基质水分和空气湿度（王新刚，2012）。基质湿度过小会导致插穗吸水不足而萎蔫，湿度过大则造成基质缺氧，插穗基部容易腐烂。不同树种所需基质含水量略有差异：银中杨插床湿度为 31.7% 时生根效果最好，毛白杨则在 23.1% 时最佳（杨文化等，2002）。为不影响插穗生根，空气相对湿度一般不应低于 70%。嫩枝扦插生根前，空气相对湿度保持在 90% 左右最佳，硬枝扦插由于蒸发量稍小，可适当降低空气相对湿度（Hudson et al.，2010）。

四、古树扦插繁殖生根机理研究

（一）营养物质含量变化与插穗生根机理

插条内的营养物质（尤其是碳水化合物和含氮化合物）作为生根的基础，在扦插过程中提供着能量和营养，它们与根原基的形成息息相关（Husen，

2008；李朝辉，2014）。目前研究较多的是营养物质在生根过程中的变化。可溶性糖类和淀粉与不定根发育的关系复杂，而含氮化合物在一定范围内与扦插生根存在显著关系，如氮含量过高可能抑制插穗生根（敖红、王昆，2002）。詹亚光等（2001）研究白桦插穗生根过程中营养物质变化时发现，随着母树年龄的增加，可溶性糖含量减少，生根率下降，而总氮与其生根能力之间的关系不密切。王秋玉（1997）曾研究红皮云杉不同年龄插穗里营养物质含量与扦插生根率的关系，表明年龄越低则氮元素含量越高，也较易生根。C/N 值是判断生根难易的另一生理指标（张忠微等，2008）。有研究认为 C/N 值越高则生根越容易，然而随着母树年龄的增加，C/N 值虽然增加，但插条的生根能力却下降（王东光，2013）。可溶性蛋白与植物的形态发生关系密切，含量也随不定根发育过程而发生变化（杨秀莲等，2014）。

（二）内源激素与插穗生根机理

植物激素是控制和影响植物生长发育的重要物质之一（葛辛，2004）。植物内源激素种类较多，目前主要研究的有吲哚乙酸（IAA）、脱落酸（ABA）、赤霉素（GA）、玉米素核苷（ZT）等等。通常认为，IAA 和 ZT 是促进插穗生根的主要内源激素，而 ABA 是抑制生根的主要内源激素，高浓度 GA 同样也是抑制生根的内源激素（张雪等，2012；杨秀莲等，2014；张往祥，2014）。但内源激素与树龄、树种的具体关系还没有统一定论。詹亚光等（2001）以 2 ~ 5 年生白桦为材料研究内源激素与母树年龄的关系发现，随着母树年龄的增加，IAA/ABA 呈下降趋势。郭素娟等（2004）选取不同年龄（2 年、4 年、8 年、12 年）的白皮松母树为材料研究内源激素的变化，结果表明随着母树年龄的增加，插穗中 IAA、ZR、GA 的含量逐渐降低，ABA 的含量则升高，生根率降低。刘明国等（2010）研究 20 年北美香柏发现，不定根的诱导期 IAA 含量提高是促进插穗生根的重要原因。然而王军辉等（2006）对不同年龄青海云杉枝条中内源激素测定发现，枝条中 GA 和 ABA 的含量与母株年龄无明显相关性，而 ZT 含量和 ZR/IAA 值均随母株年龄的增加而明显降低，从而认为青海杉针叶中内源激素含量与母株年龄关系不大，可能与针叶年龄相关。

（三）氧化酶活性与插穗生根机理

插穗不定根的发生和形成过程与体内多种酶的活性相关，包含了许多复杂的变化。如超氧化物歧化酶（SOD）、多酚氧化酶（PPO）和过氧化物酶

（POD）是高等植物体内普遍存在的 3 种氧化酶，这类生理指标都是极为重要的生物化学标志。

POD 为生根的标志之一，是木质素合成的主导酶，它参与植物木质素形成，与不定根的诱导和伸长生长密切相关（Gaspar et al.，1992；Sunita et al.，2005）。众多研究表明，扦插过程中 POD 活性会出现两个高峰，个别树种为一个高峰（袁利利，2012）。PPO 是一种含铜的酶，能催化生长素的代谢，促进不定根的起源和发育（Bhattacharya，1978；Gyana et al.，2006）。Haissig 指出 PPO 能催化酚类物质与 IAA 形成一种“IAA- 酚酸复合物”（沈琪，2013），这种复合物使插穗体内的酚类物质含量降低，是一种生根辅助因子，能促进不定根形成。唐全等（2009）分别对 1 年、20 年、32 年生悬铃木研究发现，随着母树年龄增大，硬枝插穗中的 PPO 活性下降。SOD 是一种能够催化超氧化物通过歧化反应转化为氧气和过氧化氢的酶，是一种重要的抗氧化剂，其在生物体内的水平高低意味着衰老与死亡的直观指标。赵云龙等（2013）在糙叶杜鹃扦插过程中发现，SOD 活性在愈伤组织诱导期上升，愈伤组织形成后略有下降。

五、不定根发生的解剖学研究

不定根形成是扦插成活的关键（Celine，2006），对插穗进行形态解剖研究为确定不定根的形成提供了重要手段。一般认为，根的形成可分为三个阶段，即生根诱导、根原基形成以及根生长发育（Hua et al.，2009；陈子萱，2010）。扦插的难易程度取决于茎的解剖结构、根原基类型以及生根类型三个因素（鲁丹，2013）。从茎的解剖结构看，存在环状厚壁组织且呈现连续排列的树种较难生根（施娟娟，2013）。张猛等（2010）通过解剖学观察发现费约果茎解剖结构即是如此，从而推测这是插条不易生根的原因之一。根原基按形成时间分为潜伏根原基和诱导根原基，前者是脱离母体前就已存在，脱离母体后由于环境适宜，加之外界环境刺激而发育形成不定根；而诱导根原基则是扦插后在外界条件刺激下形成。一般具潜伏根原基的植物更易生根，而难生根树种不定根大多为诱生根原基（梁海荣，2006）。生根类型主要根据不定根产生的部位、时间及形成机制划分为皮部生根型、愈伤组织生根型和混合生根型三类。皮部生根型根原始体多在皮层深处和木质部外髓线处。愈伤组织生根型经历由切口附近的细胞木栓层，到形成层分裂成愈伤组织细胞，进而在其内部或附近的节上分化根原基（王小平，2005；周志刚，2008；扈顺，2014）。相比而言，同时具有两种或两种以上生根类型的树种容易生根（刘延青，2010）。张梅春、杨立新（2007）对20年树龄的紫杉进行解剖学研究得出其嫩枝为愈伤组织生根，木质化插穗是皮部生根。然而生根并不是愈伤组织发育的必然结果，对白桦插条生根的研究表明，愈伤组织发育对不定根的形成存在不利影响（张晓平，2003；潘健等，2008）。不定根形成过程中解剖学的变化随插穗树种及年龄的差异而有所不同（Hamann，1998）。在扦插时，了解植物属于何种生根类型，并针对不同类型制定相应的技术手段，能有效提高扦插成活率。

六、内源生根抑制物

植物体休眠组织中广泛分布着生长抑制物质，这些物质同时参与控制着插条的愈合和生根。一般认为，生根难易程度除受树种、年龄影响外，不同季节和枝条着生部位也影响生根，这可能与体内存在大量抑制生根的物质有关。目前认为内源生根抑制物对于生根的阻碍作用主要在于两方面：一是阻止或削弱生长素；二是某些抑制物（如树脂）滞留在插穗切口处，从而影响插穗吸水而导致生根能力降低。内源生根抑制物可能包括脱落酸、β抑制剂、酚类物质、黄酮类物质及单宁类物质等（蔡喜彦，2013）。有关生根抑制物的研究在桉树上取得的进展较多，Paton等（1970）将桉树枝条内分离出的抑制物命名为“抑制物–G”；Sterns（1991）从巨桉的叶中分离得到一种生根抑制物质的结晶，并鉴定了其化学结构。Nicholls等（1970）认为巨桉内源生根抑制物的化学结构与纤精酮相似；Crow等（1977）将巨桉内分离出来的一种生根物质命名为巨桉酚。此外，生根抑制物在其他树种上也有类似研究。程广有（2000）研究紫杉内源生根抑制物发现其主要成分是酚类，且枝龄不同则含量不同，其中1年生枝条含量最高。此外，阳面枝条的含量高于阴面枝条的含量。季孔庶等（1997，2002）认为马尾松内含有的主要抑制物质为苯酚类和黄酮类，且其含量随母株年龄的增长而增加。因此认为内源物质含量随母株年龄递增是产生马尾松扦插繁殖年龄效应的原因之一。徐程扬等（1998）以不同年龄核桃楸为材料进行内源抑制物研究，同样认为母树枝条内生根抑制物含量随母树年龄增加而提高。然而也有研究认为酚类物质具有促进生根的作用，Hatma等（1976）研究发现，易生根的枝条含有较多的多酚物质；Balakrishnamnrthy 等（1988）认为幼嫩枝条内高浓度的酚类物质的积累能促使不定根的发生；Macheix 等（1990）认为单元酚抑制生根，而二元酚则促进生根。

由此可以看出，对于内源生根抑制物的具体种类以及它们对枝条生根的具体影响机制还有待进一步研究。目前针对内源生根抑制物常用的清除方法有流水冲洗、温水浸泡，乙醇、乙醇乙醚混合物、高锰酸钾、硝酸银、消石灰处理等（陈宁，2011）。此外，某些具有针对性的药剂如抗酚剂的使用也能有效清除植物体内的内源生根抑制物质（林海球等，2000）。

第二节 黄帝手植柏扦插克隆技术体系的建立

试验地点为北京市海淀区中国林业科学研究院内。前期在装有全光照喷雾装置的小园，后期在温室内进行。

一、试验材料与处理方法

（一）插穗采取与处理方法

1. 插穗采取

试验树种为侧柏。2013—2014 年，采取中国林科院荒漠化所 5 年树龄的插穗作为对照实验，其余插穗采自北京市天坛公园 100 年、300 年、700 年侧柏和黄帝手植柏树冠南部中下部 1 ～ 3 年生枝条上第一轮分生、生长健壮、无病虫害的半硬枝条。枝条用湿纸包住切口，喷洒水，用泡沫箱带回。

育苗容器为轻基质网袋容器，基质为：泥炭：珍珠岩 =3 ： 7。所用植物生长调节剂为北京市拜尔迪生物技术公司生产 NAA、IBA、木质素酸钠（ASL）和中国林业科学研究院 ABT 研究组开发研制的 1 号生根粉（ABT1#）。

2. 插穗制备与处理

将带回的每根 10 ～ 20 cm 长的枝条，截成 20 个左右插穗，下切口离芽 1.0 ～ 1.5 cm。斜切，切口应平滑，在插穗基部 1.0 ～ 1.5 cm 处用刀片纵切 2 ～ 3 刀，深达木质部，剪好后每 20 根一捆。插穗立即放入 1‰ 的多菌灵溶液中浸泡 15 min 以消毒，然后用清水洗净。选用植物生长调节剂浸泡。

扦插深度 8 ～ 10 cm。插后压实基质，随即用喷壶喷水 1 次。

（二）插床准备

在中国林业科学研究院内，设有半径为 6 m 的圆形插床，插床上设有间歇喷雾装置，前疏后密，每端各置喷头 25 个。扦插前 1 天用 3‰ 的高锰酸钾对扦插基质进行消毒，扦插当日清水浇透。

扦插采用竖直扦插法，即先用竹条在基质上插洞，深度控制在为 8 ～ 10 cm，插穗入洞后稍加压实；扦插完毕后立即浇水并全面喷洒 50% 多菌灵可湿性粉剂 200 倍液。扦插后为保持基质和叶面一定的湿度，采用全光照自动间歇喷雾装置对插穗进行喷洒，具体根据基质湿度和天气情况随时调整喷雾间隔时间。此外，自扦插后每隔 3 d 分别喷洒多种灭菌剂交替消毒。

（三）试验设计

1. 不同植物生长激素处理对不同树龄侧柏古树扦插生根的影响

以 5 年生侧柏为对照，采取天坛公园 100 年、300 年、700 年的侧柏为试验材料。选用植物生长激素 ABT1、NAA 以及 NAA ： IBA＝1 ： 1 这 3 种植物生长调节剂，浓度设计分为低浓度（200 ～ 600 mg/L）、中浓度（1 000 ～ 3 000 mg/L）以及高浓度（4 000 ～ 10 000 mg/L）；使用新型植物生长调节剂 ASL，设置不同浓度梯度处理试验材料。

2.NI 不同处理对插条生根的影响

以 5 年生侧柏为对照，采取天坛公园 100 年、300 年、700 年的侧柏为试验材料。选用激素 NI 处理，浓度范围采用 200 ～ 4 000 mg/L，时间范围为 4 h ～ 1 min。

3. 采条部位对扦插生根的影响

采取 100 年生侧柏的东上、东下、南上、南下、西上、西下、北上、北下 8 个方位的枝条，并选用 NAA ： IBA =1 ： 1，浓度为 1 000 mg/L 的溶液处理 1 min。

4. 内源生根抑制物清除对扦插生根的影响

以 5 年生侧柏为对照，采取天坛公园 100 年、300 年、700 年的侧柏，分别用 0.1% 硝酸银、0.1% 乙酸、2% 乙醇、温水、洗洁精、0.05% 高锰酸钾处理后，再选用 NAA ： IBA =1 ： 1，浓度为 1 000 mg/L 的溶液处理 1 min。

5. 植物生长调节剂对不同年龄侧柏扦插生根的影响

用木质素酸钠（ASL）和 10% 蔗糖处理，观察其对 5 年、100 年、300 年、

700 年侧柏枝条扦插的影响。

6. 灭菌剂筛选

选多菌灵、甲基托布津（甲基硫菌灵）、代森锰锌、波尔多液、甲基硫菌灵·锰锌、福美锌等进行灭菌剂筛选。

二、不同植物生长调节剂对不同年龄侧柏扦插生根的影响

为确定有利于黄帝手植柏生根的植物生长调节剂，首先进行筛选试验，研究不同植物生长调节剂、不同浓度及其不同处理时间对侧柏古树扦插的影响。结果显示，母株年龄、植物生长调节剂种类及其浓度对侧柏插条扦插生根具有显著影响。年龄越低生根率相对越高，低浓度（200 ～ 600 mg/L）的植物生长调节剂处理有利于 5 年生侧柏生根，而中浓度（600 ～ 4 000 mg/L）则对 100 年、300 年以及 700 年生侧柏古树扦插生根具有一定作用，当浓度超过 4 000 mg/L 时对各年龄段的侧柏生根的影响相对较小。这说明外源植物生长调节剂的作用通过改变各种内源植物生长调节剂的含量，使植物体内部调节剂达到一个新的平衡，从而间接诱导不定根的发生和分化。

从生根部位来看，侧柏主要为愈伤组织生根类型。插穗生根速度较慢，扦插后顶梢插穗约在 25 ～ 30 d 切口开始长出白色或红色愈伤组织，此时保留的叶片生长良好。45 d 左右切口部分明显膨大并伴有更多突起，58 d 左右切口愈伤组织处已伸出明显的不定根尖，65 ～ 90 d 插穗陆续形成根系，不定根显著伸长。综合考虑其生根特性可以确定，插穗在 3 ～ 4 个月左右即可完成大量生根，进入生长阶段。

（一）低浓度激素处理对不同年龄侧柏古树扦插生根的影响

从表 2–1 可以看出，低浓度的不同激素处理之间，不同年龄插穗的生根率、生根数和最长根长都存在显著差异。

从表 2–2 和表 2–3 可以看出，就生根率而言，作为对照的 5 年生侧柏插穗最高生根率为 600 mg/L A 处理 1 h 以及 400 mg/L NI 处理 1 h，生根率均为 100%，极显著高于其他处理，生根率最低的处理为 600 mg/L N 处理 4 h，生根率仅为 22.7%；100 年生侧柏插穗在 200 mg/L A 处理 2 h 时能达到最大生根率，为 10.7%，与其他处理差异不显著；而 300 年生侧柏和 700 年侧柏插条以 200 mg/LNI 处理 4 h，生根率分别为 14.7% 和 16%，其中 700 年生侧柏

各处理之间差异不显著。

就生根数和最长根长而言，5 年生侧柏插穗以 400 mg/L NI 处理 1 h 时最大是生根数为 27.6 条，最长根长为 15.2 cm，最低生根数仅为 9.5 条，所用激素处理为 600 mg/L N 处理 4 h，最长根长最低为 8.7 cm，所用激素处理为 200 mg/L N 处理 1 h；100 年生侧柏插穗最大生根数为 5 条，激素为 200 mg/L A 处理 2 h，最长根长为 14.9 cm，所用激素为 200 mg/L N 处理 1 h，各处理间差异不显著；300 年生侧柏插穗最大生根数为 4.1 条，最长根长为 7.06 cm，所用激素处理为 200 mg/L NI 处理 4 h；而 700 年生侧柏插穗最大生根数为 3.3 条，最长根长为 6.2 cm，所用激素为 200 mg/L NI 处理 4 h。

由表 2–2 和表 2–3 可知，5 年生侧柏插穗在生根率、生根数、最长根长方面，不同激素处理存在着极为显著的差异，100 年生侧柏插穗生根数、最长根长存在的差异较大，300 年、700 年生侧柏插穗三项指标也存在显著差异。可见，5 年生侧柏插穗选用低浓度处理时，所得的生根率较高，其余年龄插穗使用低浓度激素处理对生根率的影响较小。可初步判断适宜扦插的低浓度激素组合为：5 年生侧柏插穗用 400 mg/L NI 处理 1 h；100 年生侧柏插穗以 200 mg/L A 处理 2 h；300 年生和 700 年生侧柏插条以 200 mg/L NI 处理 4 h。

表 2–1　低浓度外源激素处理插穗生根指标方差分析表

年龄 / 年	生根指标	自由度	平方和	均方	F 值	P 值
5	生根率	29	1 362.579	1492.429	156.505	0.000
	生根数量	29	913.193	100.758	316.385	0.000
	最长根长	29	579.638	63.148	111.727	0.000
100	生根率	29	2 163.986	221.559	26.073	0.000
	生根数量	29	189.367	20.374	67.914	0.000
	最长根长	29	1 249.484	137.649	258.767	0.000
300	生根率	29	2 532.812	210.718	6.623	0.000
	生根数量	29	85.519	8.018	12.002	0.000
	最长根长	29	557.900	55.244	18.202	0.000
700	生根率	29	2 596.694	242.556	11.727	0.000
	生根数量	29	60.762	5.227	7.623	0.000
	最长根长	29	438.977	42.272	14.446	0.000

表 2–2 低浓度激素处理不同年龄侧柏生根多重比较（5 年、100 年）

激素浓度 /mg·L^{-1}	处理时间 /h	5 年			100 年		
		生根率（反正弦值）/%	生根数 / 条	最长根长 /cm	生根率（反正弦值）/%	生根数 / 条	最长根长 /cm
A200	2	73.9 ± 0.53f	20.2 ± 0.2a	12.3 ± 0.2c	19.0 ± 1.28c	5.0 ± 1.0c	13.9 ± 1.7d
A400	4	38.4 ± 1.57b	12.7 ± 0.3f	10.4 ± 1.6bc	0.0 ± 0.00a	0.0 ± 0.0a	0.0 ± 0.0a
A600	1	90.0 ± 0.00g	23.2 ± 0.8b	12.9 ± 1.3c	0.0 ± 0.00a	0.0 ± 0.0a	0.0 ± 0.0a
N200	1	66.5 ± 1.82e	17.3 ± 1.1d	8.7 ± 0.5a	13.2 ± 1.63b	3.3 ± 0.6b	14.9 ± 1.0d
N400	2	32.8 ± 0.83a	11.8 ± 0.2f	9.3 ± 0.5ab	0.0 ± 0.00a	0.0 ± 0.0a	0.0 ± 0.0a
N600	4	28.4 ± 0.92a	9.5 ± 0.3h	10.8 ± 0.5c	0.0 ± 0.00a	0.0 ± 0.0a	0.0 ± 0.0a
NI200	4	46.9 ± 2.03c	10.8 ± 0.4g	10.2 ± 0.4bc	0.0 ± 0.00a	0.0 ± 0.0a	0.0 ± 0.0a
NI400	1	90.0 ± 0. 00g	27.6 ± 0.4c	15.2 ± 0.3d	14.5 ± 2.91bc	2.7 ± 0.6ab	9.1 ± 0.8c
NI600	2	67.8 ± 3.01e	15.2 ± 0.1e	13.2 ± 0.3c	14.8 ± 1.63bc	4.3 ± 0.6c	7.4 ± 0.9b
CK	—	56.5 ± 2.22d	16.6 ± 0.8d	24.5 ± 0.6e	18.5 ± 3.60bc	7.0 ± 1.0d	15.0 ± 0.4a

注：A 代表 ABT1，N 代表 NAA，NI 代表 NAA ：IBA=1 ：1，A200 表示激素浓度为 200 mg/L 的 ABT1。表中生根率为反正弦值，根数、最长根长为各处理的算术平均值。同列后不同小写字母表示各处理间差异显著（$P<0.05$）；± 后面的值为标准误。本节下同。

表 2–3 低浓度激素处理不同年龄侧柏生根多重比较（300 年、700 年）

激素浓度 /mg·L^{-1}	处理时间 /h	300 年			700 年		
		生根率（反正弦值）/%	生根数 / 条	最长根长 /cm	生根率（反正弦值）/%	生根数 / 条	最长根长 /cm
A200	2	16.1 ± 2.53cde	2.2 ± 1.6bc	5.52 ± 1.29c	0.0 ± 0.00a	0.0 ± 0.0a	0.0 ± 0.0a
A400	4	5.5 ± 5.48ab	0.8 ± 1.4ab	2.14 ± 3.71ab	3.9 ± 3.85a	0.7 ± 1.2ab	1.8 ± 3.1ab
A600	1	20.1 ± 2.07de	2.8 ± 0.3cd	6.26 ± 0.88c	7.7 ± 3.85a	1.0 ± 1.0abc	4.3 ± 3.8bc
N200	1	0.0 ± 0.00a	0.0 ± 0.0a	0.00 ± 0.00a	0.0 ± 0.00a	0.0 ± 0.0a	0.0 ± 0.0a
N400	2	9.3 ± 4.87abc	0.7 ± 0.6ab	4.11 ± 3.57bc	20.1 ± 2.07b	2.3 ± 1.6cd	6.1 ± 1.6c
N600	4	0.0 ± 0.00a	0.0 ± 0.0a	0.00 ± 0.00a	0.0 ± 0.00a	0.0 ± 0.0a	0.0 ± 0.0a
NI200	4	22.2 ± 3.00e	4.1 ± 0.7d	7.06 ± 0.63c	23.1 ± 3.73b	3.3 ± 1.1d	6.2 ± 0.7c
NI400	1	14.8 ± 1.63bcde	2.2 ± 0.8bc	5.48 ± 0.28c	16.1 ± 2.53b	1.7 ± 0.6bc	5.7 ± 0.3c
NI600	2	0.0 ± 0.00a	0.0 ± 0.0a	0.00 ± 0.00a	0.0 ± 0.00a	0.0 ± 0.0a	0.0 ± 0.0a
CK		11.0 ± 5.48bcd	4.2 ± 0.8d	13.86 ± 0.97d	3.9 ± 3.85a	3.2 ± 0.8a	11.0 ± 1.4d

（二）中浓度激素处理对不同年龄侧柏古树扦插生根的影响

在使用中浓度植物生长调节剂处理插条时，5 年生幼树愈伤诱导率均在 50% 以上，其中用 1 000 mg/L ABT1 处理 1 min 以及 1 000 mg/L NI 处理 30 s 均能达到较好的生根效果，其生根率为 88%；后者在处理后具有更高的愈伤诱导率，可以达到 100%。100 年生侧柏在 2 000 mg/L NI 处理 3 min 及 3 000 mg/L NI 处理 1 min 时愈伤诱导率均达 33%，而生根率差异不大，分别是 19% 和 18%。300 年侧柏插条以 1 000 mg/L NI 处理 30 s 后，愈伤诱导率为 48%，生根率可达 24%；而 700 年侧柏插条以 1 000 mg/L ABT1 处理 1 min 效果最好，有 20% 插条能生根，40% 插条能分化愈伤组织。说明 100 年、300 年、700 年的侧柏在中浓度植物生长调节剂处理下愈伤率和生根率都较高。

表 2–4 可以看出，中浓度的不同激素处理不同年龄插穗时，100 年生侧柏插穗和 700 年生侧柏插穗的最长根长差异不显著，700 年生侧柏插穗的生根率和生根数量差异显著，其余指标差异极显著。

表 2–5 和表 2–6 可以看出，就生根率而言，5 年生侧柏插穗最高生根率为 1 000 mg/L A 处理 1 min 以及 1 000 mg/L NI 处理 30 s，生根率均为 88%；生根率最低的处理为 3 000 mg/L N 处理 30 s，生根率仅为 12%，各处理之间的生根率存在极显著的差异。100 年生侧柏插穗以 2 000 mg/L NI 处理 3 min 能达到最大生根率，为 20%，各处理之间差异不显著；而 300 年生侧柏插条以 1 000 mg/L NI 处理 30 s，生根率为 24%，显著高于其他处理，但其他处理之间差异较小；700 年生侧柏插穗以 1 000 mg/L A 处理 1 min，生根率达 20%，显著高于浓度为 2 000 mg/L 的各项处理。

表 2–4 中浓度激素处理插穗生根指标方差分析表

年龄 / 年	生根指标	自由度	平方和	均方	F 值	P 值
5	生根率	26	7414.844	905.384	94.918	0.000
	生根数量	26	6.828	81.874	124.559	0.000
	最长根长	26	501.042	59.608	44.369	0.000
100	生根率	26	944.847	88.866	6.838	0.000
	生根数量	26	189.367	20.374	67.914	0.000
	最长根长	26	315.769	10.691	0.836	0.584
300	生根率	26	1770.009	172.357	7.932	0.000
	生根数量	26	129.5	12.417	7.409	0.000
	最长根长	26	595.432	68.848	27.755	0.000

续表

年龄 / 年	生根指标	自由度	平方和	均方	F 值	P 值
700	生根率	26	1753.025	150.016	4.884	0.003
	生根数量	26	114.574	10.093	5.369	0.001
	最长根长	26	502.086	33.371	2.555	0.047

表 2–5 中浓度激素处理不同年龄侧柏生根多重比较（5 年，100 年）

激素浓度 /mg·L^{-1}	处理时间	5 年			100 年		
		生根率（反正弦值）/%	生根数 / 条	最长根长 /cm	生根率（反正弦值）/%	生根数 / 条	最长根长 /cm
A1000	1 min	69.9 ± 2.07f	21.18 ± 0.45e	25.45 ± 0.19df	20.1 ± 2.07bcd	5.83 ± 1.01abc	12.66 ± 0.68a
N1000	3 min	54.8 ± 2.14e	20.06 ± 0.77e	24.45 ± 0.29d	22.5 ± 1.10bcd	5.67 ± 0.44abc	11.69 ± 1.93a
NI1000	30 s	69.9 ± 2.07f	24.30 ± 0.10f	26.65 ± 0.28f	17.7 ± 1.28b	5.50 ± 0.76ab	10.7 ± 0.64a
A2000	30 s	26.5 ± 1.67b	16.22 ± 0.51d	16.35 ± 0.56ab	20.1 ± 2.07bcd	7.17 ± 1.59bc	11.01 ± 1.96a
N2000	1 min	45.4 ± 2.03d	13.56 ± 0.47c	19.84 ± 0.44c	19.0 ± 1.28bc	5.17 ± 0.60ab	8.86 ± 0.83b
NI2000	3 min	47.7 ± 0.77d	11.77 ± 0.44b	24.14 ± 0.15d	26.5 ± 1.66d	8.83 ± 0.44c	15.36 ± 1.11a
A3000	3 min	48.5 ± 1.33d	15.94 ± 0.24d	18.11 ± 1.66bc	7.7 ± 3.85a	3.00 ± 1.53a	9.41 ± 4.58a
N3000	30 s	20.1 ± 2.07a	9.36 ± 0.19a	14.93 ± 0.67a	21.4 ± 1.10bcd	7.33 ± 0.88bc	11.05 ± 2.29a
NI3000	1 min	34.4 ± 1.42c	17.24 ± 0.62a	17.25 ± 0.32b	25.4 ± 2.68cd	7.17 ± 0.60bc	11.19 ± 0.68a

就生根数和最长根长而言，5 年生侧柏插穗以 1 000 mg/L NI 处理 30 s 时最大生根数为 24.3 条，最长根长为 26.65 cm，最低生根数仅为 9.36 条，最长根长最低为 14.93 cm，所用激素处理为 3 000 mg/L N 处理 30 s，各处理之间差异显著；100 年生侧柏插穗最大生根数为 8.83 条，最长根长为 15.36 cm，所用激素为 2 000 mg/L NI 处理 3 min，其中最长根长差异不显著；300 年生侧柏插穗最大生根数为 7.17 条，最长根长为 16.39 cm，所用激素处理为 1 000 mg/L NI 处理 30 s，显著高于其他处理。700 年生侧柏插穗最大生根数为 6.83 条，最长根长为 15.41 cm，激素为 1 000 mg/L A 处理 1 min，生根数显著高于其他处理，而最长根长差异不显著。

可以看出，中浓度处理不同年龄插穗时，无论是生根率、生根数还是最长根长都高于使用低浓度处理插穗（5 年生侧柏插穗除外）。在对年龄偏大的插穗处理时，使用 1 000 mg/L NI 或 A 处理插穗时，能得到较好的效果。

表 2–6　中浓度激素处理不同年龄侧柏生根多重比较（300 年，700 年）

激素浓度 /mg·L⁻¹	处理时间	300 年			700 年		
		生根率（反正弦值）/%	生根数 / 条	最长根长 /cm	生根率（反正弦值）/%	生根数 / 条	最长根长 /cm
A1000	1 min	17.2 ± 3.50b	3.33 ± 0.58b	12.48 ± 0.98b	25.9 ± 4.80c	6.83 ± 0.93c	15.41 ± 0.2b
N1000	3 min	18.5 ± 3.59b	5.17 ± 1.04bcd	12.26 ± 1.64b	14.8 ± 1.63b	2 ± 0.29ab	14.41 ± 0.38b
NI1000	30 s	29.3 ± 1.55c	7.17 ± 1.26d	16.39 ± 1.09c	18.5 ± 3.59bc	3.83 ± 0.83b	12.12 ± 1.03b
A2000	30 s	16.1 ± 2.53b	3 ± 2.65b	14.23 ± 0.63bc	12.2 ± 6.22b	2 ± 1.15ab	8.52 ± 4.23ab
N2000	1 min	0.0 ± 0.00a	0 ± 0.00a	0.00 ± 0.00a	0.0 ± 0.00a	0 ± 0.00a	4.31 ± 4.31a
NI2000	3 min	20.1 ± 2.07b	3.83 ± 1.26bc	12.52 ± 1.31b	13.2 ± 1.63b	2.33 ± 0.88ab	12.35 ± 0.39b
A3000	3 min	16.1 ± 2.53b	4.5 ± 1.50bc	13.26 ± 0.33b	16.1 ± 2.53bc	2.5 ± 0.76ab	12.51 ± 0.58b
N3000	30 s	17.7 ± 1.28b	4.5 ± 0.50bc	14.39 ± 0.23bc	17.7 ± 1.28bc	3.17 ± 0.73b	13.27 ± 0.49b
NI3000	1 min	19.5 ± 4.38b	6 ± 1.00cd	14.86 ± 0.57bc	20.1 ± 2.01bc	2.67 ± 0.88b	11.09 ± 0.46b

（三）高浓度激素处理对不同年龄侧柏古树扦插生根的影响

从表 2–7 可以看出，高浓度的不同激素处理不同年龄插穗时，300 年生侧柏古树插穗的生根率和生根数量不显著，700 年生侧柏插穗的三项指标均不显著。其余年龄的指标则差异极显著。

从表 2–8 和表 2–9 可知，就生根率而言，5 年生侧柏插穗最高生根率为 8 000 mg/L A 处理 5 s，生根率均为 85%，生根率最低的处理为 8 000 mg/L N 处理 30s，生根率仅为 20%，各处理之间差异显著；100 年生侧柏插穗以 8 000 mg/L A 处理 5 s 能达到最大生根率为 19%，与其他处理之间差异不显著；300 年生侧柏插条以 4 000 mg/L NI 处理 5 s，生根率为 12%，各处理之间差异较小；700 年生侧柏插穗以 4 000 mg/LNI 处理 5 s，生根率为 8%，各处理之间差异不显著。

表 2–7　高浓度激素处理插穗生根指标方差分析表

年龄 / 年	生根指标	自由度	平方和	均方	F 值	P 值
5	生根率	26	4 689.962	561.381	50.799	0.000
	生根数量	26	85.559	9.641	20.589	0.000
	最长根长	26	72.616	8.385	27.250	0.000

续表

年龄 / 年	生根指标	自由度	平方和	均方	F 值	P 值
100	生根率	26	2 116.466	222.879	12.031	0.000
	生根数量	26	176.000	19.104	14.844	0.000
	最长根长	26	202.157	17.493	5.061	0.002
300	生根率	26	1 746.435	96.440	1.781	0.147
	生根数量	26	55.852	3.315	2.034	0.101
	最长根长	26	133.183	12.434	6.639	0.000
700	生根率	26	1 467.758	90.375	2.184	0.080
	生根数量	26	59.167	3.750	2.314	0.066
	最长根长	26	162.166	10.512	2.424	0.057

表 2–8 高浓度激素处理不同年龄侧柏生根多重比较（5 年，100 年）

激素浓度 /mg·L^{-1}	处理时间（s）	5 年			100 年		
		生根率（反正弦值）/%	生根数 / 条	最长根长 /cm	生根率（反正弦值）/%	生根数 / 条	最长根长 /cm
A4000	30	30.1 ± 2.31a	5.73 ± 0.32a	7.88 ± 0.16a	17.7 ± 1.28c	5.50 ± 0.29c	6.09 ± 0.99c
N4000	60	53.9 ± 0.81c	9.15 ± 0.39c	11.27 ± 0.23c	19.0 ± 1.28c	4.50 ± 0.29c	5.71 ± 0.68c
NI4000	5	53.1 ± 1.38c	8.50 ± 0.29bc	10.85 ± 0.51c	20.1 ± 2.07c	6.17 ± 0.60cd	5.43 ± 0.89c
A8000	5	67.8 ± 3.01e	11.77 ± 0.58d	12.33 ± 0.3d	25.6 ± 1.00c	7.83 ± 0.4d	6.87 ± 0.14c
N8000	30	26.5 ± 1.66a	6.22 ± 0.41a	7.37 ± 033a	3.8 ± 3.85ab	1.00 ± 1.00ab	1.93 ± 1.93ab
NI8000	60	41.5 ± 1.33b	7.85 ± 0.11b	9.49 ± 0.42b	9.3 ± 487b	2.50 ± 0.32b	4.13 ± 2.07bc
A10000	60	53.8 ± 1.95c	9.12 ± 0.29c	9.08 ± 0.14b	20.1 ± 2.07c	4.83 ± 0.17c	6.63 ± 0.37c
N10000	5	48.5 ± 1.33c	8.15 ± 0.14bc	8.07 ± 0.09a	20.1 ± 2.07c	5.17 ± 0.30c	6.90 ± 0.08c
NI10000	30	61.7 ± 2.47d	9.41 ± 0.67c	9.73 ± 0.40b	0.0 ± 0.00a	0.00 ± 0.00a	0.00 ± 0.00a

表 2-9　高浓度激素处理不同年龄侧柏生根多重比较（300 年，700 年）

激素浓度 /mg·L^{-1}	处理时间（s）	300 年			700 年		
		生根率（反正弦值）/%	生根数 / 条	最长根长 /cm	生根率（反正弦值）/%	生根数 / 条	最长根长 /cm
A4000	30	14.3 ± 7.74b	2.17 ± 1.30ab	5.93 ± 0.49bc	5.5 ± 5.48ab	1.00 ± 1.00a	1.81 ± 1.81ab
N4000	60	11.7 ± 6.8ab	2.00 ± 1.15ab	4.14 ± 2.08b	3.8 ± 3.85ab	1.00 ± 1.00a	1.37 ± 0.37ab
NI4000	5	20.1 ± 2.07b	3.83 ± 0.17b	7.03 ± 0.08c	16.1 ± 2.53b	3.50 ± 0.29b	5.05 ± 0.31b
A8000	5	12.2 ± 6.2ab	1.50 ± 0.87ab	5.55 ± 0.23bc	10.6 ± 5.8ab	1.67 ± 0.88ab	3.34 ± 1.68ab
N8000	30	17.7 ± 1.28b	2.67 ± 0.17b	5.13 ± 0.57bc	9.3 ± 4.87ab	2.33 ± 1.20ab	3.88 ± 1.94ab
NI8000	60	16.1 ± 2.53b	2.83 ± 0.93b	5.78 ± 0.60bc	11.5 ± 0.0ab	1.33 ± 0.33ab	4.2 ± 0.16b
A10000	60	13.2 ± 1.6ab	1.67 ± 0.33ab	6.22 ± 0.39bc	3.8 ± 3.85a	0.67 ± 0.67a	1.07 ± 1.07ab
N10000	5	14.8 ± 1.63b	2.00 ± 0.29ab	5.10 ± 0.41bc	0.0 ± 0.00a	0.00 ± 0.00a	0.00 ± 0.00a
NI10000	30	0.0 ± 0.00a	0.00 ± 0.00a	0.00 ± 0.00a	0.0 ± 0.00ab	0.00 ± 0.00a	0.00 ± 0.00a

就生根数和最长根长而言，5 年生侧柏插穗以 10 000 mg/L NI 处理 30 s 时最大生根数为 9.41 条，最长根长在以 8 000 mg/L A 处理 5 s 时达到最大，为 12.33 cm，各处理之间差异显著；100 年生侧柏插穗最大生根数为 7.83 条，所用激素为 8 000 mg/L A 处理 5 s，最长根长为 6.90 cm，所用激素为 10 000 mg/L NI 处理 5 s，各处理差异不显著；300 年生侧柏插穗最大生根数为 3.83 条，最长根长为 7.03 cm，所用激素处理为 4 000 mg/L NI 处理 5 s，其中各处理之间生根数差异不显著；700 年生插穗最大生根数仅 3.5 条，最长根长为 5.05 cm，激素为 4 000 mg/L NI 处理 5 s，各处理之间差异不显著。

可以看出，在用高浓度的激素对插穗进行处理时，其生根率、生根数、最长根长较中浓度处理的插穗低，利于 5 年生、100 年生插穗生根的激素为 8 000 mg/L ABT，但对于生根数和最长根长而言，则 10 000 mg/L NI 也有一定作用。对于年龄偏大的 300 年生、700 年生插穗而言，则使用 4 000 mg/L NI 处理能使得各项指标处于较佳的水平。

三、不同浓度 ASL 对侧柏扦插生根的影响

插条生根时需要一定的营养物质，主要是碳水化合物和氮素化合物。用蔗糖水溶液处理插条，促进生根效果更好。木质素酸钠（ASL）作为一种植物生长调节剂，具有促进植物伤口愈合、插条发根，提高种子发芽率及加速苗木生长等作用，并能提高林木幼苗的抗逆性。用一定浓度的 ASL 预浸插穗，

对生根有明显的促进作用。以一定浓度的 ASL 和蔗糖处理侧柏插条，对其生根效果有一定作用。不同年龄所需浓度不同。不同浓度 ASL 处理 300 年树龄的插条，对其生根影响不大。蔗糖对插条生根的影响也具有一定的年龄效应，但总体上利于插条的生根。

由表 2–10 可知，不同浓度 ASL 处理不同年龄侧柏插穗时，各生根指标存在极显著差异。

表 2–10 不同浓度 ASL 对插穗生根指标方差分析表

年龄 / 年	生根指标	自由度	平方和	均方	F 值	P 值
5	生根率	26	11 103.020	1 370.851	181.154	0.000
	生根数量	26	1 113.335	137.350	170.260	0.000
	最长根长	26	1 115.629	135.554	78.215	0.000
100	生根率	26	3 460.945	363.568	25.928	0.000
	生根数量	26	225.731	23.806	16.363	0.000
	最长根长	26	170.298	19.677	27.501	0.000
300	生根率	26	938.926	92.258	8.267	0.000
	生根数量	26	101.985	10.876	13.073	0.000
	最长根长	26	240.797	28.642	44.207	0.000
700	生根率	26	2 041.840	218.164	13.243	0.000
	生根数量	26	141.418	16.536	32.617	0.000
	最长根长	26	683.086	84.111	148.488	0.000

由表 2–11 和表 2–12 可知，就生根率而言，5 年生插穗最大生根率为 93%，ASL 浓度为 200 mg/L ASL，极显著高于其他浓度处理的插穗；100 年生插穗最大生根率为 45%，ASL 浓度为 2 000 mg/L 处理 1 min，其他浓度处理之间差异不显著，后者的愈伤诱导率更高；300 年生插穗最大生根率为 17%，以 1 000 mg/L ASL 处理 3 min，显著高于部分浓度处理；700 年生插穗最大生根率为 16%，以 500 mg/L ASL 处理 2 h，与其他处理之间的差异不显著。

就生根数和最长根长而言，5 年生插穗最大生根数为 22.87 条，最长根长为 24.58 cm，使用浓度为 200 mg/L ASL 处理 4 h，极显著高于偏高浓度处理插穗的生根数和最长根长；100 年生插穗以 2 000 mg/L ASL 处理 1 min 得到最大生根数为 10.64 条，最长根长为 15.21 cm，与其他处理差异显著；300 年生插穗最大生根数和最长根长分别为 7.45 条、15.24 cm，ASL 浓度分别为 3 000 mg/L 和 1 000 mg/L，与较低浓度处理存在极显著差异；700 年生插穗最大生根数和最长根长分别为 6.85 条、14.29 cm，ASL 浓度为 500 mg/L，较偏高浓度 ASL

存在极显著差异。

综合而言，使用 ASL 处理不同年龄插穗时，低浓度对于 5 年生侧柏插穗效果最好，对于 100 年生侧柏和 300 年生侧柏插穗而言，使用中浓度处理效果较好，对于 700 年生侧柏插穗而言，500 mg/L 处理效果最好。与 NI 处理插穗相比较，ASL 处理插穗生根率较使用 NI 偏高（300 年除外），但生根数和最长根长却不及 NI 处理。

表 2-11　不同浓度 ASL 对插穗生根多重比较（5 年、100 年）

激素浓度 /mg·L⁻¹	处理时间	5 年			100 年		
		生根率（反正弦值）/%	生根数 / 条	最长根长 /cm	生根率（反正弦值）/%	生根数 / 条	最长根长 /cm
200	4 h	75.2 ± 1.63g	22.87 ± 0.32g	24.58 ± 0.47e	38.4 ± 1.56c	8.66 ± 0.51bc	12.97 ± 0.32c
500	2 h	41.5 ± 1.33b	12.72 ± 0.68b	10.22 ± 0.87 b	28.3 ± 2.47n	8.39 ± 0.71b	12.03 ± 0.24c
600	1 h	0.0 ± 0.00a	0.00 ± 0.00a	0.00 ± 0.00a	16.1 ± 2.53a	6.04 ± 0.71a	9.80 ± 0.40ab
1 000	3 min	57.3 ± 2.21e	19.66 ± 0.42e	16.42 ± 1.20c	41.5 ± 1.33c	11.31 ± 0.58d	14.54 ± 0.29d
1 000	2 min	53.4 ± 1.56de	18.58 ± 0.50d	15.15 ± 1.17c	20.1 ± 2.07a	4.35 ± 0.62a	9.35 ± 0.21ab
1 000	1 min	44.6 ± 0.76bc	17.24 ± 0.68cd	15.91 ± 0.31c	21.4 ± 1.10a	4.37 ± 1.16a	10.24 ± 0.20b
2 000	1 min	45.4 ± 0.76bc	16.16 ± 0.73c	12.00 ± 0.65b	42.3 ± 0.77c	10.64 ± 0.87cd	15.21 ± 0.38d
3 000	1 min	48.8 ± 1.02cd	14.17 ± 0.21b	12.57 ± 0.82b	18.5 ± 3.59a	4.37 ± 0.33a	8.35 ± 0.54a
4 000	1 min	68.9 ± 2.95f	21.25 ± 0.32f	18.74 ± 0.48d	16.1 ± 2.53a	4.19 ± 0.61a	8.55 ± 1.11a

表 2-12　不同浓度 ASL 对插穗生根多重比较（300 年、700 年）

激素浓度 /mg·L⁻¹	处理时间	300 年			700 年		
		生根率（反正弦值）/%	生根数 / 条	最长根长 /cm	生根率（反正弦值）/%	生根数 / 条	最长根长 /cm
200	4 h	17.7 ± 1.28bcd	3.83 ± 0.35bc	10.32 ± 0.58de	17.4 ± 2.91c	3.87 ± 0.54c	11.71 ± 11.71d
500	2 h	7.7 ± 3.85a	2.15 ± 0.49a	8.32 ± 0.80bc	23.5 ± 1.82c	6.85 ± 0.16d	14.29 ± 14.29e
600	1 h	20.1 ± 2.07cde	5.73 ± 0.21d	9.60 ± 0.32cd	17.7 ± 1.28c	4.22 ± 0.27c	10.81 ± 10.81cd
1 000	3 min	24.6 ± 1.00e	7.45 ± 0.45e	15.24 ± 0.14g	20.1 ± 2.07c	5.91 ± 0.26 d	13.48 ± 13.48e
1 000	2 min	13.2 ± 1.63ab	3.11 ± 0.29ab	7.69 ± 0.40a	0.0 ± 0.00a	0.00 ± 0.00a	0.00 ± 0.00a
1 000	1 min	14.8 ± 1.63 bc	3.91 ± 0.89bc	6.42 ± 0.67ab	17.7 ± 1.28c	2.32 ± 0.50b	10.25 ± 10.25bc
2 000	1 min	21.4 ± 1.10de	6.40 ± 0.54de	12.81 ± 0.33f	16.1 ± 2.53b	3.03 ± 0.69bc	10.44 ± 10.44bcd
3 000	1 min	24.6 ± 1.00e	7.47 ± 0.47e	14.76 ± 0.31g	9.3 ± 4.87b	2.39 ± 0.58b	9.18 ± 9.18b
4 000	1 min	20.1 ± 2.07cde	5.41 ± 0.70cd	11.30 ± 0.18e	0.0 ± 0.00a	0.00 ± 0.00a	0.00 ± 0.00a

四、不同浓度 NI 处理对侧柏古树插条生根的影响

生长素具有明显的促进不定根和侧根发生和生长的作用，选择适当种类的植物生长调节剂对侧柏古树扦插显得尤为重要。植物生长调节剂选用扦插试验中常用的 ABT1、NAA 和 NI 这 3 种植物生长调节剂。不同年龄母树扦插所需的外源生根植物生长调节剂浓度不同，年龄效应对生根的影响很大。5 年生侧柏扦插成活率高的原因是母树的年龄越小生命力越强，抑制物质含量少插穗的扦插成活率越高。综合而言，插条母树年龄较大时，使用 NI 处理插条生根效果较好。大量激素配方筛选之后，根据初步得出的实验结果可知，有利于提高年龄偏大的插穗生根能力的最佳生根促进剂为 NAA ∶ IBA = 1 ∶ 1；进一步将该组合配方进行细化，通过设定不同浓度及处理时间，进一步选配出最佳的方案。

表 2–13　不同浓度 NI 处理插穗生根指标方差分析表

年龄 / 年	生根指标	自由度	平方和	均方	F 值	P 值
5	生根率	26	3 812.398	463.823	81.999	0.000
	生根数量	26	982.156	121.397	198.949	0.000
	最长根长	26	494.177	59.834	69.473	0.000
100	生根率	26	1 753.582	132.422	3.434	0.014
	生根数量	26	148.455	17.804	53.239	0.000
	最长根长	26	153.839	18.656	73.201	0.000
300	生根率	26	2 714.641	314.103	28.015	0.000
	生根数量	26	176.897	21.850	187.258	0.000
	最长根长	26	970.907	119.865	179.978	0.000
700	生根率	26	2 041.881	229.275	19.871	0.000
	生根数量	26	130.698	15.907	83.183	0.000
	最长根长	26	817.092	101.001	200.047	0.000

从表 2–13 可以看出，不同年龄的插穗经过 NI 处理后，各项生理指标之间均有极显著的差异。

就生根率而言，由表 2–14 和表 2–15 可以看出，其中 5 年生侧柏插穗和 100 年生侧柏插穗以 1 000 mg/L NI 处理 2 min 生根率最大，分别为 80% 和

24%，前者各项激素处理之间具有显著差异，后者各项激素处理之间差异不显著。300 年生侧柏插条则是以 1 000 mg/L NI 处理 1 min 达到较高的生根率，为 20%，与低浓度处理差异极显著；700 年生侧柏插条的最高生根率达 12%，所使用的激素是 600 mg/L NI 处理 1 h，差异不显著。

就生根数和最长根长而言，由表 2-14 和 2-15 可以看出，5 年生侧柏插穗最大生根数为 26.25 条，所用激素为 1 000 mg/L NI 处理 2 min，最长根长为 28.38 cm，所用激素为 1 000 mg/L NI 处理 1 min，各处理之间差异极显著；100 年生侧柏插穗最大生根数为 11.32 条，最长根长为 16.63 cm，所用激素为 1 000 mg/L NI 处理 2 min，各处理差异极显著；300 年生侧柏插穗最大生根数为 7.11 条，最长根长为 16.09 cm，所用激素为 1 000 mg/L NI 处理 1 min，较低浓度处理差异极显著；700 年生侧柏插穗最大生根数为 6.52 条，最长根长为 15.29 cm，所用激素为 600 mg/L NI 处理 1 h，较高浓度处理差异极显著。

将不同浓度的 NI 处理不同年龄插穗发现，浓度为 1 000 mg/L 的 NI 最有利于插穗生根。700 年生插穗在使用 600 mg/L NI 时得到最大的生根率，但较浓度为 1 000 mg/L 的 NI 处理时的生根率相差不大。综合而言，在对年龄较大插穗进行扦插时，优先考虑中浓度的激素处理。

表 2-14　不同浓度 NI 处理不同年龄侧柏生根多重比较（5 年、100 年）

激素浓度 /mg·L^{-1}	处理时间	5 年			100 年		
		生根率（反正弦值）/%	生根数 / 条	最长根长 /cm	生根率（反正弦值）/%	生根数 / 条	最长根长 /cm
200	4 h	26.5 ± 1.66a	9.18 ± 0.41a	18.82 ± 0.27b	20.1 ± 2.07ab	5.32 ± 0.22bc	9.91 ± 0.19ab
500	2 h	31.9 ± 1.48b	10.85 ± 0.26b	18.24 ± 0.62b	19.0 ± 1.2ab	4.37 ± 0.31ab	10.13 ± 0.39b
600	1 h	44.6 ± 0.76c	17.96 ± 0.57c	27.61 ± 0.52ef	10.6 ± 5.87a	3.64 ± 0.22a	9.12 ± 0.11a
1 000	3 min	40.8 ± 0.77c	16.76 ± 0.40c	20.52 ± 0.74c	26.5 ± 1.77b	8.53 ± 0.37d	14.64 ± 0.23f
1 000	2 min	63.5 ± 1.66f	26.25 ± 0.45g	26.58 ± 0.37de	29.3 ± 1.5b	11.32 ± 0.58e	16.43 ± 0.26g
1 000	1 min	53.1 ± 1.38d	22.10 ± 0.42e	28.38 ± 0.30f	20.8 ± 0.57ab	5.09 ± 0.23bc	14.03 ± 0.48ef
2 000	1 min	57.3 ± 2.21e	24.54 ± 0.47f	25.43 ± 0.24d	21.4 ± 1.10ab	5.60 ± 0.36c	13.32 ± 0.30d
3 000	1 min	33.6 ± 0.83b	9.98 ± 0.56ab	16.53 ± 0.62a	11.0 ± 5.48a	4.31 ± 0.28ab	10.77 ± 0.13b
4 000	1 min	49.2 ± 0.77d	19.90 ± 0.30d	20.97 ± 81c	12.2 ± 6.22a	5.45 ± 0.28c	11.69 ± 0.33c

表 2-15　不同浓度 NI 处理不同年龄侧柏生根多重比较（300 年、700 年）

激素浓度 /mg·L⁻¹	处理时间	300 年			700 年		
		生根率（反正弦值）/%	生根数 / 条	最长根长 /cm	生根率（反正弦值）/%	生根数 / 条	最长根长 /cm
200	4 h	17.7 ± 1.28c	4.07 ± 0.22c	12.53 ± 0.30b	20.1 ± 2.07b	4.89 ± 0.30de	11.38 ± 0.55c
500	2 h	0.0 ± 0.00a	0.00 ± 0.00a	0.00 ± 0.00a	0.0 ± 0.00a	0.00 ± 0.00a	0.00 ± 0.00a
600	1 h	21.4 ± 1.10cd	5.40 ± 0.25d	14.32 ± 1.16cd	20.1 ± 2.07b	6.52 ± 0.31f	15.29 ± 0.22e
1 000	3 min	0.0 ± 0.00a	0.00 ± 0.00a	0.00 ± 0.00a	19.0 ± 1.28b	5.24 ± 0.49e	14.48 ± 0.78de
1 000	2 min	23.5 ± 1.82cd	6.80 ± 0.19ef	14.93 ± 0.30de	17.7 ± 1.28b	4.22 ± 0.17d	13.73 ± 0.25d
1 000	1 min	26.5 ± 1.66d	7.11 ± 0.11f	16.09 ± 0.43e	17.7 ± 1.28b	3.20 ± 0.15c	12.21 ± 0.49c
2 000	1 min	24.6 ± 1.00d	6.41 ± 0.26e	15.11 ± 0.12de	16.1 ± 2.53b	2.80 ± 0.10c	11.01 ± 0.33bc
3 000	1 min	9.3 ± 4.87b	4.63 ± 0.20c	3.26 ± 0.49bc	3.8 ± 3.84a	1.55 ± 0.22b	9.88 ± 0.39b
4 000	1 min	11.5 ± 0.00b	3.11 ± 0.30b	11.96 ± 0.21b	0.0 ± 0.00a	0.00 ± 0.00a	0.00 ± 0.0a

五、采条部位对侧柏古树扦插生根的影响

插条在母树上的着生部位不同，细胞分裂能力不同，生根促进物质以及生根抑制物质的含量也有所差异，从而影响愈伤组织的产生和不定根的形成，导致生根能力有所不同。插穗在枝条部位对生根率、株高和根系数量有影响，为全面掌握黄帝手植柏克隆繁殖的遗传基础，在侧柏古树的不同方位采集了枝条进行扦插。以 100 年侧柏探究采条部位对扦插生根的影响，植物生长调节剂选用浓度为 1 000 mg/L NI 处理，通过方差分析表（表 2-16）可以看出，不同部位的插穗进行扦插的各项生根指标存在极显著的差异。

表 2-16　不同采条部位插穗生根指标方差分析表

生根指标	自由度	平方和	均方	F 值	P 值
生根率	23	2 814.102	370.340	26.724	0.000
生根数量	23	160.979	21.912	46.164	0.000
最长根长	23	74.769	8.842	10.986	0.000

从多重分析比较（表 2–17）可以看出，生根率最高的为南面上部，生根率为 40.8%，显著高于其他部位插穗生根率。生根率最低的为北面上部，生根率为 7.7%。生根数方面，南面上部最大，为 12.26 条，且与其他部位存在极显著差异。北面上部生根数最低，为 3.35 条。最长根长最大为 15.78 cm，为南面上部插穗，与其他方位插穗差异显著。总体而言，南面、东面、西面以上部插穗为佳，而北面以下部插穗生根效果最好。

表 2–17　采条部位对扦插生根影响的多重比较

采条部位	激素浓度	生根率（反正弦值）/%	生根数 / 条	最长根长 /cm
东上	NAA : IBA (1 : 1) 1 000 mg/L	36.9 ± 1.38d	11.00 ± 0.42d	14.00 ± 0.46d
东下		19.0 ± 1.28bc	7.99 ± 0.17bc	13.33 ± 0.38cd
南上		40.8 ± 0.77d	12.26 ± 0.57e	15.78 ± 0.41e
南下		16.1 ± 2.53b	7.42 ± 0.27b	12.01 ± 0.88abc
西上		24.6 ± 1.00c	8.86 ± 0.43c	12.43 ± 0.68bcd
西下		16.1 ± 2.53b	6.73 ± 0.32b	12.86 ± 0.30cd
北上		7.7 ± 3.85a	3.35 ± 0.50a	10.40 ± 0.50a
北下		20.1 ± 2.07bc	7.96 ± 0.35bc	10.91 ± 0.23ab

六、内源生根抑制物清除对扦插生根的影响

侧柏古树插穗较难生根，可能与体内存在某些生根阻碍物质有关。一般来说，抑制剂的含量会随着亲本年龄的增加而增加，随着枝条成熟度的增加而相应升高。在同一树冠上，下部抑制剂的含量会少于上部抑制剂含量。抑制剂阻碍插穗生根的推测有两种：抑制剂有减弱或阻止生长素合成的作用；通过滞留在插穗切口表面如树脂或单宁，从而影响插穗基部的吸水。成年植物高水平的生根抑制物含量或低水平的生根促进物含量可能影响插条生根能力下降。清除生根抑制剂的常用方法有流水冲洗、温水浸泡及乙醇、乙醇乙醚混合物、高锰酸钾、硝酸银、消石灰处理等。试验证明 0.1%$AgNO_3$ 和 0.05%$KMnO_4$ 对清除侧柏古树内源抑制物效果较好，能明显提高侧柏古树的生根率。

由表 2–18 可以看出，不同抑制物清除方式处理不同年龄插穗所得的各项指标之间存在着极显著差异。

表 2–18 不同抑制物清除方式对插穗生根指标方差分析表

年龄 / 年	生根指标	自由度	平方和	均方	F 值	P 值
5	生根率	17	3 966.168	781.392	158.372	0.000
	生根数量	17	122.745	23.173	40.429	0.000
	最长根长	17	308.591	59.275	58.216	0.000
100	生根率	17	584.797	92.989	9.310	0.001
	生根数量	17	46.550	7.711	11.571	0.000
	最长根长	17	84.803	14.258	12.664	0.000
300	生根率	17	2 335.016	440.506	39.899	0.000
	生根数量	17	52.452	9.523	23.623	0.000
	最长根长	17	90.337	15.410	13.915	0.000
700	生根率	17	1 649.843	293.761	19.472	0.000
	生根数量	17	63.988	11.695	25.469	0.000
	最长根长	17	128.948	24.927	68.393	0.000

表 2–19 抑制物清除对插穗生根的影响多重性比较（5 年、100 年）

清除方式	处理时间	5 年			100 年		
		生根率（反正弦值）/%	生根数 / 条	最长根长 /cm	生根率（反正弦值）/%	生根数 / 条	最长根长 /cm
0.1% $AgNO_3$	20 h	73.9 ± 2.53e	27.92 ± 0.32e	31.65 ± 0.95d	26.5 ± 1.66c	10.20 ± 0.48c	16.99 ± 0.32b
2% CH_3COOH	20 h	28.4 ± 0.92a	19.91 ± 0.33a	23.37 ± 0.59b	19.0 ± 1.28bc	7.03 ± 0.23a	12.45 ± 0.39a
EtOH	20 h	53.9 ± 0.81c	24.41 ± 0.77cd	21.54 ± 0.64ab	25.6 ± 1.00c	9.56 ± 0.39bc	15.70 ± 0.19b
Water	3 h	54.7 ± 0.81c	24.02 ± 0.36c	22.89 ± 0.41b	24.6 ± 1.00bc	8.31 ± 0.60ab	15.17 ± 0.61b
Abluent	3 h	42.3 ± 0.77b	22.03 ± 0.17b	19.89 ± 0.24a	18.5 ± 3.59a	7.18 ± 0.67a	11.21 ± 1.26a
0.05% $KMnO_4$	15 min	64.9 ± 0.86d	25.58 ± 0.43d	28.22 ± 0.39c	33.6 ± 0.83d	10.88 ± 0.29c	15.32 ± 0.03b

表 2–20 抑制物清除对插穗生根的影响多重性比较（300 年、700 年）

清除方式	处理时间	300 年			700 年		
		生根率（反正弦值）/%	生根数 / 条	最长根长 /cm	生根率（反正弦值）/%	生根数 / 条	最长根长 /cm
0.1% $AgNO_3$	20 h	31.1 ± 0.87c	7.77 ± 0.29d	16.96 ± 0.84b	27.5 ± 0.92d	6.50 ± 0.26c	16.79 ± 0.38d
2% CH_3COOH	20 h	3.8 ± 3.85a	3.61 ± 0.46a	12.34 ± 0.54a	3.8 ± 3.85a	2.17 ± 0.44a	10.92 ± 0.55a
EtOH	20 h	17.7 ± 1.28b	5.25 ± 0.48b	12.79 ± 0.85a	17.7 ± 1.28bc	3.17 ± 0.44a	12.06 ± 0.28b

续表

清除方式	处理时间	300 年			700 年		
		生根率（反正弦值）/%	生根数/条	最长根长/cm	生根率（反正弦值）/%	生根数/条	最长根长/cm
Water	3 h	31.9 ± 1.48c	6.56 ± 0.33c	13.85 ± 0.27a	24.4 ± 2.65cd	5.26 ± 0.42b	13.96 ± 0.11c
Abluent	3 h	32.8 ± 0.83c	5.81 ± 0.36bc	14.31 ± 0.52a	13.2 ± 1.63b	3.17 ± 0.44a	10.21 ± 0.30a
0.05% $KMnO_4$	15 min	34.4 ± 1.42c	8.55 ± 0.23d	17.93 ± 0.37b	30.2 ± 1.79d	6.93 ± 0.30c	16.82 ± 0.32d

从表 2–19 和表 2–20 多重分析比较可以发现，就生根率而言，5 年生侧柏插穗使用 0.1% 硝酸银溶液处理最高为 92%，极显著高于其他处理方式；100 年生侧柏插穗以 0.05% 高锰酸钾溶液处理生根率最高为 30%，显著高于其他处理方式；300 年生侧柏插穗以洗洁精处理效果最佳，为 29%；700 年生侧柏插穗以 0.1% 硝酸银溶液处理最大生根率为 21%。就生根数和最长根长而言，5 年生侧柏插穗以 0.1% 硝酸银溶液处理得到最大生根数为 27.92 条，最长根长为 31.65 cm，极显著高于其他清除方式；100 年生侧柏插穗以 0.05% 高锰酸钾溶液处理的生根数最大，为 10.88 条，以 0.1% 硝酸银溶液处理的最长根长最优，为 16.99 cm，其余清除方式之间差异不显著；300 年生侧柏插穗最大生根数为 8.55 条，最长根长为 17.93 cm，处理方式为 0.05% 高锰酸钾溶液处理 15 min，其中各处理间最长根长差异不显著；700 年生侧柏插穗最大生根数为 6.93 条，最长根长为 16.82 cm，处理方式仍为 0.05% 高锰酸钾溶液，其中各处理间的最大生根数差异不显著。

总体而言，最利于插穗生根的清除方式为 0.1% 硝酸银溶液，最有利于插穗根系生长的清除方式为 0.05% 高锰酸钾溶液处理 15 min。不同年龄的插穗经过内源抑制物清除处理之后，生根率、生根数以及最长根长都较未处理之前偏高。

七、插穗扦插过程中的消毒管理

插穗扦插后，插条易受到病毒感染和阳光直射过多导致温度过高而烧苗脱水死亡，因此扦插后要定期做消毒生根处理。每周一、周四对苗木以及苗床进行全面消毒灭菌，直到插穗生根。灭菌剂包括多菌灵、甲基托布津（甲基硫菌灵）、代森锰锌、波尔多液、甲基硫菌灵 · 锰锌、福美锌等。在进行大量灭菌剂筛选后得出，多种灭菌剂轮流使用得到的效果最佳。灭菌剂的筛选情况见表 2–21。

表 2-21 100 年生侧柏灭菌后绿叶率

树龄	灭菌剂	10 d	20 d	30 d	40 d	50 d	60 d
100 年	多菌灵	85%	70%	50%	45%	38%	32%
	几种灭菌剂轮用	90%	85%	70%	65%	59%	53%

八、愈伤组织与侧柏古树生根情况

图 2-2 至图 2-7 为愈伤组织生根情况，图 2-8 至图 2-12 为不同龄侧柏生根情况。

图 2-2 愈伤组织形成

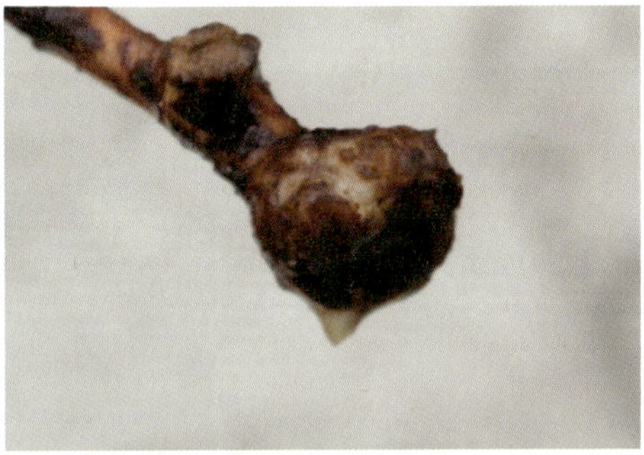

图 2-3 愈伤组织膨大

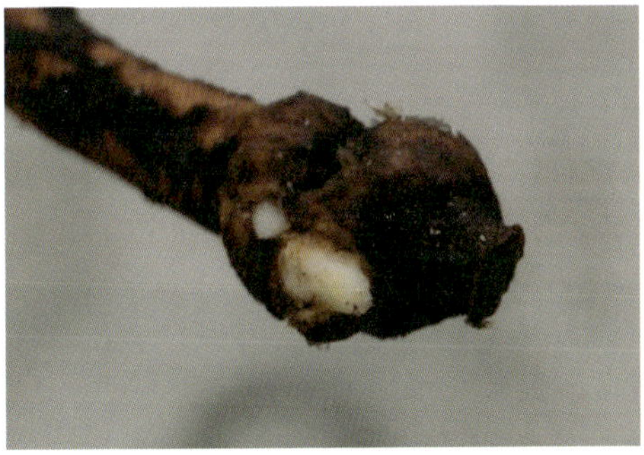

图 2-4 不定根形成

图 2-5 愈伤组织生根

图 2-6 愈伤组织和皮部生根

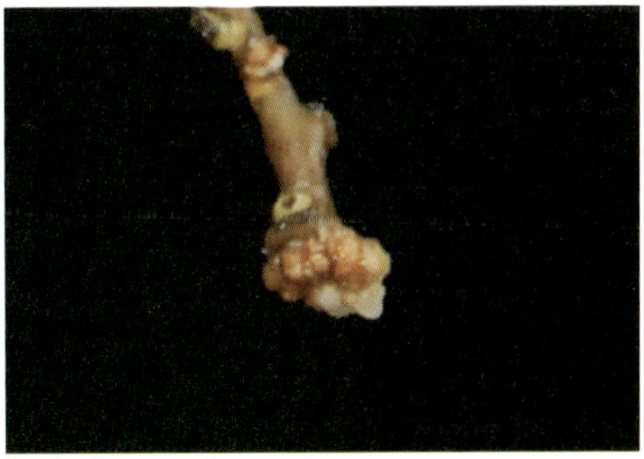

图 2-7 愈伤组织

图 2-8　生根过程的不同阶段

图 2-9　5 年生侧柏生根

图 2-10　100 年生侧柏生根

图 2-11 300 年生侧柏生根

图 2-12 700 年生侧柏生根

第三节 侧柏古树扦插生根过程中的生理生化研究

一、试验材料与研究方法

试验树种为侧柏，年龄分别为 5 年、100 年、300 年、700 年左右（以胸径估算），其中 5 年插穗采自中国林业科学研究院荒漠化研究所（作为对照实验），其余插穗采自北京市天坛公园内。插穗为生长健壮、无病虫害的半硬枝枝条，按照扦插繁殖技术中最佳的处理方式制取插穗。试验地点为北京市海淀区中国林业科学研究院内林木遗传重点实验室和林业研究所温室。

2014 年 8 月开始实验，插穗用 NI 1 000 mg/L 处理 2 min，以 5 年插穗为对照。按照完全用随机区组设计的要求，每个处理重复 3 次，每重复处理插穗 25 个。由于侧柏生根时间较长，故采样时从扦插的第一天起，每隔 35 d 取样 1 次，每个重复随机抽取 5 ~ 8 条插穗，总共取样 4 次。

拔出插穗后，迅速用蒸馏水冲洗干净，用滤纸擦干，然后立即置于准备的冰盒中。带回实验室观察后，迅速剥取穗条基部 2 ~ 3 cm 韧皮部，剪碎混匀，保存于液氮中。试验中扦插繁殖过程中的生理生化组分测定如下。

（一）营养物质的测定

1. 可溶性糖含量的测定

采用蒽酮比色法进行测定。称取保存的鲜样 0.05 g，液氮研磨后倒入 10 mL

的离心管中加入 80% 酒精 4 mL，置于 80℃水浴 30 min。其间不断震摇，设定离心机温度 20℃，转速 6 000 r/min 离心。离心 10 min 收集上清液，残渣加 80% 酒精重复提取 2 次，合并上清液。用 80% 的酒精定容至 10 mL，过滤后取滤液测定。吸取上述滤液 1 mL，加入 5 mL 蒽酮试剂混合，沸水浴 10 min，取出冷却。在 625 nm 处测定 OD 值。计算方法参照陈建勋、王晓峰（2006）主编的《植物生理学试验指导》（第二版）。

2. 淀粉含量的测定

将提取可溶性糖以后的残渣，冲洗数次后移入 10 mL 离心管中，加水至 5 mL 蒸馏水于沸水浴中糊化 15 min（离心 3 次，最后将残渣移入 20 mL 具塞试管中，加 15 mL 热蒸馏水），加入沸水浴中煮沸 15 min，冷却后加入 9.2 mol/L 高氯酸 2 mL，稍冷却后在 20℃下 4 000 r/min 下离心 10 min，上清液缓慢倒入 25 mL 容量瓶。用蒸馏水定容至刻度，混匀，上清液即为待测液。取干洁 10 mL 具塞试管，加入样液 0.5 mL，再加入蒽酮试剂 5 mL，充分震荡摇匀，立即放入沸水浴中保温 1 min，取出冷却至室温（对照组：H_2O 0.5 mL 或 1 mL+ 蒽酮试剂 5 mL）摇匀后，沸水浴 10 min，冷却后于 625 nm 下比色（以标准曲线的空白为零点），记录 A620 值。

3. 可溶性蛋白含量的测定

称取研磨样品 0.2 g，加 5 mL 磷酸缓冲液（pH 7.0）。4 000 r/min 离心 10 min，将上清液倒入 10 mL 离心管，再向渣中加入 2 mL 磷酸缓冲液，悬浮；4 000 r/min 离心 10 min，合并上清液，定容至刻度。另取 1 支具塞试管，准确加入 0.1 mL 样品提取液，加入蒸馏水 0.9 mL 和 5 mL 考马斯亮蓝 G-250 试剂，震荡摇匀，5 min 后于 595 nm 处测吸光度值。其余操作与标取制作相同。

（二）酶活性的测定

对多酚氧化酶（PPO）活性、超氧化物歧化酶（SOD）活性、过氧化物酶（POD）活性、丙二醛（MDA）含量等进行测定。

1. 多酚氧化酶（PPO）活性测定

样品（鲜）提取 0.2 g，保温。加 4 mL pH6 PBS 于 10 mL 离心管，定容至 5 mL。10 000 r/min 离心 10 min，取上清液即为粗酶液。一只试管取 0.5 mL 酶液，加入 pH 6 缓冲溶液在 2.5 mL、0.1 mol/L 邻苯二酚 1 mL。另一试管加 0.5 mL 煮沸失活的酶液为对照。混匀后 37℃保温 10 min，取出后迅速转入冰浴立即加入 20% 三氯乙酸 2 mL 混匀。在 410 nm 下测 OD 值，将 A410 调 “0”

并开始计时，反应到 3 min 时，记录吸光度值，也可连续记录 3 min 内吸光度值的变化。

2. 超氧化物歧化酶（SOD）活性测定

酶液制取同 PPO。取 10 mL 离心管 7 个，3 个作测定样品，4 个作为对照。将表 2–22 中的试剂混匀后，1 个对照烧杯置于暗处，另 3 个对照烧杯和样品一起置于 4 000 lx 日光灯下反应 20 min，温度控制在 25 ～ 35℃，至显示一定深度蓝色（要求各管受光一致，温度高时时间缩短，温度低时时间可适当延长）。时间到时，迅速用黑布遮裹照光管，终止反应。最后在 560 nm 测定反应液的光密度。以不照光的对照烧杯作参比，分别测定各管的光密度。SOD 单位是以抑制 NBT 光化还原的 50% 为一个酶活性单位表示。

表 2–22　SOD 测定试剂

试剂	用量 /mL	终浓度 / 比色时
0.05 mol/L 磷酸缓冲液	4.05	—
220 mmol/L Met 溶液	0.3	13 mmol/L
1.25 mmol/L NBT 溶液	0.3	75 μmol/L
33 μmol/L 核黄素溶液	0.3	2.0 μmol/L
酶液	0.05	对照以缓冲液代替酶液
总体积	5.0	—

3. 过氧化物酶（POD）活性测定

酶液提取同PPO。取试管加入0.3% H_2O_2 1 mL，0.2% 愈创木酚 0.95 mL，Ph 7.0 PBS 1 mL，最后加入 0.05 mL 酶液启动反应，共 3 mL。对照以 0.05 mol/L 磷酸缓冲溶液代替酶液。记录 470 nm 处 OD 增加速度。将每分钟 OD 增加 0.01 定义为 1 个活力单位。

4. 丙二醛（MDA）活性测定

取 0.2 g 样品，加入 10% TCA 2 mL 后再加入 3 mL TDA，在 3 000 r/min 下离心 10 min，上清液为样品提取液。含量测定时，取上清液 2.0 mL 于带塞试管中（可做 2 次重复），加入 0.5% TBA 溶液 2.0 mL，混合后于沸水浴上反应 20 min（反应 10 min，自试管中溶液出现小气泡开始计时），迅速冷却后离心。上清液分别于 532 nm、600 nm 及 450 nm 波长下测定 OD 值。对照管以 2 mL 水代替提取液。

（三）内源激素含量的测定

称取待测样品 0.20 g，用含有 10 μg/L BHT 的 80% 冷甲醇溶液浸提 4 h，过滤后将处理液放入冰盒中，将其送到中国农业大学作物化学控制研究中心进行内源激素含量的测定。采用固相抗原型酶联免疫吸附法测定 IAA 和 ZR 含量；采用双层固相抗体型 ELISA 测定 ABA 和 GA 含量，测定结果采用 Logit 曲线方法进行计算。

（四）内源生根抑制物的测定

1. 高效液相色谱测内源生根抑制物

称取 0.45 g 样品，放入 6 mL 的提取液 80% 的甲醇溶液中，超声波浸提 2 h。按参考文献所述通过高效液相色谱测定部分酚类、黄酮类含量。仪器为 Waters2695 高效液相色谱仪四元梯度泵、2487 紫外检测器、工作站 Empower。使用甲醇为 TEDIA，水为超纯水。其中黄酮色谱条件：

柱：SunFire C18（4.6 mm × 250 mm）5μm；流动相：60% CH_3OH pH ≈ 3；流速：0.8 mL/min；UV：360 nm；温度：室温。

酚类物质色谱条件：

Ⅰ柱：SunFire C18（4.6 mm × 250 mm）5 mL；流动相：55% CH_3OH PH ≈ 3；流速：0.8 mL/min；UV：254 nm。Ⅱ柱：SunFire C18（4.6 mm × 250 mm）5 mL；流动相：35% CH_3OH pH ≈ 3；流速：0.8 mL/min；UV：254 nm。

2. 内源生根抑制物生物效应

分别对不同季节（6 月和 8 月）、不同年龄（5 年、100 年、300 年、700 年）、不同部位（100 年阴面上部、阴面下部、阳面上部、阳面下部）的内源生根抑制物进行白菜籽发芽试验。称取样品 0.45 g，用液氮研磨后放入 6 mL 的提取液 80% 的甲醇溶液中，超声波浸提 2 h 即得溶液。将溶液分别稀释为 100%、50%、25% 的浓度，每个 3 mL，置于放有滤纸的直径为 12 cm 的培养皿中，待溶液蒸干后，加入 2 mL 蒸馏水，将优质白菜种子放入培养皿中，每个 50 粒，之后将培养皿放在 25℃光照培养箱中培养，观察白菜发芽情况。每个处理重复 3 次。

二、营养物质含量变化与插穗生根的关系

（一）可溶性糖含量变化对插穗生根的影响

插穗在生根过程中需要消耗一定的能量和营养物质，而可溶性糖则是植

物生长主要的营养供给物。由图 2-13 看出 5 年、300 年、700 年生侧柏插穗的可溶性糖含量先升高后下降，但上升下降的幅度以 5 年生的最高，而 100 年生侧柏插穗可溶性糖含量则是先下降后上升。

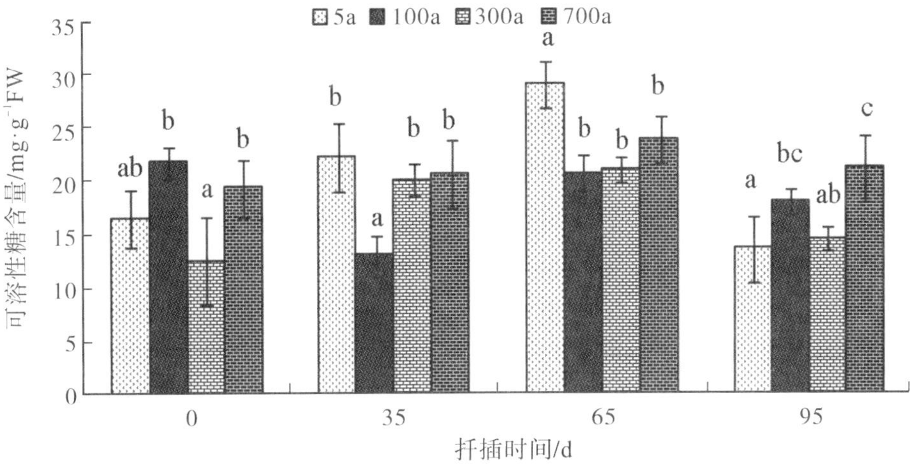

图 2-13 扦插过程中可溶性糖含量的变化

注：数据误差线上方字母相同则表示各年龄间差异不显著，不同则表示差异显著（$P<0.05$）。本节下同。

扦插前插穗处于愈伤组织诱导期，不同年龄插穗之间的可溶性糖含量具有明显的差别。0 ～ 35 d 是愈伤组织形成期时，除 100 年生侧柏外其余插穗可溶性糖含量有所上升，这可能与激素处理有关。35 ～ 65 d 为不定根形成期时，愈伤组织的形成使插穗中淀粉酶活性增强，淀粉分解为可溶性糖。此外，光合作用能力增强促使大量养分运输到插穗基部，可溶性糖积累，因而该过程可溶性糖含量增强。相比 5 年生侧柏插穗，其余插穗的可溶性糖含量相差不大。65 ～ 95 d 处于不定根伸长期，从这一阶段可以看出不同年龄之间的可溶性糖含量具有显著差异。可溶性糖含量均出现下降的趋势，可能是由于根系的生长所消耗的可溶性糖多于叶片光合作用合成可溶性糖。此时，由于 700 年生侧柏插穗生长速度较慢，故可溶性糖含量最高，而 5 年生侧柏插穗生长最快且有新芽长出，因而可溶性糖含量最低。

（二）淀粉含量变化对插穗生根的影响

植物中储藏的淀粉转化为总糖后能供植物生长利用。由图 2-14 看出，5 年生、300 年生侧柏插穗的淀粉含量呈现先升高后下降再升高的趋势；而 100 年生、700 年生侧柏插穗则是先下降后升高。扦插前插穗处于愈伤组织诱导期，不同年龄插穗之间的淀粉含量以 700 年生侧柏插穗含量最高。0 ～ 35 d 为愈伤组织形成期时，5 年、300 年生侧柏插穗淀粉含量明显上升，而 100 年生侧柏插穗含量显著下降。35 ～ 65 d 为不定根形成期时，愈伤组织已经形成，插穗中淀粉酶活性出现不同程度增强，使得插穗中淀粉分解为可溶性糖，因而该过程淀粉含量有所下降。65 ～ 95 d 处于不定根伸长期，不定根的形成促进淀粉的合成，因而淀粉含量有所上升；但 700 年生侧柏淀粉含量却下降，可能由于其不定根形成所消耗的能量要大于其他年龄的插穗，因而淀粉仍大量分解以补充需求。

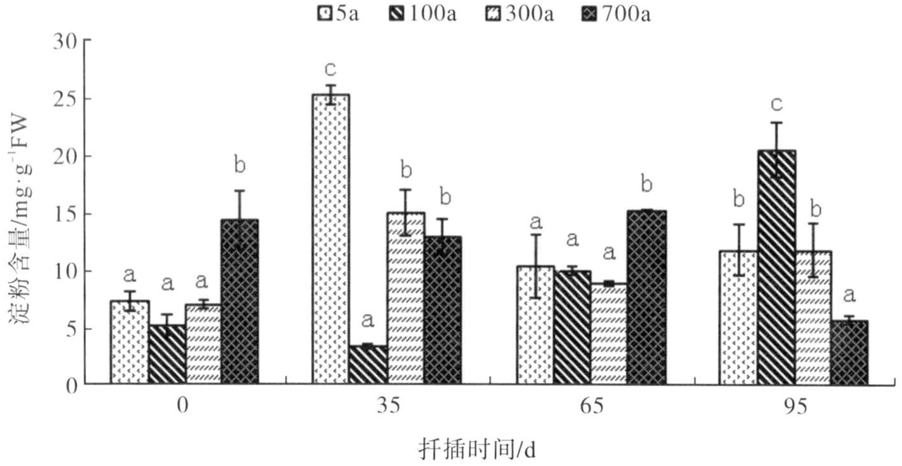

图 2-14　扦插过程中淀粉含量的变化

（三）可溶性蛋白含量变化对插穗生根的影响

由图 2-15 看出，各个年龄之间可溶性蛋白含量变化不是很大。扦插前插穗处于愈伤组织诱导期，不同年龄插穗之间的淀粉含量以 5 年生侧柏插穗含量最低，100 年生侧柏最高。0 ～ 35 d 愈伤组织形成期和 35 ～ 65 d 不定根形成期，除 100 年生侧柏插穗可溶性蛋白含量下降外，其余材料的可溶性蛋白含量均呈上升趋势，这可能是由于植物生长调节剂处理消除了对基因的抑制而提高了 mRNA 的合成，从而促进合成某些特殊酶。而 100 年生侧柏插穗由于可溶性糖和淀粉含量均较低，为提供形成愈伤组织和不定根所消耗的能量而消耗蛋白质导致含量降低。在不定根形成期，5 年、300 年生侧柏插穗可溶性蛋白含量均达到峰值。65 ～ 95 d 处于不定根伸长期，5 年和 300 年生侧柏插穗不定根生伸长使得能量供应减少，且呼吸作用加强，代谢旺盛，可溶性蛋白被分解导致含量下降；而 100 年、700 年生侧柏插穗通过光合作用生成的产物大于消耗的产物，故可溶性蛋白含量有所上升，且达到峰值。

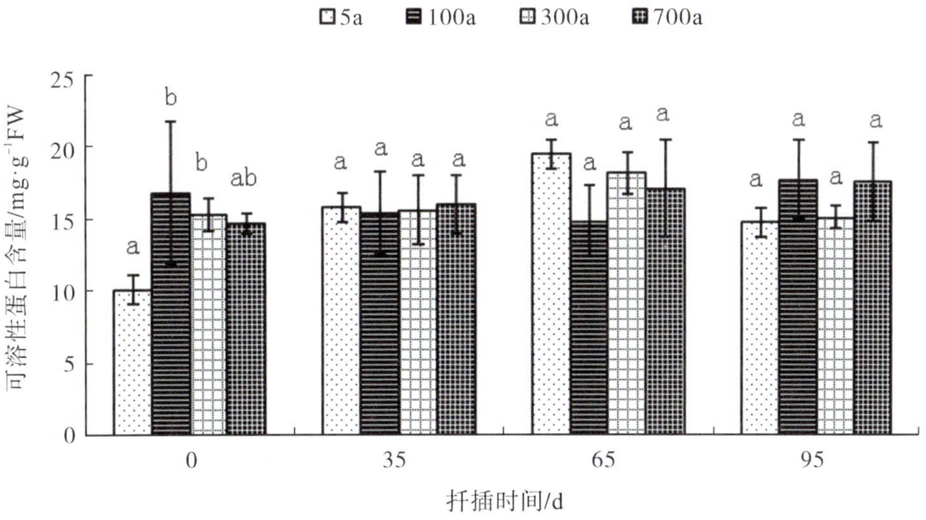

图 2–15　扦插过程中可溶性蛋白含量的变化

三、酶活性变化与插穗生根的关系

（一）多酚氧化酶（PPO）活性变化与插穗生根的关系

由图 2–16 看出，在不同年龄扦插生根过程中，5 年和 100 年生侧柏插穗 PPO 活性呈现先下降后升高的趋势，300 年生侧柏插穗 PPO 活性持续下降，700 年生侧柏插穗 PPO 活性变化趋势为下降—上升—下降。PPO 的重要生理功能是催化酚类物质与 IAA 形成 IAA– 酚酸复合物。扦插前与对照 5 年生侧柏相比，100 年、300 年、700 年生侧柏插穗随年龄增大，PPO 活性降低，且只有 100 年生侧柏插穗的活性较 5 年生侧柏大。此时，较高的活性有利于愈伤组织的生成。0 ～ 35 d 愈伤组织形成期和 35 ～ 65 d 的不定根形成期，相对于愈伤组织诱导期 PPO 活性均有所下降；到了不定根伸长期，PPO 活性有所提高。PPO 活性的提高有利于 IAA– 酚酸复合物的形成，从而促进不定根的形成；但 300 年和 700 年生侧柏的 PPO 活性却降低，这可能也是导致其生根率较低的原因之一。

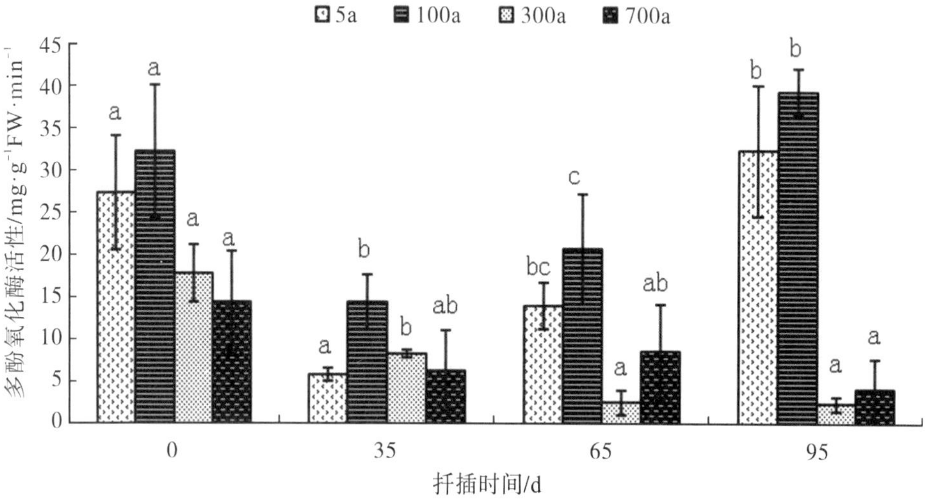

图 2-16　扦插过程中多酚氧化酶活性变化

（二）超氧化物歧化酶（SOD）活性变化与插穗生根的关系

由图 2-17 可知，扦插前除 5 年生插穗外，随着年龄增加，SOD 活性增强，其中 700 年生侧柏活性最强，各年龄插穗之间具有显著差异。0 ～ 35 d 处于愈伤组织形成期，除 100 年生插穗外，其余插穗 SOD 活性降低。35 ～ 65 d 为不定根形成期，5 年和 300 年生侧柏插穗 SOD 活性增强，前者增强程度较大。100 年和 700 年生侧柏插穗 SOD 活性则减弱。65 ～ 95 d 为不定根伸长期，5 年和 300 年生侧柏插穗 SOD 活性减弱；而 100 年和 700 年生侧柏

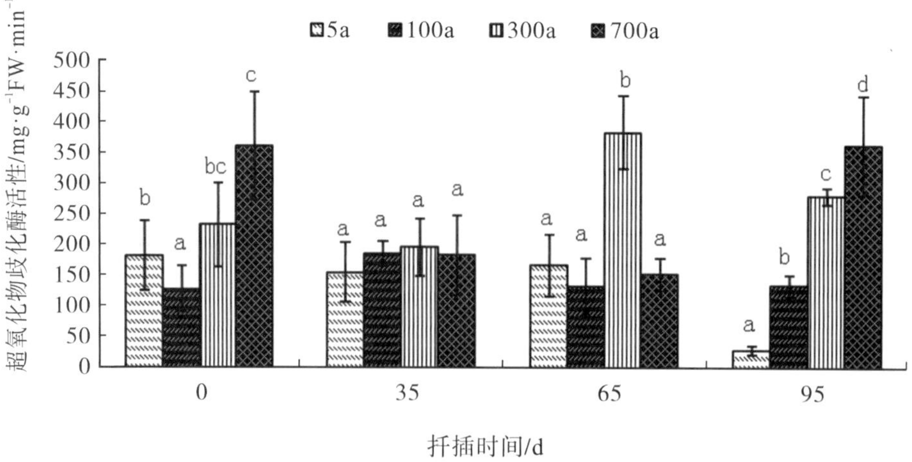

图 2-17　扦插过程中超氧化物歧化酶活性变化

插穗活性增强，尤其是 700 年生侧柏插穗 SOD 活性增强明显，说明在这一阶段插条的防御能力提高，以起到促进插条生长的作用。总体上这一阶段呈现随年龄增大活性增强的趋势。

（三）过氧化物酶（POD）活性变化与插穗生根的关系

由图 2-18 看出，不同年龄插穗 POD 活性变化并不一致。5 年生侧柏插穗 POD 活性逐渐升高，在 95 d 不定根伸长期达到最高。100 年生侧柏插穗 POD 活性先降低后升高，在不定根形成期活性最低、到了不定根伸长期活性升高。初期高活性的 POD 能消除体内有害的自由基，有利于愈伤组织和不定根的形成。300 年生侧柏插穗 POD 活性先升高后降低再升高，愈伤组织期的活性最高；而 700 年生侧柏插穗 POD 活性则是先升高后降低，在不定根形成期活性最高，到了不定根伸长期活性大幅下降。POD 活性上升有助于氧化 IAA，利于不定根形成。

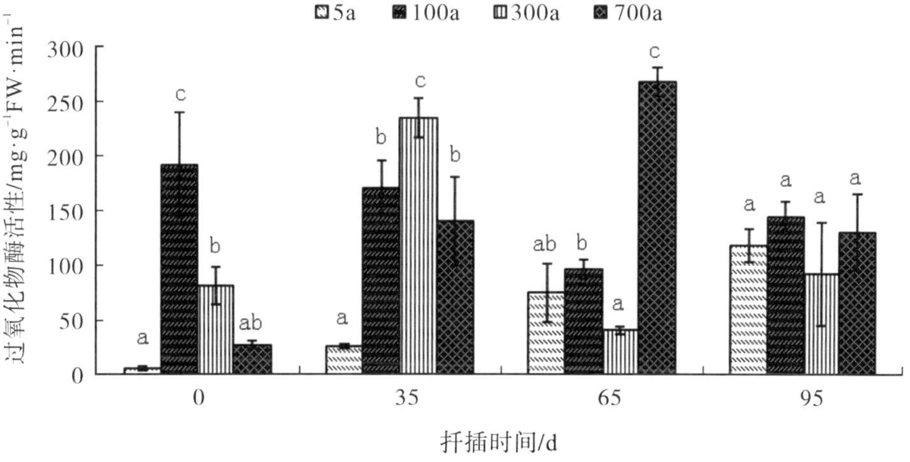

图 2-18　扦插过程中过氧化物酶活性变化

（四）丙二醛（MDA）含量变化与插穗生根的关系

MDA 是膜脂被氧化的产物，是衡量抗氧化能力强弱的重要指标（华宏等，2008）。由图 2-19 看出，在愈伤组织诱导期，随着年龄的增大，MDA 含量逐渐增强。由于插穗切口处细胞自我保护机制较弱，MDA 含量升高。随着愈伤组织的形成和不定根的生长，插条从基质中吸收水分和营养物质，对环境具有一定的适应能力，因而 MDA 含量有所降低。当处于

0 ～ 35 d 愈伤组织形成期，700 年生侧柏插穗 MDA 含量降低，其余含量均升高。35 ～ 65 d 不定根形成期，5 年生侧柏插穗 MDA 含量继续升高，其余则下降，其中 300 年生侧柏插穗下降程度较大。65 ～ 95 d 不定根生长期，5 年、100 年生侧柏插穗 MDA 含量降低，而 300 年、700 年生侧柏插穗含量升高。在扦插过程中 MDA 含量的波动可能受环境影响，如温度过高或水分缺乏等。

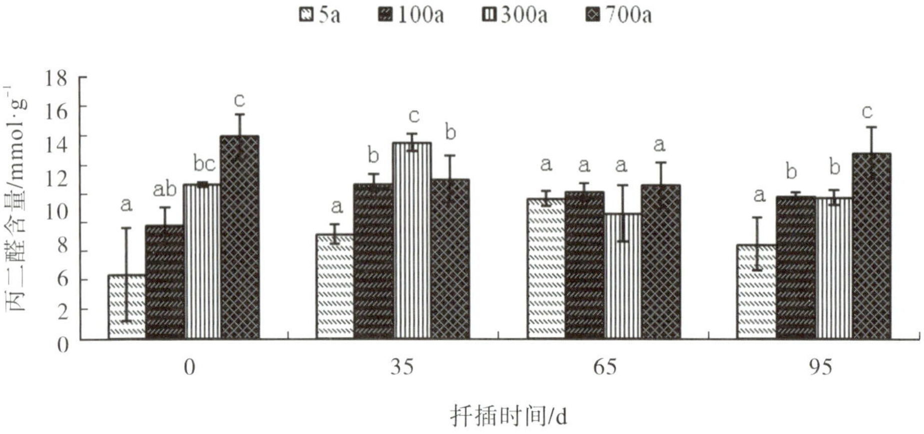

图 2-19　扦插生根过程中丙二醛含量变化

四、内源激素含量变化与插穗生根的关系

（一）赤霉素（GA）含量的变化

GA 的主要生理作用是加速细胞的伸长生长，促进细胞分裂。由图 2-20 看出，5 年、300 年、700 年生侧柏 GA 值表现出先升后降的趋势，而 100 年生侧柏表现为升—降—升的趋势。在各阶段中，愈伤组织形成期和不定根伸长期，各年龄之间 GA 含量差异较大。在愈伤组织诱导期，各年龄插穗的 GA 含量较低；在愈伤组织形成期，GA 含量迅速上升，其中 100 年、300 年、700 年生插穗 GA 含量达到峰值；到不定根形成期，GA 含量开始下降，其中 100 年生侧柏插穗下降幅度最大，而 5 年生插穗 GA 含量则达到峰值。随着不定根的伸长，枝条内部 GA 含量逐渐降低，其中 100 年生侧柏插穗 GA 含量有所上升。由此推测，GA 含量的上升在一定程度上促进侧柏不定根的诱导，5 年生侧柏插穗 GA 含量最低，低浓度的 GA 更利于根原基的形成。

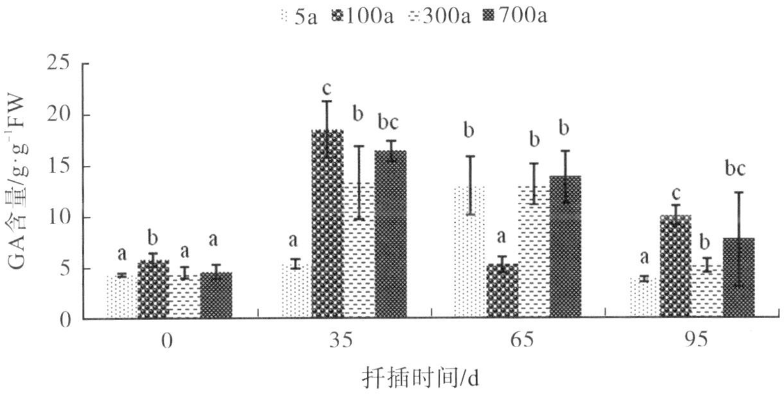

图 2-20 扦插生根过程中 GA 含量变化

（二）吲哚乙酸（IAA）含量的变化

由图 2-21 看出，与 GA 变化相似，5 年、300 年、700 年生侧柏 IAA 含量表现出先升后降的趋势，而 100 年生侧柏表现为升—降—升的趋势。在各阶段中各年龄之间 IAA 含量差异显著。在愈伤组织诱导期，各年龄插穗的 IAA 含量较低，与生根率呈现负相关；在愈伤组织形成期，IAA 含量迅速上升，这可能是外源植物生长调节剂的诱导使内源 IAA 向插穗基部积累导致，此时 100 年生侧柏枝条 IAA 含量达到峰值；到不定根形成期，除 5 年生侧柏插穗外，其余插穗 IAA 含量开始下降，其中 100 年生侧柏插穗下降幅度最大，可能由于不定根发育消耗了大量的 IAA，从而导致 IAA 含量下降，而 5 年、300 年、700 年生侧柏插穗 IAA 含量达到峰值。随着不定根的伸长，枝条内部 IAA 含量逐渐降低，其中 100 年生侧柏插穗 IAA 含量有所上升。以上变化表明 IAA 含量对不定根的诱导和伸长具有一定的作用。

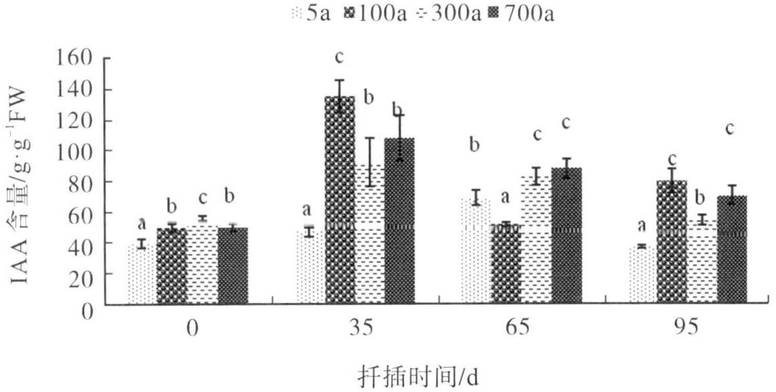

图 2-21 扦插生根过程中 IAA 含量变化

（三）脱落酸（ABA）含量的变化

由图 2-22 看出，5 年、100 年、700 年生侧柏 ABA 含量表现出先升后降的趋势，而 300 年生侧柏表现为降—升的趋势。在不定根形成期和不定根诱导期时，各年龄之间的差异不显著。在愈伤组织诱导期，各年龄插穗的 ABA 含量较低，其中 5 年生侧柏插穗含量最低，由于 ABA 为抑制植物生长的植物生长调节剂，因此较低的含量更利于不定根的形成和生长。愈伤组织形成期，除 300 年生侧柏插穗 ABA 含量有所下降外，其余年龄侧柏插穗 ABA 含量有所上升，这可能与外源植物生长调节剂处理有关，也可能由于插穗生长受到外界环境干扰，使得插穗 ABA 含量增加以增强插穗的抗逆性，此时 5 年、100 年生插穗 ABA 含量达到峰值；到不定根形成期，5 年、100 年生侧柏插穗 ABA 含量有所下降；而 300 年、700 年生侧柏插穗 ABA 含量上升平缓，此时 300 年、700 年生插穗 ABA 含量达到峰值；到了不定根伸长期，5 年、700 年生侧柏插穗 ABA 含量下降；而 100 年、300 年生侧柏插穗 ABA 含量变化平缓。以上变化表明 ABA 的含量对于不定根的形成和伸长具有一定的抑制作用。

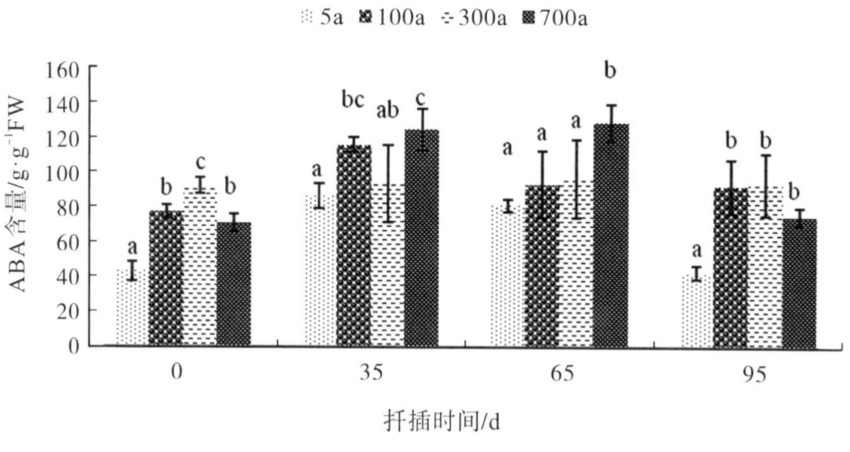

图 2-22　扦插生根过程中 ABA 含量变化

（四）玉米素核苷（ZR）含量的变化

由图 2-23 看出，5 年生侧柏插穗表现为降—升的趋势，100 年、300 年、700 年生侧柏插穗表现为升—降的趋势。其中不定根形成期各年龄插穗之间具有极显著差异。愈伤组织诱导期，插穗脱离母株使得 ZR 供给中断，因此含量较低，且插穗表现为 ZR 含量随年龄增大而降低的现象，ZR 含量与插穗生根呈现正相关；愈伤组织形成期，100 年生插穗 ZR 含量显著上升。根原基的形成使得 ZR 含量上升，以满足活跃的细胞分裂的要求；不定根形成期和不定根伸长期均表现出年龄越大，含量越高这一趋势，100 年、700 年生侧柏插穗变化较大，此时期高水平的 ZR 含量对生根起抑制作用。

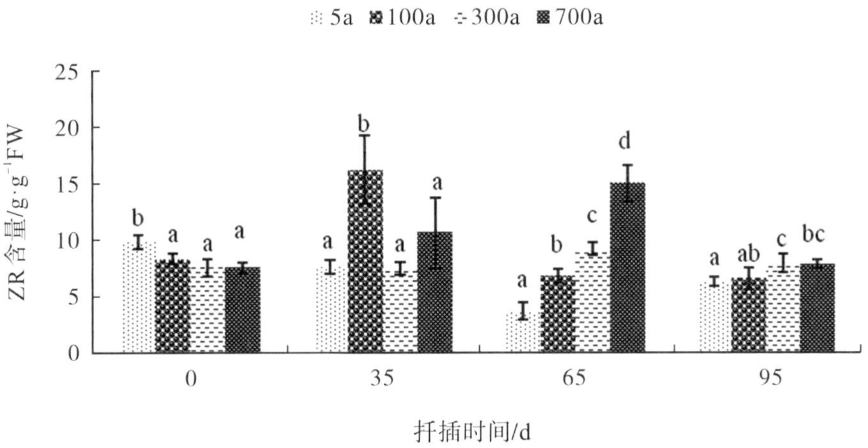

图 2-23　扦插生根过程中 ZR 含量变化

（五）IAA/ABA 值的变化

由图 2-24 可以看出，5 年生插穗 IAA/ABA 值呈现出降—升趋势，100 年、700 年生插穗呈现为升—降—升的趋势，300 年生插穗呈现为升—降趋势。通常 IAA 被认为是促进插穗生根的植物生长调节剂，而 ABA 为抑制插穗生根的植物生长调节剂。因此 IAA/ABA 值越高，则插穗越容易生根。在愈伤组织诱导期，5 年插穗 IAA/ABA 值最大，这可能是其生根率高的原因之一；愈伤组织形成期，100 年插穗 IAA/ABA 值显著上升，且各年龄段之间差异显著，100 年、300 年生侧柏插穗该比值均达到峰值，700 年生侧柏插穗该值也较高，说明 IAA/ABA 值高对于不定根形成有一定促进作用；不定根形成期，5 年生侧柏插穗 IAA/ABA 值显著上升，其余插穗该比值均下降；不定根伸长期，300 年、700 年生插穗 IAA/ABA 值上升，5 年生侧柏插穗变化平缓，300 年生侧柏插穗显著下降。

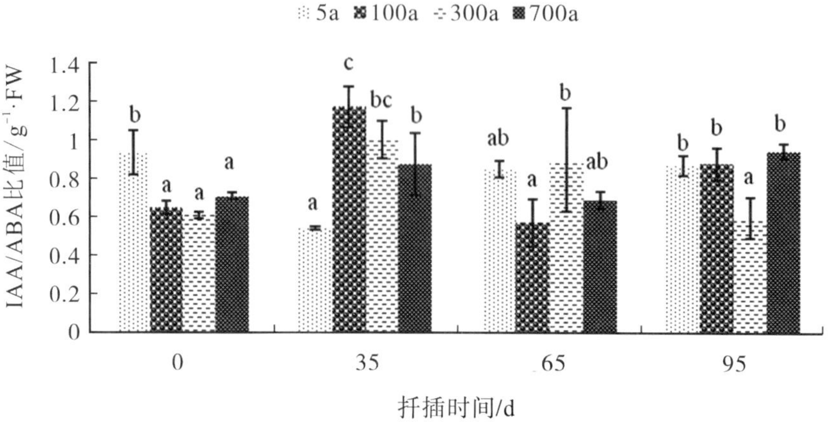

图 2-24　扦插生根过程中 IAA/ABA 值的变化

（六）IAA/ZR 值的变化

由图 2-25 可以看出，5 年生插穗 IAA/ZR 值呈现出升—降趋势，100 年、700 年生插穗呈现为升—降—升的趋势，300 年生插穗呈现为升—降趋势。在愈伤组织诱导期，IAA/ZR 值较小，各年龄之间差异显著，除 700 年生插穗外，其余插穗比值随年龄增大而增大；愈伤组织形成期，IAA/ZR 值均有所上升，而 300 年、700 年生侧柏插穗该值达到峰值；不定根形成期，5 年生侧柏插穗 IAA/ZR 值显著上升达到峰值，其余插穗该值均下降；不定根伸长期，100 年、700 年生插穗 IAA/ZR 值上升，5 年生侧柏插穗该值急剧下降，其中 100 年生插穗值达到峰值。由此可见，低 IAA/ZR 值有利于愈伤组织的形成。

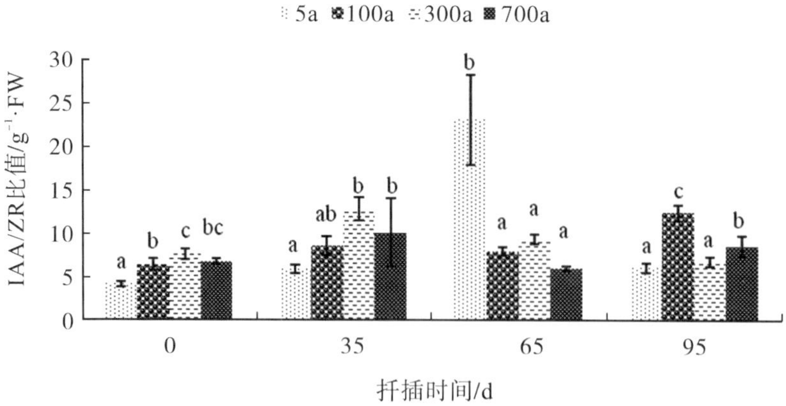

图 2-25　扦插生根过程中 IAA/ZR 值的变化

五、内源生根抑制物成分测定

（一）黄酮类物质测定

通过高效液相色谱法分别对 2015 年 6 月和 8 月不同年龄的插穗枝条进行扦插前的 4 种黄酮类物质测定。由表 2–23 可以看出，6 月时在 4 种材料中只检测出芦丁，其中 700 年生侧柏插穗中含量最高，100 年生侧柏插穗中含量最低，此时 100 年生插穗与其他年龄存在显著差异。8 月时测出 4 种材料均不含杨梅酮，芦丁含量则是随着年龄增加而提高，5 年、300 年生侧柏插穗芦丁含量低于 6 月插穗，而 100 年、700 年生侧柏插穗芦丁含量高于 6 月插穗。桑色素仅 100 年生侧柏插穗含有。槲皮素含量 300 年生高于 100 年生侧柏插穗。芦丁和桑色素都具有抗自由基的作用，有利于插穗生根，而槲皮素是一种生长素极性运输抑制剂，不利于插穗生根。因此，对于这类黄酮类物质综合而言，5 年、300 年生侧柏插穗于 8 月采条黄酮类物质含量较少，而 100 年、700 年生侧柏插穗于 6 月采条黄酮类物质含量较少。

表 2–23　黄酮类物质高效液相色谱测得含量及方差分析（mg/100g）

年龄		芦丁	杨梅酮	桑色素	槲皮素
6 月	5 年	0.003 63 ± 0.000 29c	0.000 00	0.000 00 ± 0.000 00a	0.000 00 ± 0.000 0a
	100 年	0.001 11 ± 0.000 16a	0.000 00	0.000 00 ± 0.000 00a	0.000 00 ± 0.000 0a
	300 年	0.003 22 ± 0.000 61bc	0.000 00	0.000 00 ± 0.000 00a	0.000 00 ± 0.000 0a
	700 年	0.003 64 ± 0.000 36c	0.000 00	0.000 00 ± 0.000 00a	0.000 00 ± 0.000 0a
8 月	5 年	0.000 67 ± 0.000 35a	0.000 00	0.000 00 ± 0.000 00a	0.000 00 ± 0.000 0a
	100 年	0.001 62 ± 0.000 15ab	0.000 00	0.001 17 ± 0.000 38b	0.002 66 ± 0.000 93bc
	300 年	0.001 74 ± 0.000 08ab	0.000 00	0.000 00 ± 0.000 43ab	0.003 46 ± 0.000 36c
	700 年	0.015 38 ± 0.001 27d	0.000 00	0.000 00 ± 0.000 00a	0.000 00 ± 0.001 13ab

注：表中所列值均为平均值，同列后不同小写字母表示各处理间差异显著（$P<0.05$）；± 后面的值为标准误。方差分析下同。

（二）酚类物质测定

通过高效液相色谱法分别对 6 月和 8 月不同年龄的插穗枝条进行扦插前的 9 种黄酮类物质测定，由表 2–24 和表 2–25 可以看出材料中并未含有生长促进剂肉桂酸。6 月时不同年龄插穗中水杨酸含量均较高，其中 5 年生侧柏插穗含量最高，其次是700年生侧柏插穗。水杨酸具有抗微生物以及病菌侵染过程中信号传导的作用。邻二苯酚和对羟基苯甲酸只有5年生侧柏插穗含有，300年生侧柏插穗不含丁香酸。8月时各插穗中香豆酸、阿魏酸和没食子酸含量较多，而700年生插穗含量最高。4种材料均不含丁香酸，仅5年生侧柏插穗含苯酚，而仅100年生插穗不含水杨酸和邻二苯酚。丁香酸、香豆酸、阿魏酸具有抑制幼苗生长的作用，若含量较多对插穗生根不利。综合可以看出5年、100年生侧柏插穗6月所含酚类物质的种类和含量大于8月，300年生侧柏插穗8月所含酚类物质种类较6月多，但6月时酚类物质含量较8月高。700年生侧柏插穗6月酚类物质的种类和含量都较8月多。但是即使使用高效液相色谱测得这一类物质，却并不是插穗中所含的全部酚类物质，而这些物质对插穗生根的具体作用，有待进一步研究。

表2-24　酚类物质高效液相色谱测得含量及方差分析（一）（mg/100g）

年龄		丁香酸	香豆酸	苯酚	肉桂酸	阿魏酸
6月	5年	0.010 ± 0.005 17b	0.071 ± 0.007 00c	0.051 ± 0.012 14c	0.000 ± 0.000 00	0.000 ± 0.000 00a
	100年	0.017 ± 0.001 39c	0.025 ± 0.001 15a	0.043 ± 0.002 73bc	0.000 ± 0.000 00	0.000 ± 0.000 00a
	300年	0.000 ± 0.000 00a	0.049 ± 0.006 67b	0.034 ± 0.003 70bc	0.000 ± 0.000 00	0.000 ± 0.000 00a
	700年	0.012 ± 0.001 82bc	0.058 ± 0.004 95bc	0.096 ± 0.007 74d	0.000 ± 0.000 00	0.043 ± 0.003 58d
8月	5年	0.000 ± 0.000 00a	0.034 ± 0.001 18a	0.032 ± 0.002 12b	0.000 ± 0.000 00	0.026 ± 0.000 97c
	100年	0.000 ± 0.000 00a	0.023 ± 0.000 44a	0.000 ± 0.000 00a	0.000 ± 0.000 00	0.017 ± 0.000 44b
	300年	0.000 ± 0.000 00a	0.026 ± 0.003 86a	0.000 ± 0.000 00a	0.000 ± 0.000 00	0.015 ± 0.001 18b
	700年	0.000 ± 0.001 49a	0.111 ± 0.007 64d	0.000 ± 0.000 00a	0.000 ± 0.000 00	0.074 ± 0.004 38e

表2-25　酚类物质高效液相色谱测得含量及方差分析（二）（mg/100g）

年龄		芦丁	杨梅酮	桑色素	槲皮素
6月	5年	0.204 ± 0.032 39f	0.030 ± 0.003 57ab	0.083 ± 0.009 30c	0.001 ± 0.002 9a
	100年	0.078 ± 0.019 37cd	0.033 ± 0.004 03ab	0.000 ± 0.000 00a	0.000 ± 0.000 00a
	300年	0.060 ± 0.012 59bc	0.064 ± 0.00 734c	0.000 ± 0.000 00a	0.000 ± 0.000 00a
	700年	0.145 ± 0.014 91e	0.023 ± 0.001 08a	0.000 ± 0.000 00a	0.000 ± 0.000 00a
8月	5年	0.125 ± 0.008 49de	0.027 ± 0.000 69a	0.047 ± 0.003 04b	0.000 ± 0.000 00a
	100年	0.000 ± 0.000 00a	0.039 ± 0.000 57b	0.000 ± 0.000 00a	0.000 ± 0.000 00a
	300年	0.015 ± 0.015 11ab	0.032 ± 0.001 80ab	0.042 ± 0.006 58b	0.000 ± 0.000 00a
	700年	0.065 ± 0.011 93bc	0.034 ± 0.002 11a	0.000 ± 0.000 00a	0.000 ± 0.000 00a

六、内源生根抑制物生物效应

（一）不同年龄不同时间插穗浸提液对白菜籽发芽影响的实验

用 6 月、8 月不同年龄插穗的浸提液进行白菜籽发芽实验，由图 2–26 可以看出，总体而言，8 月插穗浸提液所处理的白菜籽，其发芽率高于 6 月插穗。就 6 月的插穗而言，只有浓度为 50% 的插穗浸提液呈现出年龄越大，则白菜籽发芽率越低这一规律。100 年生侧柏插穗 100% 浓度浸提液在 6 月和 8 月对白菜籽发芽均有显著的抑制作用，而随浸提液浓度的降低，抑制作用有所下降。此外，浸提液浓度越低，则白菜发芽率越高，但均低于用清水处理浸泡白菜籽时的发芽率。由此推测 6 月插穗中所含有的抑制物对生根具有一定的影响。

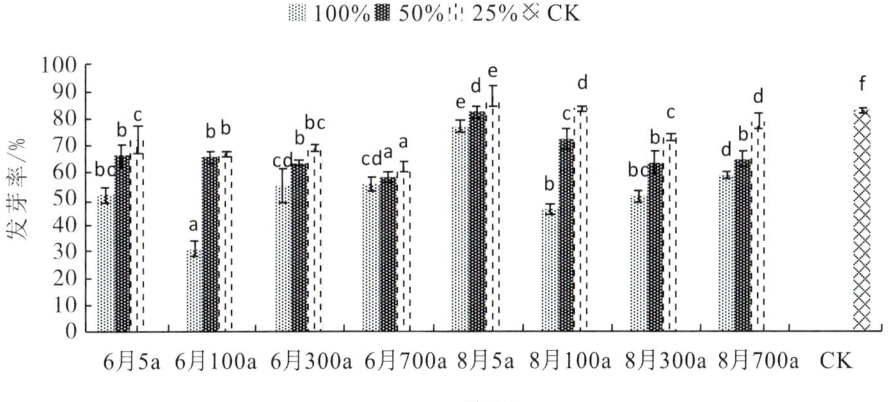

图 2–26 不同年龄不同时间插穗浸提液对白菜籽发芽生物测定

（二）不同部位插穗浸提液对白菜籽发芽影响的试验

用 100 年插穗不同部位的浸提液进行白菜籽发芽试验，由图 2–27 可以看出，阴面插穗浸提液对白菜籽的抑制作用较阳面插穗低，阳面插穗 100% 浓度浸提液和 25% 浓度浸提液对白菜发芽的抑制作用表现为中部 > 上部 > 下部，50% 浓度浸提液对白菜发芽的抑制作用表现为上部 > 中部 > 下部。阴面插穗浸提液对白菜发芽的抑制作用均表现为上部 > 中部 > 下部。图 2–28 至图 2–34 是用不同浓度浸提液和插穗不同部位的浸提液进行白菜籽发芽试验的情况。

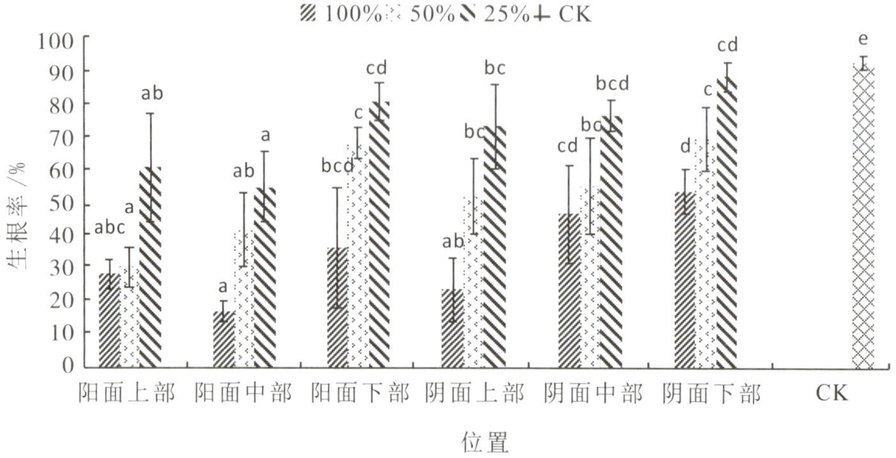

图 2-27　不同部位插穗浸提液对白菜籽发芽生物测定

图 2-28　白菜籽发芽试验清水对照

图 2-29　100% 浓度浸提液处理

图 2-30　50% 浓度浸提液处理

图 2-31　25% 浓度浸提液处理

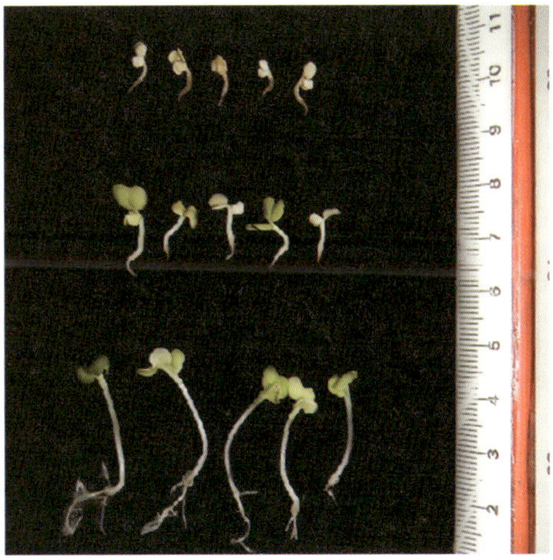

图 2-32　不同浓度浸提液处理

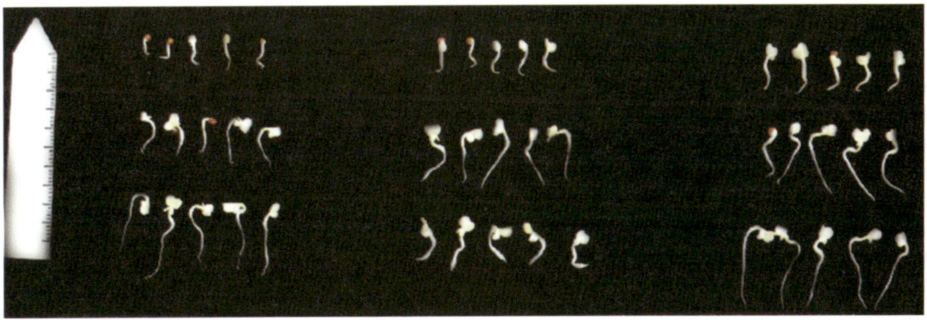

图 2-33　阳面上、中、下浸提液处理

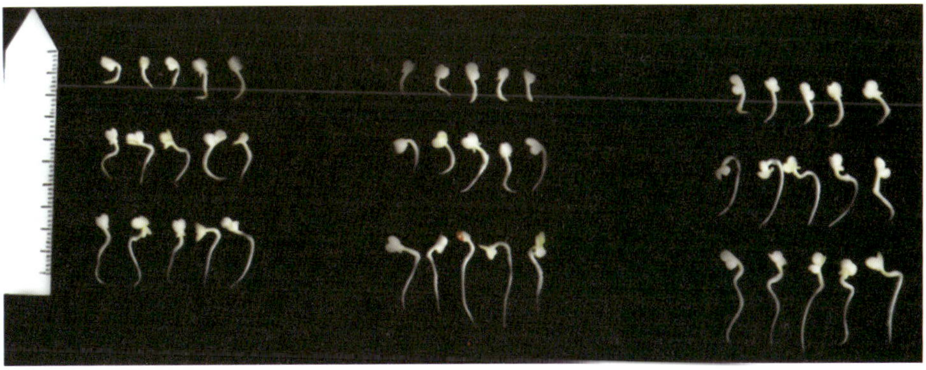

图 2-34　阴面上、中、下浸提液处理

第三章　黄帝手植柏组织培养与端粒相关基因克隆研究

古树是珍贵的园林资源，是大自然留给人类的宝贵财富。陕西黄帝陵的轩辕柏据传是轩辕黄帝亲手所植，历经 5 000 年的风霜，被称为“世界柏树之父”。近年来黄帝手植柏长势日渐衰弱，组织培养可以保留其全部性状，使古树的生命得以延续。同时对于那些长势衰弱的古树进行克隆具有重要意义，使这些古树以另一种形式存在。对于衰老的古树克隆，需要对衰老机理进行研究，进而提供科学的方法。本章通过对侧柏古树进行组织培养研究，初步建立了侧柏古树的组织培养体系，将珍贵的古树资源完整地保留下来，为保护古树这类独特的景观资源提供了参考。

本章以黄帝手植柏当年生枝条茎尖为外植体，通过组织培养对古树进行克隆，完全保留了古树的性状。通过克隆端粒基因，在分子水平领域研究古树衰老等问题。

第一节　国内外古树组织培养研究进展

一、研究内容与技术线路

（一）研究内容

古树能生长几百年乃至千年以上，它们的寿命及衰老是由哪些因素控制（Lanner, 2002；Peñuelas，2005； Munné-Bosch，2008； Issartel and Coiffard，2011；Thomas，2013）？衰老作为一种高度有序的细胞程序化死亡过程，受遗传和环境等内外因素影响，进而引起生理生化和基因水平的衰老响应。其中，端粒长度被认为与衰老和寿命相关（Monaghan et al.，2008），而端粒长度又是如何受相关基因的调控，从而影响衰老与寿命（Heidinger et al., 2012; Harte et al., 2012）的？端粒、端粒酶和端粒长度与衰老的关系是近年来生命科学领域研究的热点之一，但大多数研究都集中在动物和医学上面，在植物方面的研究很少（Kalpana，2008）。研究者可以通过研究古树的端粒基因来研究古树衰老机制，为古树克隆提供科学的理论依据。其研究的内容如下：

1. 黄帝手植柏古树组织培养体系的建立

针对黄帝手植柏组织培养薄弱环节和关键性技术问题开展系统研究，从灭菌、培养基优选、初代培养、增殖培养、生根培养直到移栽炼苗逐步开展。通过精细观察、严格记录、认真分析，最后促成生根，成功移植，并形成一套完整的黄帝手植柏组织培养体系。

其中关键与重点是：筛选黄帝手植柏嫩枝最适宜灭菌方法，最适宜初代培养基、增殖培养基和生根培养基，组织培养苗生根后安全炼苗，成功移栽，确保较高的成活率。

2. 端粒相关基因的克隆和序列分析

以黄帝手植柏古树的实生苗为实验材料，通过提取总 RNA 并运用 RACE 技术，克隆出端粒相关基因的全长，并对基因进行初步的序列分析。

（二）侧柏古树研究技术线路

侧柏古树组织培养试验研究技术线路如图 3-1 所示。

二、国内外古树组织培养研究

欧美国家对古树组织培养进行了一些研究，Monteuuis 在 1991 年成功建立了针对 100 年巨杉的组培克隆繁殖体系，而以 140 年欧洲落叶松为外植体的组织培养却没有成功，但经过嫁接幼化后的幼龄外植体成功建立了组织培养体系。组织培养克隆体系的研究都集中在树龄 600 年以下的古树，1 000 年以上古树研究为空白。此外，欧美等国家加强对内源、外源激素互作对生根的调控机制，生根的分子表达及调控机制等方面的研究。从分子水平上研究古树无性繁殖机理将成为研究热点之一。

我国对古树组织培养研究较少，目前已知的也只是对树龄在百年以上的桑树、柳树等较易生根的一些阔叶树种进行了组织培养研究，并建立了完整的组培体系；而古树中针叶树种的组织培养还是空白。对颐和园古柳、古楸、古桑等 7 种古树进行了组织培养繁殖，得出了古楸树和西府海棠完整的组培体系，而古桑、玉兰、木瓜、柿树因为生根困难或者褐化严重，还没有建立完整的组培体系（王雅群等，2009）。对颐和园的古桑树和古柿树做了组织培养研究，以桑树和柿树当年新生嫩茎切段为外植体进行组织培养，得到了组织培养各时期适宜的培养基，以保护古树优良种质资源（郑广顺等，2012）。

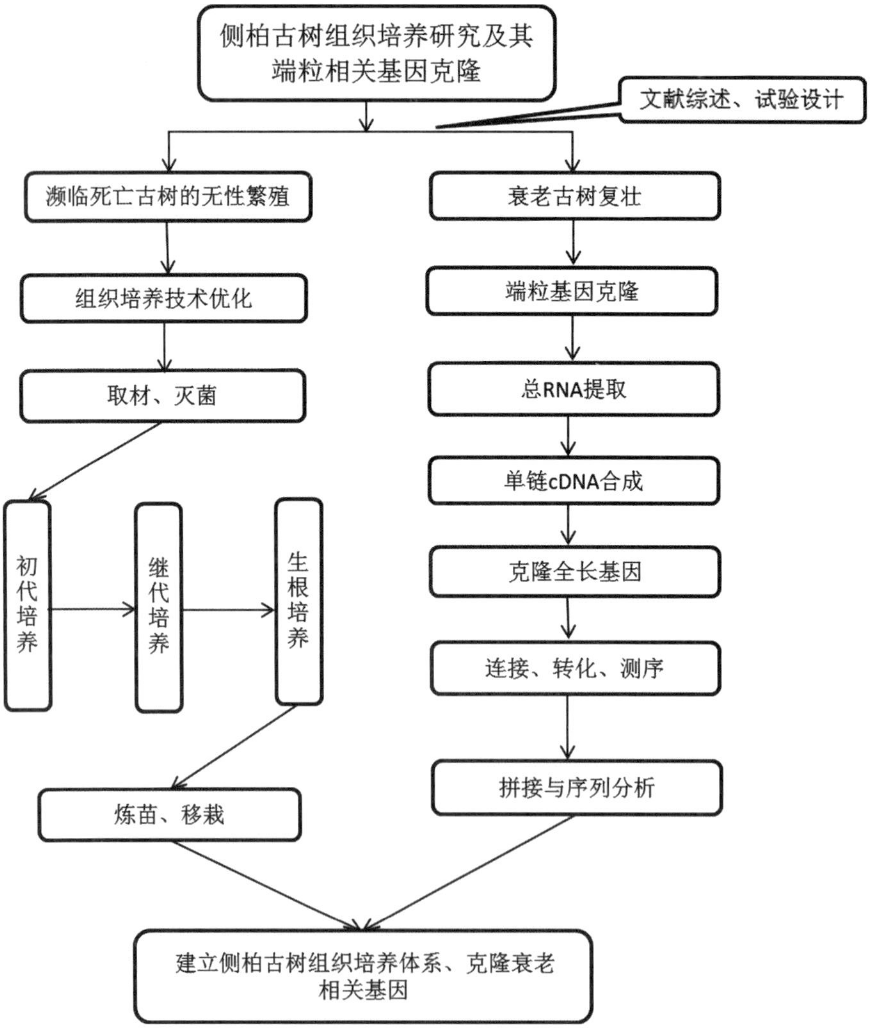

图 3-1　技术线路图

三、柏科植物组织培养研究

全世界共有柏科植物 22 属，约 150 种，其中中国产 8 属 29 种 7 变种。目前，在柏科植物有性繁殖和扦插繁殖方面已取得了很多研究成果，并成为柏科植物繁殖的主要途径，组织培养工作也取得了一些进展。不同物种组织培养成效不同，柏科植物组织培养成功的范例还很少，但经过多年的探索仍取得了一些进展，特别是在外植体选择、诱导分化、试管苗生根、组培苗移栽等关键环节上积累了一些成功的经验。

（一）柏科植物组织培养繁殖灭菌方法

外植体在接种前要对其进行灭菌，灭菌效果的好坏关系到整个试验的成败。因此，灭菌是组织培养过程中关键的一步。外植体的灭菌方法有很多，其中乙醇和 $HgCl_2$ 配合消毒是目前使用广泛、效果较好的灭菌方法。侧柏、臭柏和绒柏等柏科植物，普遍存在灭菌难的问题。多数柏科植物组织培养时无菌体系的建立常配合使用乙醇和 $HgCl_2$ 来灭菌，效果较好，只是在溶液浓度和消毒时间上稍有不同。表 3–1 列举了柏科植物组织培养不同的灭菌方法。

从表 3–1 可知，多数柏科植物组织培养时配合使用酒精和 $HgCl_2$ 来灭菌，效果较好。不同物种或者同一物种的不同外植体只是在灭菌时间上有所不同，0.1%$HgCl_2$ 灭菌时间一般在 5 ～ 8 min，而侧柏古树在灭菌时 0.1%$HgCl_2$ 处理时间较长，可能因为树种年龄较大，外源细菌和内生细菌均较多，灭菌较困难。

表 3–1　柏科植物组织培养灭菌方法

拉丁学名	中文名称	外植体类型	灭菌方法	著者及年份
Platycladus. orientalis	侧柏	枝条	70% 酒精 30 s，0.1%$HgCl_2$ 5 ～ 8 min	龙庄如，1989
P. orientalis	侧柏	枝条	70% 酒精 45s，0.1%$HgCl_2$ 7 min	齐力旺，1995
P. orientalis	侧柏古树	枝条	75% 酒精 30 s，0.1%$HgCl_2$ 12 min	徐龙光，2014
P. orientalis	垂枝侧柏	枝条	0.1%$HgCl_2$+0.75% 多菌灵 8 min	刘中兵，2012
J. chinensis	圆柏	枝条	75% 酒精 30 s，0.1%$HgCl_2$ 5 min	辜夕容，2000
P. orientalis cv.*Semperaurescens*	金黄球柏	枝条	0% 酒精 45 s，0.1%$HgCl_2$ 7 min	齐力旺，1997
J. sabina	臭柏	枝条	75% 酒精 30 s，0.1%$HgCl_2$ 12 min	石美丽，2008

（二）柏科植物组织培养繁殖初代培养

柏科植物组织培养启动培养基中，需要加入生长素和细胞分裂素，两种激素配合使用能很好地诱导芽的生长。木本植物组织培养一般不经过愈伤组织阶段，直接从原始外植体上诱导产生芽分生组织或不定根，这样获得的植株具有遗传稳定性，自然变异频率低，植株再生所需时间短，而且植株粗壮、适应性强和移栽成活率高。表 3–2 列举了已经报道的柏科植物组织培养初代培养基。

从表 3–2 可知，柏科植物组织培养在初代培养时，基本培养基主要选择 MS 和 1/2 MS，这两种培养基硝酸盐、钾盐和铵盐浓度较高，微量元素和有机成分齐全、元素间平衡好、缓冲能力较强，能满足柏科植物初代培养对营养物质的需求。

表 3–2　已报道的柏科植物组织培养初代培养基

拉丁学名	中文名称	外植体类型	初代培养基	著者及年份
Platycladus. orientalis	侧柏	枝条	MS+6–BA 0.2 mg/L+NAA 0.2 mg/L+IBA 0.1 mg/L	齐力旺等，1995
P. orientalis	侧柏	种子	MS+6–BA 2.0 mg/L+NAA 0.01 mg/L	郑国欢，2013
J. sabina	臭柏	茎尖	SH+6–BA 0.5 mg/L+NAA 1.0 mg/L +IBA 0.5 mg/L	李春艳等，2000
Chamaecyparis pisifera'*Squarrosa*'	绒柏	枝条	MS+6–BA 3.5 mg/L+NAA 0.3 mg/L+ 2，4–D 0.8 mg/L 和 MS+6–BA 3.5 mg/L +IBA 0.5 mg/L+NAA 0.5 mg/L+ 尿素 80 mg/L	王建华等，2006
J. chinensis cv. '*kaizuka*'	龙柏	枝条	1/2 MS + 6–BA 1.5 mg /L + NAA 0.5 mg /L	张秀华，2011
Sabina chinensis	圆柏	枝条	1/2 MS + 6–BA 0.5 mg /L + NAA 0.5 mg /L +IBA 0.2mg/L	辜夕荣等，2000
Cunninghamia lanceolata	杉木	枝条	MS+6–BA 0.8mg/L+IBA 0.3mg/L	吴大忠，2007

（三）柏科植物组织培养增殖培养

柏科植物增殖培养时可以直接从外植体上诱导产生不定芽，也可以从外植体上诱导出愈伤组织，再通过愈伤组织诱导产生不定芽。而直接诱导是柏科植物组织培养不定芽形成的主要途径。

对绒柏的组织培养研究结果表明，基本培养基 MS 最适宜绒柏外植体的生长，最后筛选得到最适宜的增殖培养基为 MS+6–BA 3 mg/L+NAA 0.2 mg/L+ LH 80 mg/L+VC 40 mg/L+AC 1.5 g/L（王建华等，2006）。对侧柏一年生鳞叶茎段进行的组织培养研究结果表明，SH 培养基不适于侧柏组织培养，并筛选出基本培养基为 MS，最适增殖培养基为 MS+6–BA 0.2 mg/L+NAA 0.2 mg/L+ IBA 0.1 mg/L （齐力旺等，1995）。对 5 年生圆柏当年萌发枝进行组织培养研究得出，在 MS+6–BA 1.0 mg/L+NAA 0.01 mg/L 的培养基上，增殖效果最好（辜夕容，2000）。对 4 年生的臭柏当年生嫩枝进行组织培养研究时发现，培养基 1/2MS+6–BA 5 mg/L+NAA 0.3 mg/L 对外植体的增殖效果最好（石美丽，2008）。

对于柏科植物的增殖培养，MS 和 1/2MS 依然是最适宜的基本培养基，细胞分裂素和生长素配合使用对增殖有较好的效果。不同树种只是在激素浓度上有所不同。对于侧柏古树组织培养增殖培养基的选择可以参考以上柏科植物的培养基配方，筛选出适宜的细胞分裂素和生长素的浓度。

（四）柏科植物组织培养繁殖生根培养

组织培养外植体生根是一个复杂的生理生化过程，通常认为生长素与细胞分裂素之间的比值大时有利于根的形成（费学谦等，1992；板鼻直荣等，1992；张守英等，1993）。在组织培养中，木本植物相对于草本植物而言是比较难生根的，木本植物中针叶树种又比阔叶树种难生根，而针叶树种的古树生根就更加困难，这也是国内外对古树的组织培养研究较少的原因之一。组织培养的生根培养基中一般含低分裂素和高生长素或者不含分裂素只含有生长素，生长素对组织培养外植体不定根的诱导有着显著的作用。通过对不同生长素作用效果差异的研究发现，大多数植物中 IBA 不仅促进生根的效果好，而且根的进一步生长较正常（张建瑛等，2011）。在个别植物中，IAA 和 NAA 也被广泛应用，一般认为生长素在较低浓度时对发根有利。表 3–3 列出了已报道的柏科植物组织培养生根培养基。

表 3–3 已报道的柏科植物组织培养生根培养基

拉丁名	中文名称	外植体类型	生根培养基	著者及年份
P. orientalis	侧柏	枝条	1/2WPM+NAA 1 mg/L	齐力旺等，1995
P. orientalis	侧柏	种子	MS+NAA 0.01 mg/L+IBA 1.0 mg/L	郑国欢，2013
C. pisifera 'Squarrosa'	绒柏	枝条	MS+KT 0.3 mg/L+IBA 0.2 mg/L+ 2，4–D1.8 mg/L	王建华等，2006
J. chinensis cv. *kaizuka*	龙柏	枝条	1/2MS + IBA 1.0 mg /L	张秀华，2011
J. chinensis	圆柏	枝条	1/2MS + IBA 1.0 mg /L	辜夕荣等，2000
C. lanceolata	杉木	枝条	White+NAA 0.5 mg/L+IBA 0.5 mg/L	吴大忠，2007
J. sabina	臭柏	枝条	1/2WPM +6–BA 0.5 mg/L+NAA 1.0 mg/L+0.2%AC	李春艳等，2000

从表 3–3 可知，柏科植物生根培养基的基本培养基有多种选择，MS 和 WPM 都适合柏科植物生根，不同树种或同一树种的不同外植体适宜的基本培养基有所不同。侧柏古树在生根培养基上的选择可以参考其他柏科植物的培养基。古树在生理方面与其他树龄树种有所不同，根据古树的特点对培养基进行筛选，最终找到适宜古树生根的培养基。

第二节 黄帝手植柏组织培养克隆技术体系的建立

课题研究组将黄帝手植柏当年生长健壮的未木质化的嫩茎作为外植体，筛选出了黄帝手植柏组织培养适宜的灭菌方法、初代培养基、增殖培养基和生根培养基，初步建立了黄帝手植柏组织培养体系。

一、试验材料与试验前的准备

（一）试验前准备

试验材料是 2014 年 5 月采自黄帝手植柏上生长健壮的当年生枝条；实验仪器和设备包括：超净工作台、光照培养架、烘箱、高压灭菌锅、电子天平、培育瓶、水浴锅、电磁炉、微波炉、pH 计、玻璃棒等。

配置试验所需要的培养基，并添加琼脂 5 g/L、蔗糖 30 g/L，调 pH 为 5.8 ～ 5.95，将配好的培养基在 121℃灭菌 20 min，在无菌室放置至冷却后分瓶备用，超净工作台提前用紫外线灭菌 30 min。

（二）药品试剂

（1）消毒类药品：酒精、升汞等。

（2）基本培养基：MS、1/2MS、DKW、B5、WPM 等。这些基本培养基含有植物组织培养所需的大量元素、微量元素和有机营养物质。

（3）有机化合物：蔗糖、葡萄糖等，作为碳源，是细胞生长的能量来源和构成细胞骨架的重要成分。

（4）植物生长调节剂：用于组织培养的主要是生长素和细胞分裂素。生长素可以促进细胞的伸长和分裂，促进根的分化等，常用的生长素有 IAA（吲哚乙酸）、IBA（3– 吲哚丁酸）、NAA（萘乙酸）、2，4–D（二氯苯氧乙酸）；细胞分裂素可以促进细胞的分裂和分化，诱导芽的形成等，常用的细胞分裂素有 6–BA（6– 苄基腺嘌呤）、KT（呋喃氨基嘌呤）、ZT（玉米素）。

（5）琼脂：组织培养中的固定剂，常用浓度为 0.5% ～ 1.0%。

（6）蒸馏水：组织培养中用水。

二、黄帝手植柏外植体无菌体系的建立

无菌体系的建立是组织培养的基础。污染是组织培养过程中首先遇到的问题而且难以控制，采回的外植体带有大量外源和内生病菌，为了消灭这种污染源，在植物组织接种到培养基上之前，必须进行彻底消毒，既要彻底杀死外植体表面的病菌，又要尽可能不伤害外植体的表层细胞或组织。

文献表明，柏科植物外植体消毒时配合使用 C_2H_6O（酒精）和 0.1% $HgCl_2$（氯化汞），消毒效果较好。本课题试验也采用该方法，将采回的黄帝手植柏嫩枝用自来水冲洗 5 次，再用洗涤灵泡 5 min 后冲洗干净，再用自来水冲洗 2 h，然后在超净工作台里用无菌水冲洗 5 次，再用 75% 酒精消毒 30 s，无菌水冲洗 5 次，然后用 0.1% $HgCl_2$ 分别消毒 6、8、10、12 min，无菌冲洗 5 次，将残留在外植体上的药剂清除。把材料放在灭菌好的滤纸上吸干水分，剪掉与灭菌剂接触的部分，然后将枝条剪成 3 cm 左右的小段，接种到事先装好

的无菌培养基上，这 4 个处理每个处理 3 个重复，每个重复接种 20 个外植体，两周后统计污染率、死亡率和成活率，确定最适宜的 $HgCl_2$ 消毒时间，结果如表 3–4 所示。统计指标为污染率 (%)= 污染个数 / 接种个数 ×100、死亡率 (%)= 死亡个数 / 接种个数 ×100、成活率 (%)= 成活个数 / 接种个数 ×100。

表 3–4 0.1% $HgCl_2$ 不同消毒时间对消毒效果的影响

处理编号	消毒时间 /min	外植体个数 / 个	污染株数 / 个	污染率 /%	死亡株数 / 个	死亡率 /%	成活率 /%
1	6	60	24	40	10	16.7	43.3
2	8	62	16	25.8	12	19.4	54.8
3	10	68	16	24.5	14	20.6	54.9
4	12	58	14	24	26	44.8	31.2

试验中用 2%NaCl、10%H_2O_2 在用 C_2H_6O 处理 30 s 后，2%NaCl、10% H_2O_2 消毒效果都不如 0.1% $HgCl_2$ 的效果好。从表 3–4 可以看出，黄帝手植柏枝条用 0.1% $HgCl_2$ 消毒 6 min 时，成活率为 43.3%，污染率较高，为 40%，死亡率为 16.7%；消毒时间为 8 min 时，成活率为 54.8%，污染率较低，为 25.8%，死亡率为 19.4%；消毒时间为 10 min 时，成活率、污染率和死亡率与 8 min 时相差不大；时间延长到 12 min 时，成活率下降为 31.2%，污染率为 24%，死亡率上升到 44.8%。可见用 0.1% $HgC1_2$ 消毒 8 min 和 10 min 效果较好，将时间再延长到 12 min 时，对于减轻黄帝手植柏污染率的效果影响不大，绝大多数污染病菌已被杀死，但是死亡率随消毒时间的延长上升较大，其原因可能是在灭菌时，$HgC1_2$ 游离出少量汞离子使外植体受到毒害而死亡。因此，在考虑降低污染率的措施时，不宜采用延长消毒时间的办法。黄帝手植柏由于年龄较大，外源和内生病菌更多，而且侧柏为鳞形叶，不能保证鳞形叶表面与灭菌剂完全接触，因此只能在一定程度上消灭细菌；同时由于叶片表面残留油渍，能够防止外植体被灭菌剂过度伤害，所以污染率相对稳定。用 0.1% $HgCl_2$ 灭菌 8 min 或者 10 min 时有较好的灭菌作用，但是 8 min 处理时间短，对外植体的伤害更小，为更优选择。处理过的材料要经过多次冲洗才可将残留的药剂除尽，一般应用无菌水冲洗 3 ～ 5 次。

通过不同的灭菌剂和不同灭菌时间试验，筛选出黄帝手植柏外植体灭菌最适宜的灭菌方法是先用 75% 酒精消毒 30 s，无菌水冲洗 5 次，然后用 0.1% $HgCl_2$ 消毒 8 min，此时的污染率低，死亡率低，成活率高，初步解决了黄帝手植柏的灭菌问题。

三、适宜糖源的筛选

在植物离体培养中，组织培养基中常用的糖源是培养过程中的重要因素，糖源是细胞生长的能量来源和构成细胞骨架的重要成分。糖源的筛选是选用蔗糖和葡萄糖这两种糖源，以 1/2 MS 为基本培养基，分别添加相同浓度的 NAA、IBA、GA3，观察外植体的生长情况。黄帝手植柏分别添加 3% 葡萄糖和 3% 蔗糖，观察不同糖源对黄帝手植柏组织培养的影响，结果如表 3–5 所示，黄帝手植柏褐变率分别为 78.0% 和 64.8%，可见培养基中糖源的种类对外植体组织培养中的褐变有一定影响。黄帝手植柏添加蔗糖的培养基效果要比葡萄糖好。

表 3–5　糖源筛选

糖源	基本培养基	NAA/mg·L^{-1}	IBA/mg·L^{-1}	GA3/mg·L^{-1}	褐变率 /%
葡萄糖 30 g	1/2 MS	0.05	0.05	0.1	78.0
蔗糖 30 g	1/2 MS	0.05	0.05	0.1	64.8

四、黄帝手植柏初代培养

（一）基本培养基对黄帝手植柏初代培养的影响

初代培养是植物组织培养过程中的基础，目的是得到无菌材料并使外植体生长发育。基本培养基为外植体生长提供营养物质，不同基本培养基在无机盐浓度、微量元素含量和有机物含量上有所不同。不同树种适宜的基本培养基不同，查阅文献发现，柏科植物组织培养时多应用 MS、1/2 MS、B5、WPM 和 DKW 5 种基本培养基。本课题试验研究了黄帝手植柏初代培养最适宜的基本培养基和植物生长调节剂的最适浓度，基本培养基种类和生长调节物质浓度的选择均参考了前人的文献。先将无菌材料切成 3 cm 左右的小段，接种到准备好的培养基中，添加 6–BA/NAA 的浓度是 0.1(0.2) mg/L，每个处理 3 个重复，每个重复 20 个外植体，培养 4 周后观察外植体的生长情况。

由表 3–6 可知，1/2 MS 培养基有利于黄帝手植柏外植体的萌发，而且生长速度最快，平均生长量是 11.6 mm；B5 培养基的效果次之，生长速度较快，平均生长量是 9.8 mm；MS、WPM 与 DKW 培养基效果较差，外植体生长慢，长势弱，平均生长量低。在离体培养条件下，植物直接器官发生要求培养基中有较高浓度的 Mg^{2+}、K^{+}、Zn^{2+}、Mn^{2+} 等，不定芽产生后其生长发育所必需的营养元素全部来自于培养基，1/2 MS 培养基包含的无机盐和有机物质等营养物质较全面，是一种非常有效的培养基，无机盐含量过高或过低均不利于黄帝手植柏外植体的生长，而且 1/2 MS 培养基盐浓度适中。综合以上指标，选择 1/2 MS 为最佳基本培养基。图 3-2 为初代培养的种苗。

表 3-6　不同基本培养基对黄帝手植柏初代培养的影响

处理编号	基本培养基	6-BA/NAA 浓度 /mg·L^{-1}	外植体个数 / 个	生长量 /mm	平均生长量 /mm	生长状况
1	MS	0.1/0.2	58	255.2	4.4	较弱，黄绿色
2	1/2 MS	0.1/0.2	64	742.4	11.6	壮，深绿色
3	B5	0.1/0.2	66	646.8	9.8	壮，深绿色
4	WPM	0.1/0.2	56	162.4	2.9	弱，黄色
5	DKW	0.1/0.2	60	234	3.9	较弱，黄绿色

图 3-2　初代培养

（二）不同生长调节物质对黄帝手植柏外植体生长的影响

根据文献记载，柏科植物组织培养多采用直接器官发生，不采用间接器官发生即脱分化形成愈伤组织。因为柏科植物由愈伤组织分化出芽和根比较困难，而且由愈伤组织分化出芽时遗传物质会发生改变。直接器官发生繁殖时间短，完全保留母株的性状。本研究采用直接器官发生，以 1/2 MS 为基本培养基，选用浓度分别为 0.1、0.2、0.5 mg/L 的 NAA，0.05、0.1、0.2 mg/L 6–BA。设计正交试验，共 9 个处理，每个处理 3 个重复，每个重复 20 个外植体，培养 3 周后，观察外植体生长情况，试验结果如表 3–7 所示。

表 3–7 不同生长调节剂浓度对黄帝手植柏外植体培养的影响

处理编号	NAA 浓度 /mg·L^{-1}	6–BA 浓度 /mg·L^{-1}	外植体个数 / 个	生长量 /mm	平均生长量 /mm	增殖芽数 / 个	平均增殖芽数 / 个
1	0.1	0.05	66	613.8	9.3	118.8	1.8
2	0.1	0.1	62	713	11.5	130.2	2.1
3	0.1	0.2	64	678.4	10.6	147.2	2.3
4	0.2	0.05	60	798	13.3	96	1.6
5	0.2	0.1	58	1194.8	20.6	203	3.5
6	0.2	0.2	56	677.6	12.1	134.4	2.4
7	0.5	0.05	68	741.2	10.9	142.8	2.1
8	0.5	0.1	60	522	8.7	90	1.5
9	0.5	0.2	60	450	7.5	108	1.8

在试验过程中发现有些外植体会形成愈伤组织，这些愈伤组织多呈现黄褐色，且质地疏松，随着愈伤组织的增多，外植体逐渐腐烂死亡，所以黄帝手植柏在组织培养时要尽量避免愈伤组织的形成。由表 3–7 可知，处理 5 的效果最好，平均生长量是 20.6 mm，平均增殖芽数是 3.5 个，且外植体形成的愈伤组织较少；处理 1，8，9 的效果较差，平均生长量和平均增殖芽数均较低；处理 3，6，9 形成的愈伤组织较多，外植体逐渐腐烂死亡，可能是因为 6–BA 浓度较高才形成了大量的愈伤组织，而 6–BA 在黄帝手植柏组织培养初代培养中又是必须的，所以 6–BA 的浓度要控制在适当的范围内，才能更好地促进外植体的生长。黄帝手植柏组织培养中添加生长调节物的浓度较文献中幼龄柏科植物的低，可能是因为古树的代谢能力弱，对激素的浓度要求低。最后得出初代培养最适宜培养基为 1/2 MS+0.2 mg/L NAA+0.1 mg/L 6–BA。

五、黄帝手植柏增殖培养

（一）基本培养基对黄帝手植柏增殖培养的影响

增殖培养的目的是在短时间内得到大量适合生根的嫩芽，是组织培养中的重要环节，将初代培养得到的无菌苗剪成小段，接种到增殖培养基内进行大量扩繁。综合分析前人在柏科植物增殖培养基上的研究成果，结合黄帝手植柏自身的特点，确定了基本培养基的筛选范围和植物生长调节物质的浓度范围，通过正交试验设计，筛选适宜黄帝手植柏的增殖培养基。

基本培养基类型、植物生长调节剂种类及浓度等都会影响芽的增殖，文献记载柏科植物增殖培养的基本培养基有MS、1/2 MS、B5、WPM和DKW 5种，本课题研究在其中筛选适合黄帝手植柏增殖的基本培养基，添加6–BA、IBA和NAA的浓度分别为0.05 mg/L、0.05 mg/L和0.1 mg/L，每个处理3个重复，每个重复20个外植体，培养4周后观察外植体生长情况。不同培养基下外植体的生长情况如表3–8所示。

表 3–8　不同基本培养基对黄帝手植柏增殖培养的影响

处理编号	基本培养基	NAA 浓度 /mg·L^{-1}	IBA 浓度 /mg·L^{-1}	6–BA 浓度 /mg·L^{-1}	外植体个数 / 个	生长量 /mm	平均生长量 /mm	外植体生长情况
1	MS	0.1	0.05	0.05	60	324	5.4	芽生长慢，叶绿色，苗矮小
2	1/2 MS	0.1	0.05	0.05	58	730.8	12.6	芽生长快，且嫩绿粗壮
3	DKW	0.1	0.05	0.05	62	192.2	3.1	芽几乎不生长，苗变黄
4	B5	0.1	0.05	0.05	60	408	6.8	芽生长较慢，且较细弱
5	WPM	0.1	0.05	0.05	66	178.2	2.7	芽几乎不生长，苗变黄

由表3–6可知，基本培养基为1/2 MS时，芽生长快，且嫩绿粗壮，平均生长量是11.6 mm；B5培养基诱导的效果比1/2 MS稍差，诱导率低；基本培养基为MS、DKW和WPM这3种基本培养基效果差，不适合做黄帝手植柏增殖培养的基本培养基，这可能与黄帝手植柏本身内源激素含量及培养基所含有的营养物质和盐的浓度有关。结合表3–8可知，1/2 MS为基本培养基，添加不同浓度6–BA、KT和NAA3种植物生长调节剂，研究发现6–BA浓度过高会使外植体产生大量愈伤组织而影响外植体的正常生长，综上所述，黄帝手植柏增殖培养最适宜的基本培养基是1/2 MS。

（二）植物生长调节剂浓度对黄帝手植柏外植体增殖培养的影响

柏科植物增殖培养使用的生长调节剂主要有6–BA、KT和NAA。本课题试验以1/2 MS为基本培养基，添加0.02、0.05、0.1 mg/L的6–BA，0.05、0.1、0.2 mg/L的KT和0.05、0.1、0.2 mg/L NAA，设计正交实验，每个处理3个重复，每个重复20个外植体，培养4周后观察外植体生长情况，筛选出适合黄帝手植柏的增殖培养基。试验结果如表3–9所示。

表3–9 不同生长调节剂浓度对黄帝手植柏增殖培养的影响

处理编号	6–BA浓度/mg·L^{-1}	NAA浓度/(mg·L^{-1})	KT浓度/mg·L^{-1}	外植体个数/个	平均生长量/mm	外植体生长情况
1	0.02	0.05	0.1	64	8.9	芽生长慢，叶绿色，苗矮小
2	0.02	0.1	0.05	56	10.1	芽生长较慢，较细弱，叶绿色
3	0.02	0.2	0.2	58	7.6	芽生长较快，叶绿色，苗矮小
4	0.05	0.1	0.2	60	11.9	芽生长快，叶深绿色
5	0.05	0.2	0.1	62	18.3	芽生长快，粗壮，叶绿色
6	0.05	0.05	0.05	60	9.3	芽生长较快，叶绿色，苗矮小
7	0.1	0.2	0.05	66	6.4	芽生长慢，较细弱，苗矮小
8	0.1	0.05	0.2	56	7.7	芽生长慢，较细弱，苗矮小
9	0.1	0.1	0.1	62	6.1	芽生长慢，较细弱，苗变黄

植物生长调节剂对黄帝手植柏外植体的生长有促进作用，6–BA有利于诱导不定芽的形成，NAA和KT有利于伸长生长。但是6–BA也会促进愈伤组织的形成，随着6–BA浓度的增加，形成的愈伤组织增多，影响外植体的生长，所以6–BA浓度不宜过高。由表3–9可知，处理5的外植体生长状况最好，芽生长快，粗壮，叶绿色，平均生长量最高，为18.3 mm；处理2和处理4次之，生长较慢，长势较弱；其余处理外植体生长差，长势弱。因此，黄帝手植柏增殖培养适宜的培养基是1/2 MS+0.05 mg/L 6–BA+0.2 mg/L NAA+0.1 mg/L KT。黄帝手植柏增殖培养添加的生长调节剂浓度较其他柏科树种低，可能是由于

黄帝手植柏新生枝条生理年龄较大，代谢能力较弱，对生长调节剂浓度需求较低。

六、黄帝手植柏愈伤组织的诱导

（一）不同培养基对愈伤组织诱导的影响

从表 3–10 可以看出，将黄帝手植柏幼嫩茎分别接入 MS、1/2 MS、WPM 和 B5 这 4 种培养基中，在 4 周内观察其生长和分化的情况。结果显示，这 4 种培养基均可以诱导出愈伤组织。MS 培养基的诱导速度最快，接种 5 d 后茎段基部膨大，逐渐形成愈伤组织，诱导率可以达到 63%，诱导出的愈伤组织呈绿色紧密状；其次为 WPM 培养基，诱导时间较短为 7 d，诱导率达到 51%；1/2 MS 和 B5 培养基诱导出愈伤组织的性状和诱导率都较差。诱导出的愈伤组织一部分表面整齐，颜色呈绿色，质地坚硬，四周愈伤组织细胞增生块肿大，肿大部分为白色，形成的这一类愈伤组织整体增殖较慢。另一部分组织块形成的愈伤组织表面凹凸不平，为泡状细胞团，浅绿色，由黄绿色、白色等组织组成，质地较松散。

表 3–10 不同培养基对愈伤组织诱导的影响

处理编号	基本培养基	NAA /mg·L^{-1}	6–BA /mg·L^{-1}	IBA /mg·L^{-1}	诱导率 /%	嫩茎生长情况
1	MS	0.2	0.02	0.5	63	增殖效果好，嫩茎绿色健壮
2	1/2MS	0.2	0.05	1.0	40	增殖效果不好，嫩茎偏黄，长势弱
3	WPM	0.2	0.1	0	51	增殖效果好，嫩茎绿色健壮
4	B5	0.5	0.1	0	33	增殖效果差，嫩茎黄色，长势差

（二）不同植物生长调节剂配比对愈伤组织诱导的比较

黄帝手植柏茎段接种以后，依培养基中的植物生长调节剂配比不同，各组都不同程度地形成愈伤组织，其诱导率和时间各不相同。据试验观察，各组接种 7 d 后在茎段基部均形成了愈伤组织。

从茎段愈伤组织诱导试验结果（表 3–11）可以看出，培养基 MS+0.5 mg/L NAA+1.0 mg/L 6–BA 的愈伤组织诱导效果最好，诱导率高达 100%，诱导时间短仅为 5 d。培养基 MS+1.0 mg/L NAA+0.1 mg/L 6–BA+0.5 mg/L IBA

也能获得较高的 90% 诱导率。

表 3–11　不同植物生长调节剂配比对愈伤组织诱导的比较

处理编号	基本培养基	NAA mg·L^{-1}	6–BA /mg·L^{-1}	IBA /mg·L^{-1}	诱导率 /%	嫩茎生长情况
1	MS	0.5	0.1	1.0	52	诱导慢，诱导率低，质地较差
2	MS	0.5	0.5	0.5	30	诱导慢，诱导率低，质地较差
3	MS	0.5	1.0	0	100	诱导快，诱导率较高，呈绿色紧密状
4	MS	1.0	0.5	0	63	诱导慢，诱导率低，质地较差
5	MS	1.0	0.1	0.5	90	诱导快，诱导率高，呈绿色紧密状
6	MS	1.0	1.0	1.0	55	诱导慢，诱导率低，质地较差
7	MS	1.5	1.0	0.5	43	诱导慢，诱导率低，质地较差
8	MS	1.5	0.1	0	45	诱导慢，诱导率低，质地较差
9	MS	1.5	0.5	1.0	39	诱导慢，诱导率低，质地较差

七、黄帝手植柏生根培养

黄帝手植柏组织培养生根还没有先例。影响生根的因素有很多，例如自身的基因、培养基类型、培养条件等。组织培养生根是一个复杂的生理生化过程，柏科植物组织培养普遍存在生根难的问题，生根的培养基一般是含低分裂素和高生长素或者是完全以生长素为主的，即分裂素与生长素的比值较低。不同植物生长调节剂配方对生根培养的影响不同。虽然侧柏、圆柏、金黄球柏等柏科植物都有组织培养生根的报道，但是这些外植体都是来自幼树，100 年以上的柏科古树没有报道。本课题研究的外植体材料来自黄帝手植柏，试验中参考了多种柏科植物组织培养生根培养基，选择最适宜黄帝手植柏生根的基本培养基。生长素 NAA 和 IBA 对柏科植物组织培养生根有良好的促进作用，通过 NAA 和 IBA 不同浓度的组合，筛选出适宜黄帝手植柏生根的生长素浓度。

（一）不同基本培养基对黄帝手植柏生根的影响

选用 1/2 MS、WPM 和 DKW 3 种作为黄帝手植柏生根培养的基本培养基，并分别添加 0.2 mg/L NAA、0.2 mg/L IBA。将增殖培养得到的健壮不定芽切成 2 cm 左右的小段，接入生根培养基中，共 3 个处理，每个处理 3 个重复，每个重复 20 个外植体，30 d 后观察不同培养基中生根情况，试验结果如表 3–12 所示。

表 3–12　基本培养基对黄帝手植柏生根培养的影响

处理编号	基本培养基	IBA 浓度/mg·L^{-1}	NAA 浓度/mg·L^{-1}	根系生根情况
1	1/2 MS	0.2	0.2	未生根
2	WPM	0.2	0.2	每株生根 1 ～ 2 条，生根率 8%，平均根长 1 cm。
3	DKW	0.2	0.2	未生根

由表 3–12 可知，这 3 种基本培养基都不理想，WPM 稍好一些，有少量外植体生根，生根率为 8%；1/2 MS 和 DKW 均没有生根。可能由于黄帝手植柏年龄过大，体内积累了大量生根抑制物，致使其组织培养生根困难。需要通过研究黄帝手植柏组织培养生根机理，找到适宜的生根基本培养基。根据试验结果来看，黄帝手植柏生根培养相对较好的基本培养基为 WPM。

（二）不同生长调节剂的浓度对黄帝手植柏生根培养的影响

在前面研究得出适宜的基本培养基为 WPM 的基础上，继续筛选适宜的生长素浓度。以 WPM 为基本培养基，添加剂 NAA 的浓度为 0.2、0.5、1.0 mg/L，IBA 的浓度为 0.5、1.0、1.5 mg/L。共 9 个处理，每个处理 3 个重复，每个重复 20 个外植体，30 d 后观察不同培养基中生根情况。试验结果如表 3–13 所示。

表 3–13　不同生长调节剂的浓度对黄帝手植柏生根培养的影响

处理编号	NAA 浓度/mg·L^{-1}	IBA 浓度/mg·L^{-1}	生根率/%	生根情况
1	0.2	0.5	0	未生根
2	0.2	1.0	0	未生根
3	0.2	1.5	3	每株生根 2 条，平均根长 0.8 cm
4	0.5	0.5	9	每株生根 2 ～ 3 条，平均根长 1 cm
5	0.5	1.0	3	每株生根 1 ～ 2 条，平均根长 0.6 cm
6	0.5	1.5	3	每株生根 1 ～ 2 条，平均根长 0.6 cm
7	1.0	0.5	0	未生根
8	1.0	1.0	0	未生根
9	1.0	1.5	0	未生根

试验表明，在初代培养、增殖培养的时候 1/2 MS 基本培养基效果比较好，而在生根培养中 WPM 效果较 1/2 MS 好，但是生根情况不理想，生根率极低，1/2 MS 效果较 MS 好。由表 3–13 可知，黄帝手植柏生根率极低，生根困难，处理 4 生根情况相对较好，其他处理生根差或没有生根。黄帝手植柏组织培养较适宜的生根培养基有待进一步研究，本课题试验得出黄帝手植柏生根适宜的培养基是 WPM+0.5 mg/L NAA+0.5 mg/L IBA。

通过对黄帝手植柏外植体灭菌、培养基类型、植物生长调节剂类型等的优化，黄帝手植柏组织培养幼苗生根（图 3–3），并成功将 8 株黄帝手植柏幼苗从营养杯内移栽至盆内生长，潜在成活的组培苗有 2 株。

图 3–3　组织培养幼苗生根

八、黄帝手植柏移栽炼苗

生根的组织培养苗能否适应自然环境，关系到整个组织培养过程的成败，因此移栽过程至关重要。试管苗能顺利完成从试管内到田间的适应过程，移栽前首先要对生根苗进行炼苗，以提高试管苗对外界环境的抵抗力，使它从一个完全封闭的无菌环境进入完全开放环境的中间过渡。

生根培养 30 d 后，移栽前 3 d 打开组织培养瓶盖，在培养室散射光下进行开口炼苗，使嫩苗逐渐接触外界环境，提高适应能力。炼苗 3 d 后，用镊子小心地将生根苗取出，并洗净附在根上的培养基，栽入用泥炭：蛭石：珍珠岩为 1 ： 1 ： 1 的基质中。移栽前将基质浇透水，移栽后叶面喷水，用塑料薄膜覆盖，并搭遮荫棚，栽后浇透水，并在上面覆盖薄膜，保证较高的湿度。达到移栽标准的生根试管苗再移到培养室外炼苗 3 ～ 7 d，栽植 10 d 后去掉薄膜，

30 d 后观察其生长状况。侧柏是一种阳性树种，比较喜光，只要将其置于散射光丰富处，成活率一般可得到保证。图 3–4 为黄帝手植柏生根苗移栽。

图 3–4　黄帝手植柏生根苗移栽

第三节　黄帝手植柏端粒相关基因的克隆研究

2009 年 Elizabeth Blackburn、Carol Greider 和 Jack Szostak 凭“发现端粒和端粒酶是如何保护染色体”的研究成果获得诺贝尔生理学奖，从而揭开了人类衰老及癌症等严重疾病的奥秘。越来越多的研究证据表明，端粒不仅与染色体的个性特质和稳定性密切相关，而且还涉及细胞的寿命、衰老与死亡等，即端粒变短，细胞就老化；相反，如果端粒酶活性很高，端粒的长度就能得到保持，细胞的老化就被延缓。因此，端粒被认为是衰老的生物标记之一（Mather et al.，2011；Watson and Riha，2011），其长度缩短将会引起动植物衰老这一观点已得到认可。

古树随着年龄的增长逐渐衰老，端粒长度被认为是影响衰老和寿命的主要因素之一，而端粒长度如何受基因的调控，进而影响衰老和寿命，这些成为近年来树木抗性和衰老研究领域的热点之一（Watson and Riha，2011）。

一、试验材料与主要试剂

（一）侧柏古树材料

试验材料为侧柏古树当年生实生苗的幼嫩叶片。将当年收获的侧柏种子（千粒重 38 g 左右）用 0.1% 高锰酸钾溶液浸泡 2 h，再用灭菌水反复冲洗干净，然后将种子置于培养皿中，用 25℃恒温生化培养箱催芽。当胚根长至种子 2 倍长时移入盆中栽培，培养基质为泥炭土：蛭石：珍珠岩 = 3 ∶ 2 ∶ 1，需保证充足的光照、营养和水分。小苗长到 10 cm 左右时进行试验。

（二）主要试验试剂

试验中使用的主要试剂如表 3-14 所示。

表 3-14　主要试验试剂

试剂	公司
RNA 提取试剂盒	北京天恩泽生物技术有限公司
PS Erasol 试剂盒	北京天恩泽生物技术有限公司
DNA Erasol 试剂盒	北京天恩泽生物技术有限公司
SMARTer™ RACE cDNA Amplification Kit	Clontech 公司
Advantage 2 PCR Kit	Clontech 公司
AxyPrep DNA 凝胶回收试剂盒	AXYGEN 公司
pMD-19 克隆载体	Takara 公司
IPTG、X-gal、氨苄西林	北京拜尔迪生物技术有限公司
无水乙醇、异丙醇、氯仿等	北京益利精细化学品有限公司
引物合成	上海生工生物工程技术服务有限公司
测序	上海生工生物工程技术服务有限公司

二、使用的主要仪器与引物

（一）主要使用仪器

试验使用的主要仪器如表 3-15 所示。

表 3-15　主要使用仪器

仪器	公司
烘箱（DHG-9053A）	上海精宏实验设备有限公司
恒温培养箱（SHP-150）	上海精宏实验设备有限公司
冷冻离心机（5810C）	Eppendorf
数字凝胶成像仪（G:BOX HR）	Gene Company Limited
超低温冰箱（UF5410）	Thermo
电泳仪（Sub-cell GT）	Bio-Rad
恒温摇床（THZ-03M2R）	SHENERGY BIO COLOR
涡旋仪（MS3 Digital）	IKA
移液枪（2.5、10、200、1 000 μL）	Eppendorf
枪头（10、200、1 000 μL）	Eppendorf
测序	上海生工生物工程技术服务有限公司

（二）引物

本试验用到的引物由上海生工工程生物技术服务有限公司合成，如表 3-16 所列。

表 3-16　引物

基因类别	引物名称	引物碱基序列（5′—3′）
PoTRF1	TRF1-5	GCTGACCATTTTCCTGGACCGTAT
	TRF1-3	GCTGAAGCAGAAGAAGCGGGAAGG
PoPOT1	POT1-5	GGAGCATCAGTTCCATCCCATACAT
	POT1-3	CTGATGCTCCACCACAAGAGTTTG
PoKu70	Ku70-5	CCGCCACTGACCGCTTGACC
	Ku70-3	GTCAAGCGGTCAGTGGCGGATAC

三、试验方法

（一）侧柏叶片总 RNA 提取

侧柏富含多糖多酚类物质，进行 RNA 提取难度较大，在预试验中用到多种提取 RNA 的方法，其中用试剂盒提取效果较传统方法好。试剂盒中北京天恩泽生物技术有限公司的植物 RNAout 试剂盒效果最好。本研究采用北京天恩泽生物技术有限公司的植物 RNAout 试剂盒，稍作改进，步骤如下：

因为 RNA 易降解，所以提取 RNA 用到的研钵、研棒、小勺、镊子等要在 220℃烘箱灭菌 4 ～ 6 h，要用 RNA 专用仪器，提前对 RNA 室灭菌消毒，整个操作过程要戴口罩手套，防止 RNA 被污染。

（1）取 0.1 g 侧柏叶片在液氮中研磨成粉末状，收集到 2 mL Rnase 灭活的离心管中。

（2）加入 1 mL 溶液 A，然后用匀浆器匀浆 5 ～ 20 s。匀浆时会产生泡沫，但不影响提取效果。

（3）在离心管中加入 300 μL 的溶液 B 和 200 μL 自备氯仿，在振荡器上振荡 30 s 混匀，此时溶液呈均匀的乳浊状。振荡器振荡时必须使管底溶液震荡起来。

（4）室温 14 000 r/min 离心 3 min，两相间将有约 8 mm 厚的细胞破碎物。

（5）将上清液（约 600 μL）转移到另一干净的 1.5 mL 塑料离心管中，下层有机相和中间层含有 DNA、蛋白质和其他杂质，注意不要触及或吸取，最后留下 100 μL 上清液不取。

（6）加入等体积的溶液 C，充分颠倒混匀，此时会有沉淀产生，要把所有的混合物上柱。

（7）先将一半的溶液转移到离心吸附柱中，室温 14 000 r/min 离心 30 s，弃穿透液。

（8）将剩下的一半溶液转移到同一离心吸附柱中，室温 14 000 r/min 离心 30 s，弃穿透液。

（9）加 700 μL 通用洗柱液，室温离心 30 s，弃穿透液。再加 300 μL 通用洗柱液，室温离心 30 s，弃穿透液。

（10）室温离心 30 s，以除去残留的乙醇。

（11）将离心吸附柱转移到 RNase-free 收集管中，加入 30 μLRNA 洗脱液，室温静置 2 min。

（12）室温 14 000 r/min 离心 30 s，离心管中溶液即为 RNA 样品。

（13）取少量 RNA 进行琼脂糖凝胶电泳，检测 28s 和 18s 两条带的亮度，并测量 RNA 的纯度和浓度，将剩余的 RNA 于 -80℃保存备用。

（二）总 RNA 中多糖的清除

使用天恩泽生产的 PS Erasol 非酶多糖清除剂试剂盒清除多糖。

（1）将十分黏稠的总 RNA 样品用 RNase–free 水稀释到 300 μL 左右，加入等体积的 65℃预热 10 min 后的 PS Erasol，振荡器上充分振荡 1 min。

（2）加入等体积的氯仿，振荡器上充分振荡 2 min。

（3）14 000 r/min 离心 2 min，将上清液转移到一新的离心管中，交界处将有白膜样的多糖沉淀。

（4）加入 0.1 倍体积的 3 mol/L NaOAc（pH 5.2）和两倍体积的无水乙醇，混匀后 14 000 r/min 离心 20 min，小心弃上清。

（5）加入 1 mL 75% 乙醇，振荡器上短暂振荡后 14 000 r/min 离心 2 min，小心弃上清。

（6）短暂离心，用移液枪小心吸去残留液体后，加入适量 RNase–free 水或天泽基因的具有灭活残留 RNase 的液相 RNase Erasol。立即使用或 –80℃保存。

（三）总 RNA 中 DNA 的清除

用天恩泽生物技术有限公司生产的非酶 DNA 清除剂 DNA Erasol 试剂盒。

（1）将总 RNA 溶液与 DNA Erasol 按 3 ∶ 1 的比例混合（即 300μL RNA 溶液需加 100 μ DNA Erasol）。

（2）14 000 r/min 室温离心 1 min 后小心弃上清液。

（3）在沉淀中加入 1 mL 自备 70% 乙醇，震荡半分钟。

（4）14 000 r/min 室温离心 3 min 后小心弃上清液。

（5）将离心管短暂快速离心，小心吸弃余液。

（6）加入适量 RNase–free 水或液相 RNase 清除剂溶解 RNA 沉淀，立即使用或 –80℃长期保存。

（四）第一链 cDNA 的合成

使用的是 Clontech 公司的 SMARTer^{TM} RACE cDNA Amplification Kit 试剂盒，所有试剂都在冰浴中加入，使用无 RNA 酶的枪头和离心管及 PCR 管，操作步骤如下所示：

（1）准备足够的 5′–RACE–Ready cDNA 和 3′–RACE–Ready cDNA 的反应混合液，以下是 cDNA 合成的 10 μL 体系，将各试剂依次加入离心管中，用移液器抽吸混匀，短暂离心，然后置于室温直至步骤 7 时使用。

5× First-strand Buffer	2.0 μL
DTT(20 mM)	1.0 μL
dNTP Mix(10 mM)	1.0 μL
总体积	4.0 μL

（2）在新的 0.2 mLPCR 管中混匀如下反应液。

5′-RACE-Ready cDNA	3′-RACE-Ready cDNA
1.0 ~ 2.75 μL RNA	1.0 ~ 3.75 μL RNA
1.0 μL 5′-CDS Primer A	1.0 μL 3′-CDS Primer A

（3）加入灭菌水将第 2 步的 5′-RACE-Ready cDNA 体积补至 3.75 μL，3′-RACE-Ready cDNA 补至 4.75 μL。

（4）用移液器抽吸混匀，短暂离心。

（5）将 cDNA 溶液在 PCR 仪上 72℃保温 3 min，然后 42℃保温 2 min。反应结束后，14 000 r/min 离心 10 s 收集液滴。

（6）在 5′-RACE cDNA 的 PCR 管中加入 1 μL SMARTer Ⅱ A 引物。

（7）按顺序依次加入如下反应液。

第 1 步得到的缓冲混合液	4.0 μL
RNase Inhibitor(40U/μL)	0.25 μL
SMARTScribe ™ Reverse Transcriptase(100U)	1.0 μL
总体积	5.25 μL

（8）将第 7 步的混合液 5.25 μL 加入到变性的第 5 步的 3′-RACE cDNA 中和第 6 步的 5′-RACE cDNA 中，使总体积为 10 μL。

（9）用移液器吸打混匀，短暂离心。

（10）将反应管置于 42℃保温 90 min。

（11）将反应管在 72℃加热 10 min，终止反应。

（12）加入 100 μL Tricine-EDTA Buffer 进行稀释。

（13）将 cDNA -20℃保存。

（五）cDNA 末端快速扩增

使用 Clontech 公司的 Advantage 2 PCR Kit 试剂盒进行 RACE -PCR 反应，所有试剂都在冰水浴加入。使用无 RNA 酶的枪头和离心管及 PCR 管，操作步骤如下所示：

（1）根据已知数据设计特异性引物如下：

TRF1–5 GCTGACCATTTTCCTGGACCGTAT

TRF1–3 GCTGAAGCAGAAGAAGCGGGAAGG

POT1–5 GGAGCATCAGTTCCATCCCATACAT

POT1–3 CTGATGCTCCACCACAAGAGTTTG

Ku70–5 CCGCCACTGACCGCTTGACC

Ku70–3 GTCAAGCGGTCAGTGGCGGATAC

（2）为 5′–RACE 和 3′– RACE 配置如下 Master Mix（50 μL 体系）

PCR–Grade water	34.5 μL
10 × Advantage 2 PCR Buffer	5.0 μL
dNTP(10mM)	1.0 μL
50 × Advantage 2 polymerase Mix	1.0 μL
总体积	41.5 μL

（3）振荡混匀，尽量不要起气泡，短暂离心，将液体收集到管底。

（4）按顺序依次加入如下试剂。

试剂	5′-RACE	3′-RACE
5′–or3′–RACE–readycDNA	2.5 μL	2.5 μL
UPM(10 ×)	5 μL	5 μL
GSP1(10 μm)	1 μL	—
GSP2(10 μm)	—	1 μL
Master Mix	41.5 μL	41.5 μL
总体积	50 μL	50 μL

（5）轻弹混匀，短暂离心将液体收集到管底。

（6）根据合成引物的 Tm 值采用 Program 1 或 Program 2 进行 PCR 反应。

Program 1（Tm > 70℃）：94℃ 30 s，72℃ 3 min，5 个循环；94℃ 30 s，70℃ 30 s，72℃ 3 min，5 个循环；94℃ 30 s，68℃ 30 s，72℃ 3 min，30 个循环。如果片段预测大于 3 kb，每增加 1 kb 则延伸时间 1 min。

Program 2（Tm=65 ～ 70℃）：94℃ 30 s，68℃ 30 s，72℃ 3 min，25 个循环。如果片段预测大于 3 kb, 则每增加 1 kb 则延伸时间 1 min。

（7）进行电泳检测，对目的片段进行胶回收。

（六）胶回收

使用 AXYGEN 公司的 AxyPrep DNA 凝胶回收试剂盒进行胶回收试验，操作过程中均使用一次性手套，具体操作步骤如下：

（1）柱平衡步骤是向吸附柱里加入 500 μL 平衡液，14 000 r/min 离心 1 min，倒掉收集管中的废液，将吸附柱重新放入收集管中。

（2）在紫外灯下切下含有目的 DNA 的条带，尽量切除多余部分，因为紫外线会破坏 DNA，所以操作过程尽量要快。将切下的条带置于干净的 1.5 mL 离心管中，并用枪头捣碎。对凝胶进行称重，该重量为一个凝胶体积。

（3）向凝胶中加入 3 倍体积红色的溶胶液 DE–A，混匀并于 75℃水浴加热，每隔 2 ～ 3 min 混匀 1 次，约 6 ～ 8 min 后凝胶全部融化取出。

（4）加入 0.5 个 Buffer DE–A 体积的 Buffer DE–B，颠倒混匀，此时溶液变为黄色。当回收的 DNA 片段小于 400 bp 时，要再加入 1 个体积的异丙醇。

（5）吸取（4）中的混合液，转移到 DNA 制备管（置于 2 mL 收集管）中，14 000 r/min 离心 1 min，倒掉收集管中的液体。

（6）将制备管放回到收集管中，加入 500 μL Buffer W1，14 000 r/min 离心 30 s，倒掉滤液。

（7）将制备管放回到收集管中，加入 700 μL Buffer W2，14 000 r/min 离心 30 s，倒掉滤液。再加入 700 μL Buffer W2，14 000 r/min 离心 30 s，倒掉滤液。

（8）将制备管放回到收集管中，14 000 r/min 离心 1 min，充分去掉膜上的溶液。

（9）将制备管放到一个干净的 1.5 mL 离心管中，在空气中静置 3 min，使乙醇完全蒸发。向吸附膜中间位置悬空滴加 30 μL 洗脱缓冲液，室温静置 2 min，充分溶解膜上的 DNA。14 000 r/min 离心 2 min，收集 DNA 溶液。

（10）将收集管中的 DNA 溶液吸到吸附膜上，14 000 r/min 离心 2 min，收集 DNA 溶液。

（11）胶回收产物 –20℃保存。

（七）T 载体连接与转化感受态细胞

对 PCR 产物进行胶回收以后，进行 T 载体连接。本试验使用 Takara 公司的 pMD–19 克隆载体进行 T/A 克隆，具体操作步骤如下：

（1）在 200 μL 的离心管中配置下列 DNA 溶液，全量为 5 μL。

pMD19-T Vector	1 μL
胶回收 PCR 产物	X μL
dd H_2O	4-X μL

（2）加入 5 μL（等量）的 solution I，吸打混匀，短暂离心收集到管底。

（3）16℃反应 30 min（注：长片段 PCR 产物如大于 2 kb 时，连接反应时间延长至数小时），一般延长 2 ～ 4 h。

（4）全量（10 μL）加入至在冰中融化的 100 μL DH5α 感受态细胞中，冰中放置 30 min。

（5）在 42℃金属浴中加热 45 s 后，再在冰中放置 2 ～ 3 min。

（6）在超净工作台中加入 890 μL LB 培养基，37℃震荡（180 ～ 200 r/min）培养 60 min。

（7）在含有 X-gal、IPTG、Amp 的 LB 琼脂平板培养基上培养，涂板时尽量涂均匀，并涂到干燥。37℃过夜培养 12 ～ 16 h，形成单菌落，计数白色、蓝色菌落。

（8）挑选白色菌落，接种于 1 mL 含有 Amp 的 LB 液体培养基中，37℃震荡培养 12 h。

（9）菌落 PCR，鉴定阳性克隆。15 μL 菌落 PCR 体系为 10.45 μL 去离子水，1.5 μL 10× 缓冲液，0.4 μL dNTP，0.125 μL M13F（–47）引物（5′–CGCCAGGGTTTTCCCAGTCACGAC-3′），0.125 μL M13R（–48）R 引物（5′–AGCGGATAACAATTTCACACAGGA–3′），0.4 μL Taq 酶，菌液 2 μL。

（10）菌落 PCR 反应后取 10 μL 进行 PCR 产物电泳检测。

（八）差异表达基因 cDNA 片段的测序及分析

挑选阳性克隆送往上海生工生物工程技术服务有限公司进行测序。所获序列利用 DNAstar 软件进行剪切与拼接而得到不含载体序列的 EST。采用 NCBI（http://blast.ncbi.nlm.nih.gov）的 BLASTN 或 BLASTX 在线序列比对工具，对所有 EST 序列进行同源性检索分析。

四、端粒的结构和功能

端粒作为真核生物染色体末端特殊的 DNA- 蛋白质复合体，其核酸组成具有一定的保守性，一般由简短重复的微卫星序列组成（Blackburn，1991），其长度取决于细胞年龄和细胞分裂的次数（Harley et al.， 1990）。动物的端粒序列组成一般为（TTAGGG）n，植物的端粒序列组成一般为（TTTAGGG）n，按照从着丝粒到染色体末端的方向排列（Burr et al., 1992； Fajkus et al., 2005 ）。在植物中拟南芥中最先被发现了端粒序列（Richards and Ausubel, 1988）为（TTTAGGG）n，随后在许多植物中都发现了这种类拟南芥的端粒序列，但是在个别的种属中却发现缺乏这种拟南芥型的端粒序列，如芦荟属（*Aloe*）（Fajkus et al.，2005）。端粒串联的重复序列在染色体的末端中只占很少部分，染色体的末端更主要部分是由亚端粒序列（subtelomere）或端粒相关序列（telomere associated sequence，TAS）构成（Kojima et al.，2002；Fajkus et al.，2005）。

端粒的功能主要体现在保护染色体的末端上，端粒 DNA- 蛋白质复合物就像帽子一样保护染色体的末端免于被化学修饰或被核酶降解，同时还可以防止端粒酶对端粒进行进一步延伸。细胞在分裂和 DNA 进行半保留复制时，染色体末端会丢失，端粒的存在起到保护作用。另外，端粒被认为是细胞有丝分裂的生物钟，决定细胞的寿命。

五、端粒相关蛋白

端粒结合蛋白（telomere binding proteins，TBPs）是指那些能与端粒 DNA 特异性结合的蛋白质及其调节蛋白（de Lange，2003）。根据端粒结合氨基酸序列的种类将其划分为三类，即 DNA 双链结合蛋白、DNA 单链结合蛋白和其他端粒相关蛋白。端粒 DNA 双链结合蛋白是能特异地与双链端粒重复序列结合的蛋白，对端粒长度的维持有重要的作用，而且还对端粒有保护和调节的功能。DNA 双链结合蛋白都具有 Myb 结构域，该结构域负责与端粒 DNA 序列结合。水稻的 OsRTBPI 蛋白和拟南芥的 AtTBPI、AtTRPI 蛋白都具有一个 C 端的 Myb 结构域，这类蛋白和人类的 TRF 蛋白，酵母中 Rapl 蛋白具有相似的特征，在蛋白的核心处都含有高度保守的区域——Myb 结构延伸区和核心结构域；而拟南芥的 AtTRBl、AtTRB2 和 AtTRB3 蛋白都具有一个 N 端的 Myb 结构域，目前这类有 N 端 Myb 结构域的端粒 DNA 双链结合蛋白是植物所特有的（Loayza et al.，2003；Fajkus et al.，2005）。DNA 单链结合蛋白能结合 3′ 单链突出的末端即 G 链，对染色体末端戴帽和端粒酶活性调节具有重要作用。这类蛋白有 STEP1 蛋白、NtGTBP1 蛋白和 AtPOT 蛋白。单链结合蛋白的 DNA 结合区是 RNA 的识别基序（RNA recognition motif RRh），能够使这些蛋白与 RNA 或单链 DNA 相结合（Fajkus et al.，2005）。拟南芥的 AtPOT （protection of telomeres）蛋白对端粒末端的保护和端粒长度的调节是必不可少的，若敲除 AtPOT 基因，端粒序列会快速丢失，染色体末端会相互融合，最终导致细胞凋亡，可见 POT 蛋白最重要的功能是对端粒的保护作用。端粒相关蛋白，虽然不存在于染色体的端粒区，但对端粒具有特殊的功能。如拟南芥的 AtKu70，AtKu80 和 AtRad50 等蛋白。拟南芥中 AtKu70 和 AtKu80 蛋白是由两个分子，各为 70 和 80 的蛋白亚基组成的异源二聚体，能够和双链的端粒 DNA 或非端粒 DNA 结合，但不能和单链的端粒 DNA 结合。该蛋白具有真核生物染色体双链断裂的修补功能，与免疫球蛋白进行重组以保护端粒。

（一）*TRF1* 基因

研究结果显示 *TRF1* 可能有多种功能，它在端粒的长度控制、细胞周期调控、DNA 损伤的修复等方面的作用越来越引起人们注意。端粒结合蛋白附着在端粒重复片段上，能防止染色体末端被识别的 DNA 损伤位点，并且起着调节端粒长度的作用。例如，*TRF1* 和 *TRF2* 各自招募其他蛋白结合到端粒上，形成 *TRF1* 和 *TRF2* 复合体（Zhou et al.，2011）。*TRF1* 复合体是端粒长度的一个负调控因子，通过控制端粒酶结合到端粒上的通路调节端粒长度，而 *TRF2* 复合体通过与 DNA 损伤信号和修复因子的相互作用，防止染色体末端之间的融合，从而在保持端粒末端完整性方面起重要作用（de Lange，2004）。*TRF1* 是首先被鉴定出来的端粒 DNA 结合蛋白，*TRF1* 和 *TRF2* 直接与端粒双链 DNA 结合，在端粒酶的阳性细胞中，过表达 *TRF1* 基因将导致端粒长度的缩短；而过表达 *TRF1* 基因的功能缺失突变体，则会导致端粒长度不正常的增加。研究结果表明，*TRF1* 与由细胞双链 DNA 损伤导致的细胞周期检验点障碍和早衰有密切联系；此外，*TRF1* 能够在细胞分裂时调控有丝分裂进程（de Lange et al.，2004）。*TRF1* 能够与有丝分裂相关激酶 NIMA 相互作用，过量表达 *TRF1* 将促使细胞提前进入有丝分裂期。在有丝分裂期，*TRF1* 能够定位于纺锤体和中心体，且 *TRF1* 能够在体外与微管结合，并与微管末端结合蛋白 EB1 相互作用。尽管 *TRF1* 在有丝分裂期能够定位于纺锤体并且能够与 Tankyrasel 在中心体上共定位，但并无证据表明二者的定位有相互依赖关系（Houghtaling et al.，2004；de Lange et al.，2004）。Zhu 等报道了 *GNL3L* 通过其 GTP 结合域与 *TRF1* 的 TRFH 结构域相结合，*GNL3L* 能够促进 *TRF1* 的同源二聚化，且它与 *TRF1* 的结合作用受到 *T1N2* 的竞争；此外，*GNL3L* 通过与 *FBX4* 竞争来保护 *TRF1* 不受泛素化降解，从而稳定 *TRF1* 在细胞有丝分裂期的表达水平，促进细胞分裂时中期到后期的转换过程。表明 *TRF1* 在细胞有丝分裂期表达量的差异和功能变化受到了端粒之外蛋白的精细调节。

（二）POT1 基因

端粒保护蛋白（protection of telomeres 1，POT1）是 PeterBaumann 于 2001 年在人类和裂殖酵母细胞中发现的端粒单链结合蛋白，这些蛋白结合于富 G 的端粒单链重复序列，对染色体的末端有直接的保护作用，因此将其命名为 POT1（protection of telomeres 1）蛋白（Peter Baumann， 2003）。近年来的研究发现 POT1 是广泛存在于各种真核生物细胞中的一种蛋白家族，可能在细胞分裂、染色体维持、末端保护和端粒长度调控等方面起着广泛的作用。POT1 是一种进化保守的蛋白，具有 2 个功能结构域：一个是其 N 端的 DNA 结合结构域，主要由进化保守的芳香族、碱性、疏水性氨基酸残基组成，另一个是寡核苷酸 / 寡糖（oligo nucleotide oligosaccharide，OB）折叠结构，用以识别、结合端粒单链 DNA。尽管 POT1 蛋白进化保守，但不同物种的 POT1 蛋白，其氨基酸序列、蛋白结构还是有所不同，因 POT1 蛋白结构和端粒 DNA 序列的差异，不同物种中 POT1 蛋白的端粒 DNA 结合位点也有所不同（Colgin et al.，2003；Kondo et al.，2004）。POT1 的主要作用是维持端粒的正常功能，保持基因组的稳定性。研究发现，敲除裂殖酵母 POT1 基因将直接导致严重的生长缺陷，端粒序列丢失以及细胞凋亡。抑制人类细胞 POT1 蛋白的表达，会导致染色体环化，基因不稳，细胞衰老和凋亡。POT1 蛋白表达缺失所导致的细胞生物学行为改变，主要是由端粒功能异常而引起的。POT1 分别通过 *TRF1* 复合物和 *TRF2* 复合物进行染色体末端保护和端粒长度调控。然而，这两种蛋白复合物并非完全独立，它们通过 TIN2 形成一个多蛋白复合体，所有的端粒结合蛋白都是这个多蛋白复合体中的一分子。这种空间构象决定了它们在功能上必然相互影响，说明了 POT1 进行端粒维持的两条途径——末端保护和长度调控可能存在着交互作用（Ye et al.，2004）。

（三）*Ku70* 基因

从拟南芥中克隆得到 *Ku70* 基因，将该基因导入纯合子植物体中，植物体生长正常。在其他植物体中，*Ku70* 被证实可以修复由于射线或药物处理受损的 DNA（Bundock P，2002）。在植物中也表现出对受损 DNA 的修复作用。*Ku70* 基因还可以维持端粒长度，含有 *Ku70* 基因的植物其端粒长度较野生型长 2 ～ 4 kb。*Ku70* 和 *Ku80* 蛋白质形成异源二聚体，在哺乳动物细胞中和 DNA–PK_{CS} 形成了三元结构。在酵母中，这种蛋白质不存在。*Ku70* 和 *Ku80* 蛋白质形成的异源二聚体在细菌中也存在，所以这种结构是一种传统结构。这种异源二聚体结构紧密连接在 DNA 结构末端。研究表明，它充当一种感受染色体 DNA 受损的传感器（Shin et al., 2004）。当人类和老鼠细胞中缺少 *Ku70* 基因时，不能修复损坏的 DNA，而且对射线和药物处理更敏感。将老鼠细胞内的 *Ku70* 和 *Ku80* 基因敲除后，部分老鼠会得侏儒症。此外，当细胞内缺少 *Ku70* 基因时，多表现为染色体缩短。研究表明，在拟南芥中 *AtKu70* 基因起到修复 DNA 和维持端粒长度的作用。

第四节　侧柏端粒相关全长基因的获得

一、侧柏 RNA 的纯度与完整性检测

侧柏叶片中富含多糖和多酚等次生代谢产物，在 RNA 提取过程中，多糖和多酚等很容易与 RNA 不可逆地黏附在一起沉淀下来，从而污染 RNA，影响后续的反转录、基因扩增等试验。而 RNA 提取又是所有后续分子生物学研究的基础，所以，提取到高纯度的 RNA 成为开展分子遗传研究的关键问题。对侧柏总 RNA 进行电泳检测，取 3 μL 总 RNA 在 1% 琼脂糖凝胶中电泳。由侧柏总 RNA 的凝胶检测（图 3–5）可知，提取的 RNA 比较完整，28 s、18 s 及 5 s 提取的 RNA 均为较完整，没有 DNA 污染，浓度高，可以用于下游的试验。

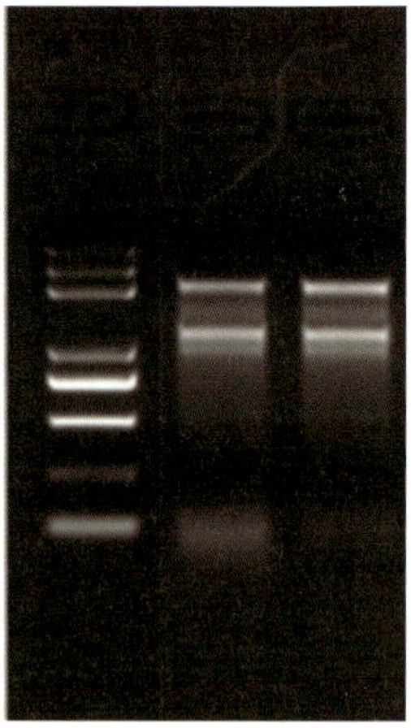

图 3–5　侧柏总 RNA

二、侧柏 *PoTRF1* 基因全长的获得与序列分析

以侧柏叶片的 cDNA 为模板，利用特异性引物 TRF1–3 和 UPM 进行 3'RACE PCR 扩增，得到长度为 933 bp 的片段（图 3–6）；利用特异性引物 TRF1–5 和 UPM 进行 5' RACE PCR 扩增后，得到长度为 650 bp 的片段（图 3–6）。送公司测序发现，两个片段均是需要的目的片段。将 RACE–PCR 扩增片段进行电子拼接，最终得到长度为 1 464 bp 的侧柏 *PoTRF1* 基因全长序列。

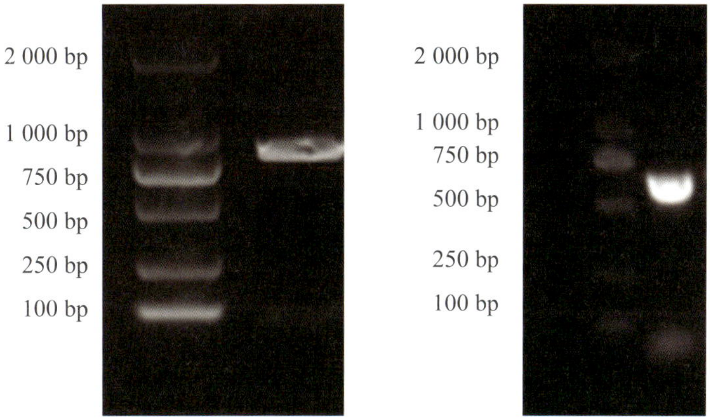

图 3–6 侧柏 *PoTRF1* 基因的 PCR 扩增电泳图

在 NCBI 上对 *PoTRF1* 基因进行 ORF 分析得出，*PoTRF1* 基因长度为 1464 bp，包括 176 bp 5' 非编码区和 361 bp 的 3' 非编码区、26 bp 的 polyA 尾巴、927 bp 的可读框 ORF，编码 308 个氨基酸。利用 ProtParam（http://web.expasy.org/protparam/）在线分析蛋白质的理化性质，*PoTRF1* 基因编码蛋白质的分子量是 119 kDa，等电点是 5.04。

将推导出来的氨基酸序列在 NCBI 的蛋白质序列保守数据库寻找保守结构域，与 SANT super family，H15 super family 分别有一个相同结构域（图 3–7）。

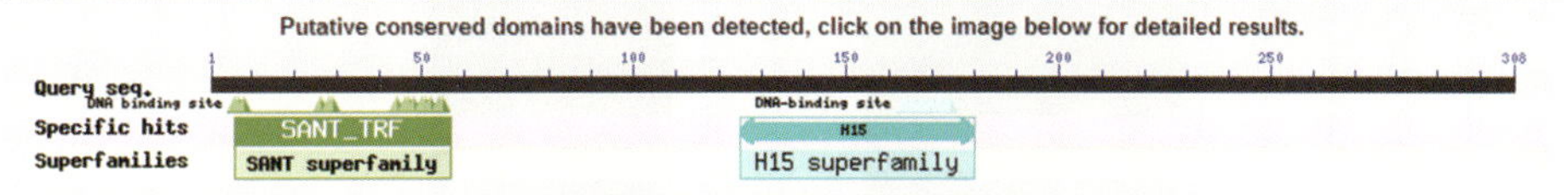

图 3–7 侧柏 *PoTRF1* 蛋白 CDD 搜索结果

现将侧柏 *PoTRF1* 基因与 GeneBank 中报道的琴叶鼠耳芥（XP_002894224.1）、拟南芥（AAL73438.1）和可可（XP_007042663.1）*TRF1* 基因的氨基酸序列进行 BLAST 比对，同源性分别为 46%、45% 和 45%，说明 *TRF1* 基因在不同物种间保守性较差（图 3–8）。

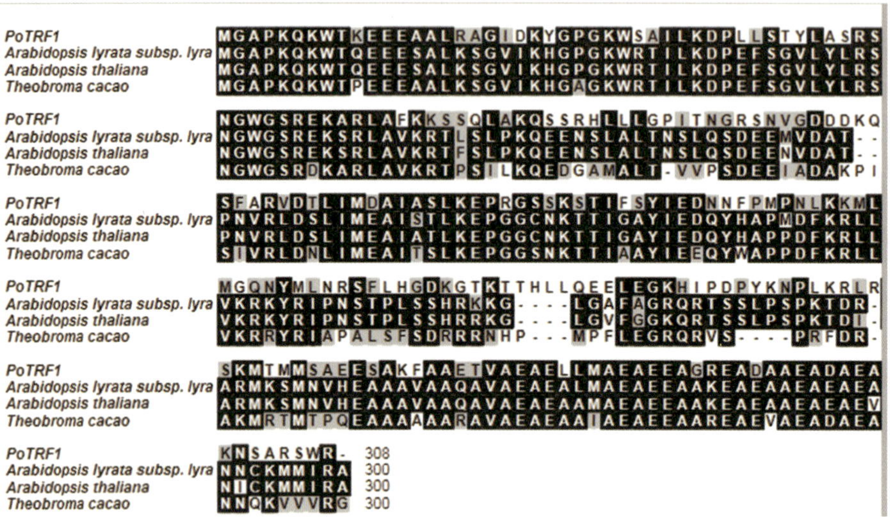

图 3-8　侧柏 *PoTRF1* cDNA 序列比对结果与琴叶鼠耳芥、拟南芥和可可的比对结果

三、侧柏 *PoPOT1* 基因全长的获得与序列分析

以侧柏叶片的 cDNA 为模板，利用特异性引物 POT1-3 和 UPM 进行 3'RACE PCR 扩增，得到长度为 1 050 bp 的片段（图 3-9）；利用特异性引物 POT1-5 和 UPM 进行 5'RACE PCR 扩增后，得到长度为 413 bp 的片段（图 3-9）。送公司测序发现，两个片段均是需要的目的片段。将 RACE-PCR 扩增片段进行电子拼接，最终得到长度为 1 337 bp 的侧柏 *PoPOT1* 基因全长序列。

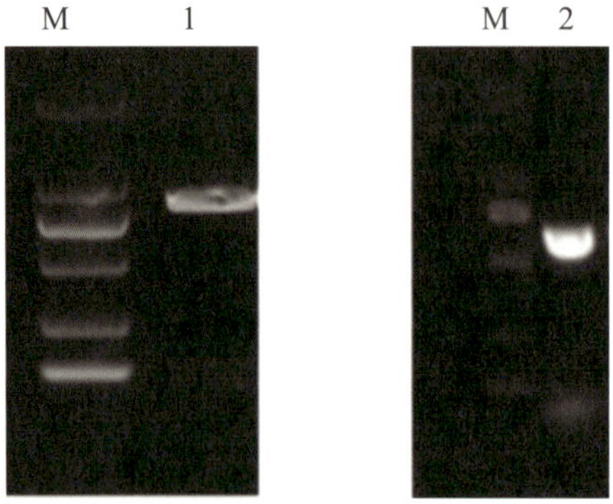

图 3-9　侧柏 *PoPOT1* 基因的 PCR 扩增电泳图

在 NCBI 上对 *PoPOT1* 基因进行 ORF 分析得出，*PoPOT1* 基因长度为 1 337 bp，包括 163 bp 5' 非编码区和 556 bp 的 3' 非编码区、28 bp 的 polyA 尾巴、618 bp 的可读框 ORF，编码 205 个氨基酸。利用 ProtParam 在线分析蛋白质的理化性质，*PoPOT1* 基因编码蛋白质的分子量是 110 kDa，等电点是 4.98。

将推导出来的氨基酸序列在 NCBI 的蛋白质序列保守数据库中寻找保守结构域，与 RPA-2b-aaRSs-OBF-like super family 有一个相同结构域（图 3-10）。

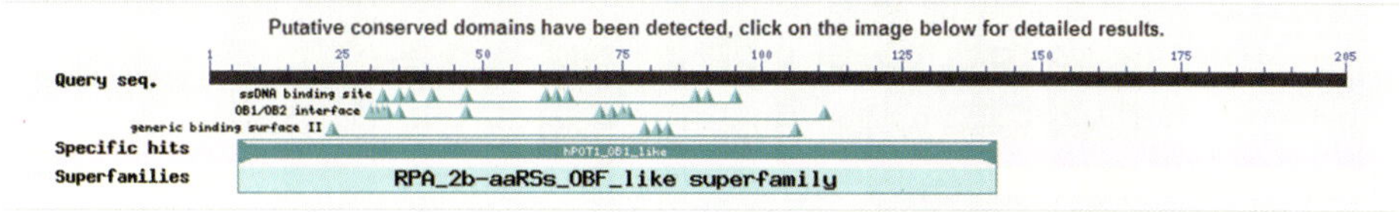

图 3-10 侧柏 *PoPOT1* 蛋白 CDD 搜索结果

现将侧柏 *PoPOT1* 基因与 GeneBank 中报道的火炬松（ACJ49168.1）、小立宛藓（ACJ49164.2）、卷柏（ACJ49163.1）、可可（XP-007036814.1）、向日葵（ACJ49160.1）、杨树（ACJ49159.1）、莴苣（ACJ49158.1）、马铃薯（NP-001275249.1）、烟草（ACJ49170.1）、野生大豆（KHN10535.1）和玉米（AFW58539.1）的 *POT1* 基因的氨基酸序列进行 BLAST 比对，同源性分别为 59%、42%、42%、38%、35%、36%、34%、34%、34%、34%、31%（图 3-11），表明侧柏与针叶树种亲缘关系近，与蕨类植物的亲缘关系较禾本科植物近，*POT1* 基因在不同物种间保守性较差。

四、侧柏 *PoKu70* 基因全长的获得与序列分析

以侧柏叶片的 cDNA 为模板，利用特异性引物 Ku70-3 和 UPM 进行 3'RACE PCR 扩增，得到长度为 750 bp 的片段（图 3-12）；利用特异性引物 Ku70-5 和 UPM 进行 5' RACE PCR 扩增后，得到长度为 463 bp 的片段（图 3-12）。送公司测序发现，两个片段均是我们需要的目的片段。将 RACE-PCR 扩增片段进行电子拼接，最终得到长度为 1 010 bp 的侧柏 *PoKu70* 基因全长序列。

图 3-11　侧柏 *PoPOT1* cDNA 序列比对结果与火炬松、小立宛藓、卷柏、可可、向日葵、杨树、莴苣、马铃薯、烟草、野生大豆和玉米的比对结果

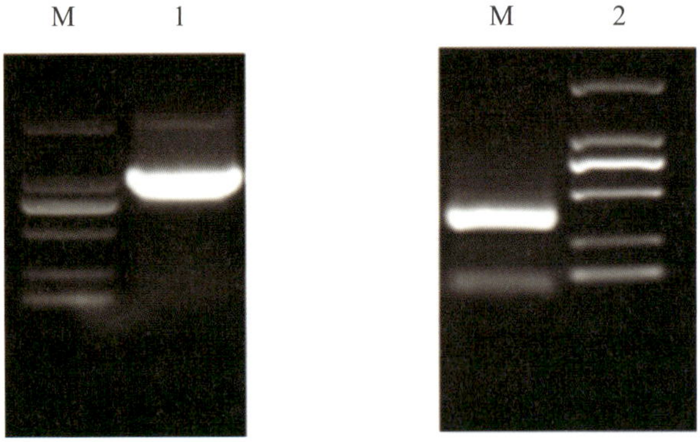

图 3-12　侧柏 *PoKu70* 基因的 PCR 扩增电泳图

在 NCBI 上对 *PoKu70* 基因进行 ORF 分析得出，*PoKu70* 基因长度为 1 010 bp，包括 81 bp 5' 非编码区、368 bp 的 3' 非编码区、24 bp 的 polyA 尾巴、561 bp 的可读框 ORF，编码 186 个氨基酸。利用 ProtParam 在线分析蛋白质的理化性质，*PoKu70* 基因编码蛋白质的分子量是 82 kDa，等电点是 5.02。

将推导出来的氨基酸序列在 NCBI 的蛋白质序列保守数据库中寻找保守

结构域，与 Peptidase–M76 super family 有一个相同结构域（图 3–13）。

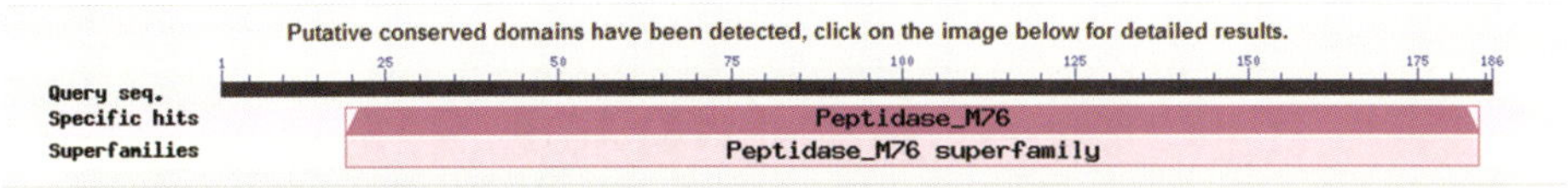

图 3–13　侧柏 *PoKu70* 蛋白 CDD 搜索结果

现将侧柏 *PoKu70* 基因与 GeneBank 中报道的毛果杨（XP–002300068.1）、拟南芥（NP_566205.1）、毛果杨（XP–006383379.1）、琴叶鼠耳芥（XP–002882292.1）、可可（XP–007031670.1）、玉米（NP–001140863.1）、玉米（ACG42680.1）、红藻（XP–005707875.1）同源性比对，分别为 66%、70%、65%、70%、60%、60%、60%、49%（图 3–14），表明侧柏与拟南芥亲缘关系较毛果杨近，阔叶树和禾本科植物次之，与藻类植物最远。

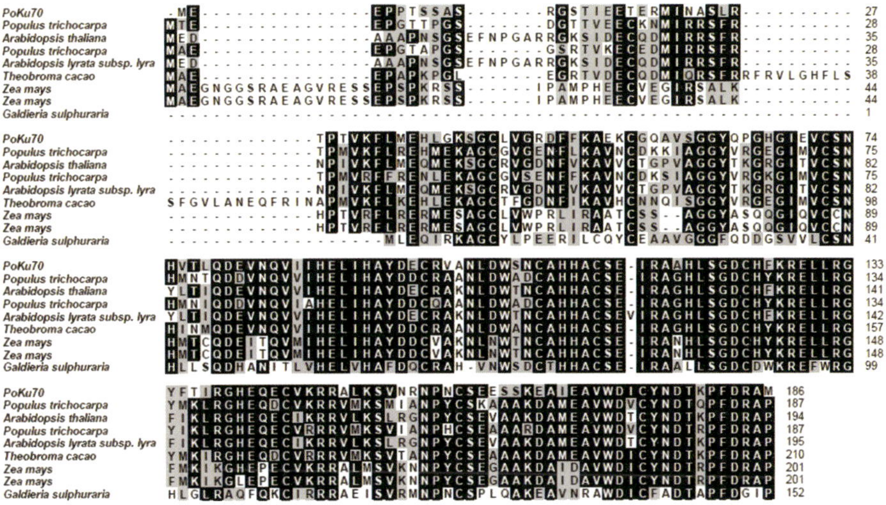

图 3–14　侧柏 *PoKu70* cDNA 序列比对结果与毛果杨、拟南芥、毛果杨、琴叶鼠耳芥、可可、玉米、玉米、红藻的比对结果

第四章　黄帝手植柏克隆繁育研究取得重要成果

第一节　黄帝手植柏克隆课题研究的实施

古树名木作为华夏文明的重要组成部分，因数量大、种类多、内涵深、形态美而闻名于世。陕西省有古树名木近 73 万棵，占全国总量的 21%，有 4 万余棵重点古树名木被列入了保护名录，在陕西省丰富的古树资源库中，黄帝手植柏是最为璀璨的一颗明珠。

一、采集黄帝手植柏克隆繁殖材料

（一）提出克隆黄帝手植柏

早在 2010 年 7 月，陕西省人大常委会就出台了《陕西省古树名木保护条例》，使古树名木保护有法可依。2012 年 8 月，针对陕西省古树被动保护多、保护成效不太稳定和部分古树出现衰弱等问题，陕西省林业厅主要负责人在延安桥山黄帝陵考察时提出利用微型扦插、组织培养等先进的植物克隆技术和种子繁育技术，开展黄帝手植柏等古树名木的扩繁保护，通过建立基因库、活档案库，可以将古树名木资源的优良性状长期有效地保护和保存起来。国家林业局认为，陕西在古树名木的保护和宣传方面做了大量卓有成效的工作，走在了全国前列，此举是最有效的保护手段之一。

新的思路提出后，陕西省林业厅与中国林业科学研究院等单位成立了课题研究组，组成关键技术研发攻关团队，梳理存在的主要问题和技术瓶颈，了解国内外的相关研究与进展，通过科技创新克隆技术繁殖古树，围绕黄帝手植柏克隆繁殖这一重要课题，开展了一系列的尖端研究。共同完成研发理念确定、技术路线优化、繁殖样本采集、温棚和各项试验设施、设备准备、试验记录和分析等工作。表 4–1 为黄帝手植柏克隆课题研究组成员名单及分工情况。

表 4–1　课题研究组人员与分工

序号	人名	性别	出生年月	技术职称	学历	在项目中所承担任务	工作单位
1	李三原	男	1958.09	教授级高工	研究生	提出克隆繁殖和种子繁殖建议，参与制定研究方案和实施计划	陕西省林业厅
2	江泽平	男	1966.08	研究员	博士	组织试验和全面负责	中国林业科学研究院林业研究所
3	常二梅	女	1981.08	研究员	博士	负责采样和无性繁殖	中国林业科学研究院林业研究所
4	刘建锋	男	1977.03	研究员	博士	负责采样和无性繁殖	中国林业科学研究院林业研究所
5	孙晓梅	女	1968.09	研究员	博士	负责扦插及组培技术	中国林业科学研究院林业研究所
6	许 洋	男	1974.01	高级工程师	博士	负责采取样品和全光照喷雾繁殖	中国林业科学研究院林业研究所
7	史胜青	男	1977.01	研究员	博士	负责组织培养	中国林业科学研究院林业研究所
8	李迎超	男	1984.04	助理研究员	博士	负责采取样品和全光照喷雾繁殖	中国林业科学研究院林业研究所
9	魏黔春	女	1991.01	—	硕士	负责扦插、嫁接繁殖	中国林业科学研究院林业研究所
10	赵育新	女	1989.06	—	硕士	负责组织培养繁殖	中国林业科学研究院林业研究所
11	薛恩东	男	1971.10	高级工程师	研究生	负责项目材料整理与总结	陕西省林业厅
12	鲜宏利	男	1963.09	高级工程师	大学	参与项目材料整理与总结	陕西省林业调查设计院

（二）采集黄帝手植柏繁殖材料

2012 年 10 月 30 日，陕西省绿化委员会、陕西省林业厅与延安市人民政府在黄帝陵轩辕庙黄帝手植柏树下举行了陕西省古树名木保护暨黄帝手植柏繁殖材料采集仪式（图 4–1），国家林业局、陕西省人民政府和陕西省政协负责人出席会议并讲话。陕西省林业厅厅长将采集到的黄帝手植柏枝叶和种子转交给科研单位进行科学繁育（图 4–2）。这标志着黄帝手植柏繁育保护工作正式启动。

科研单位利用生理学、栽培学、育种学、分子生物学等相关知识，计划通过组织培养、微型扦插、嫩枝嫁接等克隆技术和种子繁育技术，开展黄帝手植柏、仓颉手植柏、孙思邈手植柏、老子手植银杏等古树名木繁育保护工程，并为黄帝手植柏等古树名木建立基因图谱、基因库和档案。为永久保存这些珍贵古树的优秀遗传基因奠定了重要基础。

图 4-1　黄帝手植柏繁殖材料采集仪式（2012）

图 4-2　移交克隆繁殖材料（2012）

二、克隆黄帝手植柏意义非同寻常

在桥山轩辕庙黄帝手植柏树下，举行的陕西省古树名木保护暨黄帝手植柏繁殖材料采集仪式上，国家林业局副局长致辞（图 4-3），全文如下：

自古逢秋悲寂寥，我言秋日胜春朝！在举国上下喜迎党的十八大胜利召开的重要时刻，陕西省绿化委员会、陕西省林业厅和延安市人民政府，在华夏人文初祖轩辕黄帝的陵墓所在地黄陵县，隆重举行陕西省古树名木保护暨黄帝手植柏繁殖材料采集仪式，意义非同寻常。在此，我代表全国绿化委员会和国家林业局，对这项活动的举办表示热烈的祝贺！对多年来关心、支持国土绿化事业的陕西省各级政府、广大干部群众和社会各界朋友表示衷心的感谢！

森林是人类的摇篮，为人类生存发展提供了丰富的物质产品和精神产品。古树名木是森林资源中的瑰宝，是历史遗存的有机组成部分，是自然界和前人留下来的珍贵遗产，它客观记录和生动地反映了社会发展和自然变迁的痕迹。古树名木承载着中华民族的悠久历史，体现着文明古国的文化传承，孕育了绝美的生态奇观，保存了珍贵的种质资源。同时，古树名木也是难得的旅游资源和独特的文化资源，具有多方面的重要价值。据不完全统计，目前全国共有古树名木 285 万余棵，其中树龄在 500 年以上的一级古树 5 万余棵。进一步保护好这些古树名木，保存和繁育古树名木的优良资源，发掘和利用古树名木的文化价值，意义非常重大。

自古以来，造林绿化就是中华民族的传统美德，也是治国安邦的根本大计。这种传统可以追溯到 5000 多年前的轩辕黄帝，当年他不仅亲手栽植了这棵柏树，还带领臣民广植树木，使原本光秃的山峁变得林草茂盛、生机盎然。虽经数千年的风霜雪雨，这棵黄帝手植柏依然苍翠挺拔，枝繁叶茂，成为华夏儿女的精神象征。它目睹了中华民族的荣辱兴衰，也见证着今日中国的繁荣昌盛。如今，祖先留下的伟大传统，已被有效地发扬光大，植绿爱绿护绿已成为中华文明不可分割的重要组成部分，全民义务植树已成为广大人民群众的自觉行动，在祖国大地上如火如荼地展开。

陕西是历史文化大省，古树名木的数量占全国的 21%，近年来，在古树名木的保护和宣传方面做了大量卓有成效的工作，走在了全国前列。这次，陕西省林业部门的同志提出通过微型扦插、组织培养等先进技术，开展古树名木繁育保护工程，为黄帝手植柏这棵古树名木中的奇葩建立基因库、档案馆，为世世代代保存和延续这棵珍贵树木奠定了重要基础。这是中国传统文明与现代科学技术的完美结合，是有效保护和合理利用古树名木的大胆创新与全新实践，是对古树名木的另一种保护、更积极地保护，是真正意义上的可持续发展，为国之瑰宝和民族文化传承注入了新的活力。对提升中华民族的生态文明意识，推动林业事业科学发展，必将产生重大而深远的影响。

图 4-3 国家林业局副局长致辞（2012）

古树名木是绿色的文物、活着的化石，是前人和大自然留给我们的宝贵财富。我们要采取有效措施，加大力度，扎实做好古树名木繁育保护工作，赋予传统的森林文化和古老文明以新的内涵，为发展现代林业、建设生态文明、促进科学发展，作出新的更大的贡献！最后，祝陕西省古树名木保护暨黄帝手植柏繁殖材料采集取得圆满成功！

三、禀告祖先手植柏将万代永续

在桥山轩辕庙黄帝手植柏树下，举行的陕西省古树名木保护暨黄帝手植柏繁殖材料采集仪式上，陕西省林业厅厅长致辞（图 4-4），全文如下：

百年大树为古树，少见珍贵有文化就是名木，树龄超过 500 年就是国家一级古树，树龄在 1000 年以上实施国家特级保护。

今日咱们相聚黄帝陵，共同祭先祖，见证启动古树名木保护工程。我们怀着崇敬神圣、思祖传古的心感，迎接即将诞生的黄帝手植柏克隆苗和第二代，时空穿越了 5000 年，此时此刻，心潮澎湃，我的心境与各位一样，讲几句话以表心声。

一是真诚感谢。国家林业局对陕西林业及其古树名木给予极大的关爱支持，无论是政策和技术，还是项目和投资，均倾注了极大的心血。今天国家林业局领导亲率大员参加典礼，我们备受鼓舞。

陕西省极为重视生态建设，全力推进古树名木保护。三秦生民取得辉煌业绩，延安市及其黄帝陵管理局、黄陵县和老百姓，保护古树功不可没。各界人士悠悠思祖，关爱黄帝手植柏，亲临现场，见证这一历史时刻，千载古树生命得以永久相传。所有这些，我和大家就在陵前，向先祖轩辕黄帝禀告。

二是古树名木极为珍稀珍贵。缅怀始祖，拜祭轩辕，能见实物唯有黄帝

图 4-4　陕西省林业厅厅长致辞（2012）

手植柏；探寻无为，问道楼观，能见实物唯有老子手植银杏；大唐盛世，千古恩爱，能见实物唯有唐明皇手植并蒂皂荚；中医师祖，诗仙词圣，能见实物唯有银杏；百代名师，千金药方，能见实物唯有孙思邈手植柏；运筹帷幄，创立共和国，唯有毛泽东手植丁香，方能感悟烽火岁月渴望建立新中国的心志。

沧桑古树见证人类社会繁衍变迁，珍贵名木记录一个民族荣辱兴衰，棵棵古树就是组组存活的化石，就是卷卷人类的史书。保护古树名木，弘扬森林文化，实乃林业使命，千秋宏业。

三是时代担当。古树名木，陕西最丰；华夏植树，始祖在秦。美丽陕西，大树为先。为使古树生命永存，生态文明得以弘扬，壬辰年孟冬陕西省林业厅加快科技创新，启动古树名木永续工程，古老的中华名树，厚重的陕西树圣，于盛世克隆并诞生第二代，使古树名木成为陕西历史文化标识，使华夏古树名木的生命万代永续。

我们有国家林业局和省委省政府坚强正确的领导，我们有各方人士的有力支援和参与，坚持以"生态建设为根本，产业发展为支撑，改革创新为动力，森林文化为引领"的生态建设方针，四驾马车并驾齐驱，按照"关中大地园林化，陕北高原大绿化，陕南山地森林化"的生态建设战略，我们有能力有信心把关中变成中国的园林区，陕北变成中国的新林区，陕南变成中国的森林示范区。我们有能力有信心把生态建设及其古树名木繁育工作做好，让黄帝手植柏、老子手植银杏、孙思邈手植柏等古树名木福佑中华。

四、从高难度技术环节突破

经认真反复梳理，主要从以下 5 个关键技术研发攻关：

（1）探讨不定根发生的可能机理，找出插条内部物质与外部生根之间的关系，提高黄帝手植柏扦插育苗效率。

（2）利用不同年龄的古老侧柏，综合开展扦插繁殖相关技术研究。

（3）开展有利于侧柏古树插穗生根能力的最佳生根促进剂浓度组合及处理时间的研究。

（4）将各相关研究结果应用于黄帝手植柏扦插繁殖中，建立黄帝手植柏扦插繁殖育苗体系等。

（5）建立黄帝手植柏组织培养体系。

五、广泛采集材料对比试验

为使研究有大量充分科学依据，课题研究组前往陕西、北京等侧柏古树保存较多的省市，采集不同树龄、不同产地、不同部位的侧柏古树繁殖材料，并于 2013 年 4 月开始，先后 5 次赴陕西黄帝陵调查取样，采集黄帝手植柏繁殖材料 1 500 多个插穗。在准备大量试验材料的基础上，优选先进的侧柏古树繁殖技术方法，设计多种试验组合，探索不同特征侧柏古树繁殖特征及规律，分析不同处理方式与产生的结果，不断刷新研究成果，促使研究实践基础深厚、理论总结准确，研究成果既有突出创新，又有重要社会价值（图 4–5）。

图 4–5　不同树龄侧柏全光照喷雾条件下扦插繁殖对比试验

第二节　黄帝手植柏克隆获得成功

黄帝手植柏是中华民族世代相传、生生不息的民族精神和文化象征，也是绿色的活化石。由于树龄几千年，随着树体生理机能的下降和人为因素的影响，黄帝手植柏出现了树势衰弱的迹象。

2012 年 10 月，为了从根本上研究解决古树名木的保护问题，由陕西省林业厅主持、中国林业科学研究院承担攻关任务的古树名木扩大繁殖保护工程在全国率先启动。科研人员采用多项技术方法进行了大量的繁育试验，最终克服了千年古柏繁殖难题，通过扦插无性繁殖技术，使具有 5000 年高龄的黄帝手植柏枝条长出了鲜活的根系，繁育工程取得成功。

一、扦插培育黄帝手植柏

扦插是利用离体植物组织器官如根、茎、叶等的再生性能，在一定条件下培育成完整新植株的育苗方法。

（一）全光照喷雾条件下扦插

扦插基质：河沙：蛭石：珍珠岩 =1 ∶ 1 ∶ 1。

插床准备：设半径 6 cm 圆形插床，间歇喷雾装置每隔 1.5 cm 设 1 个喷头。扦插前 1 d 用 3‰的高锰酸钾溶液对插床进行消毒，扦插当日清水浇透，并建玻璃温室专门用于扦插育苗。

黄帝手植柏扦插 1 个月后叶片的绿量率明显低于其他侧柏古树的绿量率（图 4–6），说明黄帝手植柏扦插生根慢且生根难。不同扦插时间的黄帝手植柏生长情况对比和生根情况，如图 4–7 至图 4–9 所示。

图 4–6　黄帝手植柏和其他侧柏古树扦插对照

图 4-7　在 6 月份全光照喷雾条件下扦插 20 d、40 d、60 d 后的生长情况

9 月 25 日将全光照喷雾的植株挪进温室

不同月份及不同的管理方式下的植株

图 4-8　6 月、7 月、9 月扦插，9 月移入温室的生长情况

图 4-9　6 月 4 日扦插，10 月生根情况

（二）温室扦插

在温室扦插过程中，不同月份扦插黄帝手植柏的叶片绿量率和生根情况不同，表现情况如图 4–10 至图 4–15。

在 6 月份扦插一个月后 75% 绿量率

在 7 月份扦插一个月后 90% 绿量率

在 8 月份扦插一个月后 70% 绿量率

在 9 月份扦插一个月后 85% 绿量率

图 4–10　不同月份温室扦插黄帝手植柏，1 个月后叶片绿量率

4 月 26 日

6 月 4 日

7 月 12 日

8 月 10 日

9 月 12 日

图 4–11　4 月、6 月～ 9 月扦插生长情况

图 4-12　4 月 26 日扦插，10 月生根情况

图 4-13　4 月 26 日扦插，10 月生长情况

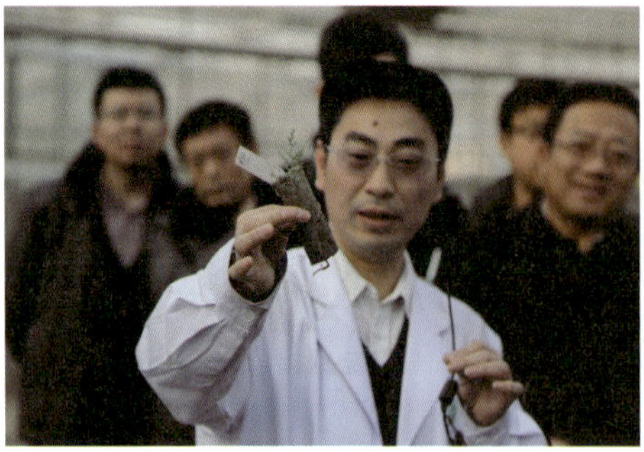

图 4-14　展示黄帝手植柏扦插繁育苗根系

图 4-15　黄帝手植柏扦插苗长势良好

二、嫁接培育黄帝手植柏

嫁接是将一种植株上的枝条或芽，接到另一植株的枝、干或根上，使之形成一个新植株的繁殖方式。

黄帝手植柏的嫁接选择用 3 年生种子繁殖且抗逆性强的野生种作砧木。除萌、剪砧方法是嫁接前剪去底部枝条，除去砧杆上的萌芽（图 4–16）。嫁接后黄帝手植柏生长情况如图 4–17 和图 4–18 所示。

砧木

- 选择用 3 年生种子繁殖的砧木，且选择抗逆性强的野生种做砧木。
- 除萌、剪砧：嫁接前剪去底部枝条，除去砧干上的萌芽。

砧木

图 4–16 砧木选择

嫁接 2 个月后成活率 40%

嫁接 4 个月后成活率 25%

图 4–17 黄帝手植柏嫁接 2 个月、4 个月后成活率对比

图 4–18 黄帝手植柏嫁接成功后生长情况

三、组培培育黄帝手植柏

组织培养是植物的离体器官或组织，在适宜的人工培养基和环境条件下进行无菌培养，使其逐步分化出器官，形成完整植株。黄帝手植柏组织培养不同时间的生长情况和生根情况，如图 4-19 至图 4-23 所示。

4 月组培

继代 3 次后

图 4-19　4 月组培情况

8 月温室扦插材料组培

9 月大量组培

图 4-20　8 月、9 月大量组培

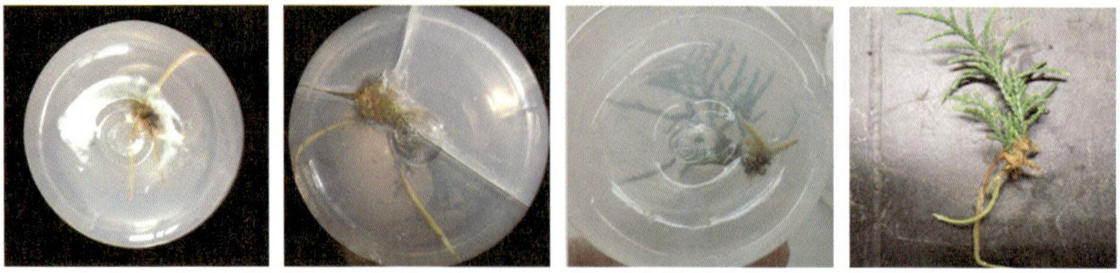

图 4-21　10 月黄帝手植柏组培生根情况

图 4-22　黄帝手植柏组培生根苗（一）

图 4-23　黄帝手植柏组培生根苗（二）

四、种子培育黄帝手植柏

种子繁殖是植物通过雌雄配子结合，经过受精过程，形成种子来繁殖后代，即有性生殖，保存了母树的部分基因。

2012 年 11 月，开展了黄帝手植柏繁育工作，种子繁殖黄帝手植柏，经过种子消毒、催芽、播种、移栽环节。2013 年 7 月采集的种子没有发芽，8 月、9 月采集的种子发芽时间不同。图 4-24 由左至右分别是 7 月采集的种子不发芽，8 月采集的种子培育 10 d 后露白，9 月采集的种子培育 3 d 后露白。2015 年 10 月，培育出株高 80 cm 两年生黄帝手植柏有性幼苗 301 株。2017 年，培育出株高 1.3 m 的 3 年生黄帝手植柏实生苗 16 株，如图 4-24 至图 4-26 所示。2022 年 11 月，黄帝手植柏亲子苗生机勃勃，树高 3.5 ～ 4.5 m，平均 4 m，见图 4-27。

图 4-24　黄帝手植柏种子不同时间采集的发芽情况不同

播种 5 d 后　　播种 8 d 后

播种 10 d 后　　播种 12 d 后

图 4-25　黄帝手植柏种子播种后不同时间生长情况

图 4-26　黄帝手植柏种子繁育 1 年生幼苗

图 4-27　黄帝手植柏亲子苗生机勃勃（上松苑，2022 年 11 月）

第三节 黄帝手植柏克隆技术创新与建议

古树名木集历史、文物、生态、文化、观赏、学术、经济、政治、生物学等价值于一体，是前人和大自然留给我们的宝贵遗产。我国历史悠久，古树名木繁多，陕西就有近 73 万株，占全国总量的 21%，因其数量大、分布广、种类多、树龄高、内涵深、形态美而闻名遐迩，尤其是黄帝手植柏等中华十大手植古树名木更是誉冠全国。但多年来人们对于珍贵长寿和高性能抵抗不利生长环境的种质资源，仅限于护与养，没有从生命永续的角度考虑。

古树无性繁殖的难题一直制约着古树基因资源的保存，黄帝手植柏有着非凡的意义，守护黄帝手植柏就是守护我们的信仰和精神家园。由于年代久远，黄帝手植柏生理机能明显下降，出现严重衰弱现象。以往保护黄帝手植柏和古树名木，主要采取防治病虫害、浇水施肥、撑杆防倒等传统措施来延长生命，但是无法阻止古树持续衰弱的趋势。

一、黄帝手植柏克隆繁育技术创新

黄帝手植柏克隆繁殖是指通过根、茎、叶等器官，在没有两性结合的情况下进行的无性繁殖，包括扦插、嫁接和组织培养三种方式。黄帝手植柏克隆繁殖有三个方面的创新。

（一）提出了克隆繁育黄帝手植柏

选题立意。首次提出采用扦插和组织培养等无性繁殖方法主动保护珍贵和有重要历史文化价值的古树的理念和设想，为黄帝手植柏和古树名木长期有效保护和科学合理开发利用，从科研、生产到社会文化发展等方面，提供了一个新的方向、新的途径和新的资源。

对照试验。针对黄帝手植柏异常珍贵，不宜大量取材的难题，课题研究组创造性地提出以 5 年生幼树为对照，选取 700 年、300 年和 100 年古树为研究对象，首先进行扦插繁殖技术体系的探索和优化，然后再有针对性地对黄帝手植柏进行扦插繁殖试验。

为了从根本上研究解决黄帝手植柏和古树名木的保护问题，2012 年陕西省林业厅提出全新的工作思路和方案，在全国率先启动了古树名木克隆保护工程，采用现代科学技术扩大繁殖黄帝手植柏等珍贵古树名木，使特色遗传资源万代延续的美好愿望成为现实。从自然界植物自然传承的角度来讲，植物可以通过种子进行有性繁殖，获得的子体与上一代母体在基因上会有差异。利用扦插、组织培养等克隆技术进行的无性繁殖，能避免古树基因改变和树木性状发生变异。保护并保存珍贵古树的种质资源，可以获得遗传背景与母株完全一致的苗木，从而保存黄帝手植柏的优良基因，所以无性繁殖获取的苗木将更加珍贵，更有意义。

（二）建立了克隆繁育技术体系

黄帝手植柏无性繁殖异常困难，课题研究组针对生根率很低的问题，经过试验研究，建立了侧柏古树扦插繁殖和组织培养繁殖的一整套技术体系，攻克了黄帝手植柏扦插繁殖和组织培养繁殖的技术难题，取得了一系列研究成果，首次获得了黄帝手植柏无性克隆繁殖苗，成功保留了黄帝手植柏的完整基因。这些突破性成果可以为其他古树名木提供很好的借鉴，并从生理因素解释了影响侧柏古树克隆生根率低的原因。

2013 年 3 月，陕西省林业厅组织开展了黄帝手植柏、汉武帝挂甲柏和老子手植银杏三棵古树的克隆繁育，此类繁育在全国尚属首次，无经验可借鉴。依托中国林业科学研究院、西北农林科技大学组建课题研究组，多项技术并举进行试验探索攻关。经过专家会诊，对黄帝手植柏存在的生根和存活抑制因子有了新的认识，找到了较为科学合理的技术路线，集成试行了一系列新的方法和技术。一是运用生理学、栽培学、育种学、分子生物学等相关知识，提出正交试验、对比分析和多重比较的研究方法；二是针对黄帝手植柏插穗抵抗力弱、外植体易污染、易腐烂等问题，研究提出了调控环境因子的有效防腐灭菌技术；三是针对黄帝手植柏生根难的问题，研究出了促进生根的调节剂及应用技术；四是针对培养基质对克隆苗生根的影响，建立了黄帝手植柏组织培养繁殖技术；五是针对克隆苗成活和保存率低的问题，摸索出了组织培养生根后的炼苗调控技术。

（三）攻克了古柏克隆的世界性技术难题

根据公开资料显示，古树无性繁殖我国无先例，也是世界性技术难题。对 5000 年的柏树成功克隆是全世界第一例，受到了国家林业局的充分肯定和社会各界的广泛关注。采用克隆技术创新，黄帝手植柏扦插枝条长出了鲜活的根系，标志着黄帝手植柏克隆繁育获得成功。同时，采用嫁接、组织培养、种子繁殖等技术也取得突破性进展。2013 年 10 月，陕西省林业厅《陕林要情》登载了克隆繁育保护黄帝手植柏获得成功的消息。

2014 年 1 月 8 日，陕西省林业厅与中国林业科学院在北京举行了黄帝手植柏克隆苗移栽活动，将幼苗从营养杯内移栽至大盆生长（图 4–28）。2017 年 3 月，黄帝手植柏植株被送回陕西珍贵树木花卉种质资源圃栽植保存。江泽平研究员说，采用无性繁殖获取的与黄帝手植柏基因一样的新个体，截至目前，经检测显示，幼苗机体健壮，生长良好。黄帝手植柏克隆苗不仅保存了优良的基因资源，而且开创了保护珍贵古树名木的一条新途径。中新网、西部网、人民网、新华网对黄帝手植柏克隆成功，幼苗移栽大盆生长做了大量报道。

黄帝手植柏克隆成果标志着陕西古树名木的保护为全国同类型工作探索了一条新的可持续发展的路子，刷新了世界保护古树名木的方法，填补了相应领域空白，有可能使得古树名木获得生命永续，起到了示范作用。国家林业局认为这是真正意义上对古树的保护，开创了我国千年古树克隆繁育的先河。北京市、天津市、福建省、南京市等地的相关单位，以及一些民间机构来电、来函咨询，借鉴经验，研究对古茶树、古枣树、古松树、古柿树、古娑罗树的克隆繁育。

图 4–28　黄帝手植柏克隆苗移栽大盆

二、扦插技术创新重要成果与建议

课题研究组以 100 年、300 年和 700 年生的侧柏古树为材料和研究对象，进行扦插试验，以 5 年生幼树为参照组合优化筛选，采用不同激素、不同浓度、不同插穗部位及不同采穗时间对插条进行处理，分析其处理方式对侧柏古树生根的影响，选择最佳的生根组合。深入研究不定根形成过程中的营养物质含量、氧化酶活性、内源激素含量的动态变化以及内源抑制物质的变化，旨在为黄帝手植柏无性繁殖技术提供理论依据和技术支撑。同时发现侧柏古树的取材部位、抑制物清除剂类型和激素的配比对扦插生根起决定性的作用。

利用建立的侧柏古树扦插繁育技术体系，经过近两年的研究，突破了高龄古树扦插不能生根的瓶颈，攻克了黄帝手植柏扦插繁殖的技术难题，首次成功获得扦插生根苗 8 株，成功保留了黄帝手植柏的完整基因。扦插技术主要创新成果包括以下几个方面。

（一）建立了黄帝手植柏扦插技术体系

课题研究组经过大量反复研究试验，攻克了黄帝手植柏扦插繁殖的技术难题，通过一套独特的扦插技术使黄帝手植柏枝条长出了鲜活的根系，标志着克隆繁育获得成功——获得黄帝手植柏克隆苗 8 棵和汉武帝挂甲柏克隆苗 3 棵。古树克隆苗与幼龄同期同树种克隆苗相比较，古树克隆苗成活率不足 1%，而幼龄树为 70%，古树克隆苗生长量仅为幼龄树克隆苗的 1/3，根系发育也晚两个多月，且管理要求极为严格精细。

研究人员先后 6 次到黄帝陵考察，实地调查研究，认真制定具体工作方案，采用多项技术方法进行繁育，制定了一套独特的扦插技术体系。为了使黄帝手植柏的枝条扦插成活，科研人员分别在温室、全光照喷雾等多种环境中进行扦插繁殖，共扦插繁殖 1 500 多杯，并对插条取材部位、插穗处理（插条长度和切口、激素配比及其处理方式），以及环境控制（扦插基质、温度、湿度、光照）等进行了大量试验。黄帝手植柏扦插技术体系要注意以下 6 点。

1. 扦插生根的阶段

黄帝手植柏插穗不定根发生过程以愈伤皮部生根为主。扦插生根进程可分为三个阶段：0 ～ 35 d 为愈伤组织诱导期和形成期，35 ～ 65 d 为不定根形成期，65 ～ 95 d 为不定根伸长期。

2. 不同激素处理对不同树龄侧柏古树的效果不同

低浓度处理时作为对照的 5 年生侧柏插穗用 400 mg/L NI 处理 1 h，100 年生侧柏插穗用 200 mg/L A 处理 2 h，300 年和 700 年生侧柏插穗用 200 mg/L NI 处理 4 h；中浓度处理时，对年龄偏大的插穗，使用 1 000 mg/L NI 或 A 处理能得到较好的效果；高浓度处理时，有利于 5 年、100 年生侧柏插穗生根的激素为 8 000 mg/L ABT，但对于生根数和最长根长而言，10 000 mg/L NI 有一定作用。对于年龄偏大的 300 年、700 年生插穗，使用 4 000 mg/L NI 处理能使各项指标处于较佳的水平。

综合而言，5 年生侧柏使用低浓度激素的生根效果好于使用中浓度激素，而使用高浓度激素生根效果最差；与对照相比较，100 年、300 年和 700 年生侧柏使用中浓度激素效果较好，使用高浓度激素效果最差。

3. 不同浓度梯度的 NI 处理不同年龄插穗效果不同

用浓用度为 1 000 mg/L NI 处理最有利于插穗生根，而 700 年生侧柏插穗使用 600 mg/L NI 处理同样能得到较好的生根率。

4. 不同部位的枝条生根效果不同

针对来自采条母树东、西、南、北四个方向上部、下部枝条进行扦插实验，所得的生根率、生根数和最长根长可以看出，南面下部插穗的生根效果最佳，东面、西面以上部插穗为佳，而北面以下部插穗生根效果最好。

5. 内源生根抑制物清除方法

采用不同方法对不同年龄插穗体内的内源生根抑制物进行清除后，插穗的生根情况显示：最有利于插穗生根的清除方式为 0.1% 硝酸银溶液，最有利于插穗根系生长的清除方式为 0.05% 高锰酸钾溶液。不同年龄的插穗经过内源抑制物清除处理之后，生根率、生根数以及最长根长都较未处理之前偏高。

6. 植物生长调节剂 ASL 对扦插生根的影响

不同浓度梯度的植物生长调节剂 ASL 对不同年龄侧柏扦插生根效果不同，低浓度对于 5 年、700 年生侧柏插穗效果最好，而 100 年和 300 年生侧柏用中浓度处理效果较好。与 NI 处理插穗相比较，除 300 年插穗外，ASL 处理插穗生根率较使用 NI 偏高，但生根数和最长根长却不及 NI 处理效果好。

以 5 年生侧柏为对照，以 100 年、300 年和 700 年生侧柏古树为攻克对象，采用全光喷雾和温室环境两种环境因子控制方法，初步建立和优化了侧柏古树的扦插技术体系。通过前期对其他侧柏古树的试验，选配出适合黄帝手植柏扦插繁殖的一整套技术体系，利用该扦插技术体系攻克了黄帝手植柏扦插繁育技术瓶颈，成功获得 8 棵生根幼苗，最终存活幼苗 6 棵，平均高度为 16.75 cm，株高分别为 28 cm、24 cm、21.5 cm、16.5 cm、8 cm、5.5 cm。如图 4-29 和图 4-30 所示。

图 4-29　不同树龄侧柏古树扦插繁殖

图 4-30　温室里不同树龄侧柏古树扦插繁殖

（二）解析了扦插生根过程与生理生化的关系

通过对侧柏古树扦插生根过程中营养物质、酶活性、内源激素、抑制物等进行生理生化分析表明，影响生根的生理限制因子可能与以下几方面有关：

1. 与营养物质的关系

侧柏插穗扦插生根过程中营养物质可以为其提供能量和营养，主要的营养物质有可溶性糖、淀粉、可溶性蛋白。不同年龄插穗在生根阶段，这三种营养物质变化趋势不同，并没有呈现出与年龄特定的关系，但整体与插穗生根进程中的形态变化相呼应，与插穗生根所需要的能量呈消长关系。

2. 与酶的关系

侧柏插穗扦插生根进程中不同年龄侧柏的插穗三种酶（POD、PPO 和 SOD）活性变化趋势并不一致，但可以看出扦插前除 5 年生侧柏插穗外，其余插穗 PPO、POD 活性随年龄增大而降低，不利于“IAA–酚酸复合物”的形成，从而影响不定根的形成，这是导致 300 年和 700 年生侧柏古树生根率较低的原因之一。SOD 活性随年龄增大而增强。逆境生理指标 MDA 扦插前表现为年龄增大含量增加。总体上，酶活性以及 MDA 含量整体与插穗生根进程中的变化相呼应。

3. 与内源激素含量的关系

内源激素含量与不同年龄侧柏插穗生根关系密切，在不同生根阶段，各年龄插穗中激素的作用不同。在扦插生根初期 GA、IAA 和 ABA 含量与树龄基本呈正相关，而 ZR 含量、IAA/ABA 值与树龄呈负相关；在 35 d 时 4 种激素、IAA/ABA 值、IAA/ZR 值均与树龄呈正相关。这表明随着树龄的增加内源激素 ABA 含量和 IAA/ZR 值上升，ZR 含量和 IAA/ABA 值降低是影响古树扦插生根率降低的主要原因之一。在不同生根阶段，各年龄插穗中激素的作用不同，低浓度 GA 更有利于不定根的形成，在愈伤组织诱导期，IAA 和 ABA 的含量与插穗生根能力均呈负相关，而 ZR 含量与插穗生根能力呈现正相关。IAA/ABA 值越大，越有利于插穗生根。IAA/ZR 值越大，则越有利于不定根的形成。

4. 与内源抑制物的关系

扦插前对不同年龄插穗内的部分内源生根抑制物进行高效液相色谱测定结果显示，5 年生侧柏插穗两类物质含量均为 6 月含量较多；100 年、700 年生侧柏插穗黄酮类物质 8 月含量多，而酚类物质 6 月含量多；300 年生侧柏插穗黄酮类物质 6 月含量多，酚类物质在 8 月较多。不同树龄插穗浸提物研究表明，100 年、700 年生侧柏古树插穗酚类物质含量多；300 年生侧柏黄酮类物质含量多，而 5 年生侧柏酚类、黄酮类物质含量均较多。通过浸提液对白菜籽发芽实验表明，插穗所含内源生根抑制物对白菜籽发芽抑制作用较大。

这说明内源抑制物也会影响侧柏古树扦插生根效率。

生物测定显示，随着浸提液浓度的增加，对于白菜籽发芽的抑制作用增大。6月插穗所含内源生根抑制物对白菜籽发芽抑制作用较大；阳面插穗浸提液对白菜发芽的抑制作用主要表现为中部＞上部＞下部，而阴面插穗浸提液对白菜发芽的抑制作用均表现为上部＞中部＞下部。

（三）完善了黄帝手植柏扦插技术的建议

在两年的探索中，初步研究了影响不同年龄侧柏扦插生根的一些关键因素，为建立高龄侧柏无性繁殖体系提供了理论依据和技术支持。同时对插穗扦插生理生化指标、内源生根抑制物进行了初步测定，黄帝手植柏扦插繁殖技术难题取得了突破。但无性繁殖生根率还较低，还存在对于侧柏古树扦插生根的不定根发育规律、生理学、分子机制等方面研究还十分薄弱等问题。为了进一步完善高龄古树扦插克隆繁殖技术体系，改良各种配方，提高繁殖效率，缩短生根时间，满足科研及生产的要求，建议进行以下几方面的研究：

（1）研究生长环境条件对插穗生根的影响，包括土壤条件、环境温度、湿度等在插穗不同生根阶段的变化等。

（2）继续优化侧柏古树扦插繁殖的生根技术，如不同外源激素的种类及组合配比、插穗留叶量等因素对扦插生根的影响。

（3）继续探索影响侧柏古树插穗生根的内源抑制物种类、分子结构及对插穗生根的影响机制，研究内源生根抑制物与生长调节剂之间的相互作用关系对侧柏插穗生根的关系。

（4）通过对其不同生根时期的插穗进行形态解剖分析、生理生化、抑制物鉴定与清除、比较蛋白质组学研究，获得插穗生根响应的关键调控基因。对关键基因进行分子细胞与生理生化验证，结合蛋白质组研究的成果，揭示不同树龄侧柏古树无性繁殖的生理、生化和遗传发育机理，并为进一步充分挖掘利用侧柏古树插穗生根关键基因和促进侧柏古树插穗生根和快速生根奠定理论基础。

（5）利用该项研究已经取得的成果，逐步增加试验种类，扩大研究对象，对其他具有重大意义的古树或对重点林业工程建设具有重要价值的树种，用新的繁育方法作进一步的研究与应用，使侧柏古树扦插与克隆等技术，既保持基础研究水平领先，也使其尽早尽快服务于更广泛的研究与生产领域。

三、组织培养技术创新重要成果与建议

黄帝手植柏无性繁殖异常困难，课题研究组经过深入研究反复试验，首次成功获得黄帝手植柏组织培养无性克隆苗。在此基础上，针对生根率很低的问题，摸索和初步建立了侧柏古树的组织培养无性繁殖技术体系。

（一）建立了黄帝手植柏组织培养技术体系

本课题对侧柏古树进行了组织培养研究，筛选出了侧柏古树组织培养适宜的灭菌方法、初代培养基、增殖培养基和生根培养基，同时以侧柏古树实生苗为材料克隆得到了三个端粒相关基因，初步建立了侧柏古树组织培养体系，主要结论如下。

1. 黄帝手植柏外植体灭菌方法

通过对侧柏古树外植体灭菌方法的筛选发现，最好的消毒方法是先用75% 酒精消毒 30 s，无菌水冲洗 5 次，然后用 0.1% $HgCl_2$ 消毒 8 min，此时的污染率低、死亡率低、成活率高，轮流使用灭菌剂对扦插灭菌效果更好。此方法解决了黄帝手植柏组织培养的灭菌问题。

2. 黄帝手植柏初代培养基

初代培养的目的是诱导生长缓慢的侧柏古树外植体恢复活性并萌发不定芽，得到无菌材料。利用 MS、1/2 MS、B5、WPM 与 DKW 五种基本培养基对外植体进行组织培养发现，1/2 MS 培养基对侧柏古树嫩枝的组织培养有良好的效果，B5 培养基诱导的效果比 1/2 MS 稍差、诱导率低，MS、WPM与 DKW 培养基对外植体培养的效果都不理想。以 1/2 MS 为基本培养基筛选出了 NAA 和 6–BA 适宜的使用浓度，最后得出初代培养最适宜培养基为 1/2 MS+0.2 mg/L NAA+0.1 mg/L 6–BA。

3. 黄帝手植柏增殖培养基

对 MS、1/2 MS、WPM、B5 和 DKW 五种基本培养基和 6–BA、KT、TDZ不同生长调节剂浓度进行筛选，得出适宜侧柏古树的是 1/2 MS 培养基。以 1/2 MS 为基本培养基，添加不同浓度 6–BA、KT 和 NAA 三种植物生长调节剂，发现6–BA 浓度过高使外植体产生大量愈伤组织而影响正常生长。最终得出黄帝手植柏适宜增殖培养基为 1/2 MS+0.05 mg/L 6–BA+0.2 mg/L NAA+0.1 mg/L KT。

4. 黄帝手植柏生根培养基

侧柏古树组织培养生根没有先例，试验表明在初代培养、增殖培养

时 1/2 MS 基本培养基效果比较好，而在生根培养中 WPM 效果较 1/2 MS 好，但是生根率极低。内源、外源激素的配比关系对不定根的形成起着决定性的作用。研究得出黄帝手植柏适宜的生根培养基为 WPM+0.5 mg/L NAA+0.5 mg/L IBA，基质选用泥炭：珍珠岩 =3 ： 7。更好的生根培养基有待进一步研究。

（二）端粒相关基因研究的科技创新成果

1. 侧柏总 RNA 提取

侧柏叶片中富含多糖、多酚等次生代谢产物，在 RNA 提取过程中，多糖、多酚等很容易与 RNA 不可逆地黏附在一起沉淀下来，从而污染 RNA，影响后续的反转录、基因扩增等试验，所以侧柏 RNA 的提取比较困难。本试验使用试剂盒提取总 RNA，并对试剂盒进行改良，得到的 RNA 比较完整，28s、18s 及 5s 带均较完整，没有 DNA 污染、浓度高，可以用于下游的试验。

2. 端粒相关基因克隆

本试验利用 Rapid Amplification of cDNA Ends 技术，克隆得到了侧柏三个端粒相关基因，分别是 *PoTRF1*、*PoPOT1* 和 *PoKu70*，对它们进行 ORF 分析得出：

（1）*PoTRF1* 基因长度为 1 464 bp，包括 176 bp 5'– 非编码区 UTR，以及 361 bp 的 3'– 非编码区、26 bp 的 polyA 尾巴、927 bp 的开放阅读框 ORF，编码 308 个氨基酸。*PoTRF1* 基因编码蛋白质的分子量是 119 kDa，等电点是 5.04。

（2）*PoPOT1* 基因长度为 1 337 bp，包括 163 bp 5'– 非编码区 UTR，以及 556 bp 的 3'– 非编码区、28 bp 的 polyA 尾巴、618 bp 的可读框 ORF，编码 205 个氨基酸。*PoPOT1* 基因编码蛋白质的分子量是 110 kDa，等电点是 4.98。

（3）*PoKu70* 基因长度为 1 010 bp，包括 81 bp 5'– 非编码区 UTR，以及 368 bp 的 3'– 非编码区、24 bp 的 polyA 尾巴、561 bp 的可读框 ORF，编码 186 个氨基酸。*PoKu70* 基因编码蛋白质的分子量是 82 kDa，等电点是 5.02。

在 NCBI 中 BLAST 比对发现：*PoTRF1*、*PoPOT1* 和 *PoKu70* 编码的蛋白质序列与拟南芥和杨树中的同源性分别为 54%、43%、54%、44%、70% 和 66%。

（三）完善了黄帝手植柏组织培养技术的建议

目前对于侧柏古树的组织培养的研究很少，本课题对侧柏古树的组织培养研究只是初步阶段，虽然建立了黄帝手植柏的组织培养体系，但是生根率较低，生根苗较弱，移栽不易成活。古树组织培养生根的发育规律、生理学、分子机制等方面研究还十分薄弱，需要继续完善高龄古树组织培养克隆繁殖技术体系，改良各种配方，以提高繁殖效率。今后研究方向和任务主要有以下几个方面。

1. 研究组织培养机理

以幼龄侧柏等为材料，继续优化组织培养体系，进行形态解剖分析、生理生化研究、抑制物鉴定与清除，并结合组学研究其机理。

2. 取材时间和灭菌方法

本课题只在 5 月取材，没有研究其他月份取材对组织培养过程的影响。在今后的研究中还需寻求最佳灭菌剂和灭菌方法，以降低污染。

3. 最佳生长调节剂浓度及组合

着重探索适合侧柏古树枝条组织培养生根的最佳生长调节剂浓度及组合，提高生根质量和生根率。

4. 端粒相关基因研究

本课题对端粒相关的 *PoTRF1*、*PoPOT1* 和 *PoKu70* 三个基因进行了序列分析，进一步的研究是要构建载体，转基因到模式植物，观察基因的表达情况和验证基因的功能，研究过量表达这些基因后是否对树木的衰老和抗逆起到调控作用，以及作用机制如何。

5. 增加试验种类扩大研究对象

利用该项研究已经取得的成果，逐步增加对其他具有重大意义古树或对重点林业工程建设具有重要价值的树种繁育方法的研究与应用，使侧柏古树扦插与克隆等技术，既保持基础研究水平领先，也使其尽早尽快服务于更广泛的研究与生产领域。

第四节　黄帝手植柏科技成果展示与应用价值

一、黄帝陵祭祖大典首展黄帝手植柏克隆苗

2014 年 3 月，陕西省人民政府决定将黄帝手植柏克隆苗首次在甲午年清明公祭轩辕黄帝典礼上隆重展出。2014 年 4 月 5 日 9 点 30 分，甲午年清明公

祭轩辕黄帝典礼在黄陵县桥山祭祀大殿举行，万余名海内外中华儿女参加，人民网、中央电视台科教频道、台湾中天电视台、福建东南卫视、陕西卫视联合直播公祭典礼。公祭由国务院台湾事务办公室、国务院侨务办公室和陕西省人民政府联合承办，台湾新党主席郁慕明率代表团参加公祭活动，并续种思源林。

图 4-31　黄帝手植柏克隆苗

两株 10 cm 高的黄帝手植柏克隆苗在盆内充满生机，从北京中国林业科学研究院专程运到陕西省黄陵县。江泽平研究员说，考虑到飞机上的温度、压力变化等环境因素，为了安全，研究人员通过火车将其带到了西安，再乘车运到黄陵（图 4-31）。黄帝手植柏克隆苗和 5 000 年的黄帝手植柏有着一样的基因，承载着一样的文化内涵。通过扦插这种无性繁殖方式获得的黄帝手植柏苗，从遗传学上讲与黄帝手植柏完全一样，既保护了黄帝手植柏特色遗传资源，也对这一传统文化进行了传承和保护。此外，种植克隆手植柏的花盆外面的图案和颜色也有讲究，底子是中国传统的朱红色，从上往下有着漆黑色云纹、龙纹和草纹，分别代表“天”“地”“人”。

黄帝手植柏克隆苗在黄陵祭祀典礼展示，与前来出席活动的海内外华人以及新闻媒体见面（图 4-32 至图 4-35），引起了人们极大的关注。黄帝手植柏被承载着深厚的历史人文故事，来自海内外的中华儿女驻足观瞻、肃穆凝视、照相合影，久久不愿离去。这次展出丰富了祭祖活动的内容，加深了中华儿女思祖传古之情，是传统文明与现代科技的完美结合；向海内外华人展示凝结着华夏子孙情感希望的黄帝手植柏，有了生命的延续和新希望的寄托，受到了广泛的称赞与好评，象征着中华民族生生不息。人们纷纷与红褐色漆器花盆里的黄帝手植柏克隆苗合影留念，通过新闻媒体宣传报道，黄帝手植柏克隆苗照片也迅速传遍了世界各地。

图 4-32　盛装护卫黄帝手植柏

图 4-33　黄帝手植柏克隆苗

图 4-34　黄帝手植柏克隆苗展示仪式

图 4-35　黄帝手植柏克隆苗祭祖展示

二、北京世园会向世界展示黄帝手植柏克隆苗

2019 年 4 月 28 日，由陕西省林业局选送的 1 棵黄帝手植柏克隆苗、2 棵黄帝手植柏太空亲子苗和 2 棵老子手植银杏克隆苗，在北京世园会陕西馆展出，如图 4–36 所示。习近平总书记亲自向 11 国元首详细介绍了黄帝手植柏的来历和文化，引起了世界广泛关注。

图 4–36　北京世园会展厅展出黄帝手植柏克隆苗（中）

三、陕西八家单位获赠黄帝手植柏亲子苗

2022 年 4 月，在延安市黄陵县桥山黄帝陵祭祀广场举行清明公祭轩辕黄帝典礼，黄帝手植柏亲子苗作为生生不息的国脉传承象征，由陕西省黄帝陵文化园区管理委员会向八家单位赠送。这批亲子苗是由黄帝陵文化园区管理委员会委托西咸泾河新城基泰绿色生态发展研究院培育的，其中一棵黄帝手植柏亲子苗已入植白鹿原影视城。如图 4–37 至图 4–39 所示。

图 4–37　黄帝手植柏亲子苗
（基泰绿色生态发展研究院提供）

图 4–38　向黄帝陵文化园区管委会赠黄帝手植柏亲子苗

图 4-39 黄帝手植柏亲子苗入植白鹿原影视城

四、黄帝手植柏亲子苗入驻南宁与咸阳

2014 年 8 月 1 日，在陕西全省林业工作会议期间，陕西省林业厅向咸阳市人民政府赠送黄帝手植柏亲子单株。

2018 年 4 月 12 日，陕西省林业厅将黄帝手植柏亲子苗和挂甲柏亲子苗各 3 棵赠予广西壮族自治区南宁市。这些亲子苗于 2018 年 4 月 15 日到达广西壮族自治区南宁市，入植第十二届中国（南宁）国际园林博览会中华园区，如图 4-40 所示。这是黄帝手植柏实体苗第一次走出陕西故土。

图 4-40 广西南宁森博园

五、黄帝手植柏克隆苗入驻种质资源圃

2017 年 4 月 12 日，国家林业局、陕西省委和省政府在咸阳秦都区举行黄帝手植柏克隆树入驻秦都名木园区仪式。中国林业科学研究院副院长说，古树研究小组先后进行 6 批次共 856 个试验处理，成功获得黄帝手植柏扦插和组培克隆苗，植株长势良好，最高已达 30 cm。中国林科院将黄帝手植柏克隆树、老子手植银杏克隆树和汉武帝挂甲柏克隆树，以及黄帝手植柏和汉武帝挂甲柏种子繁殖获得的子代苗 257 株和 235 株移交至陕西省林业厅（图 4–41）。国家林业局、中国林科院、陕西省委和省政府、陕西省林业厅、咸阳市委市政府、秦都区委区政府等负责人在现场栽植黄帝手植柏第二代树、白皮松、桂花等 44 棵古树，成为首批入驻名木园的珍贵树种，如图 4–42 所示。

图 4–41　黄帝手植柏克隆苗移交林业厅

图 4–42　黄帝手植柏繁育苗入驻名木园

在陕西珍贵树种种质资源圃，移植黄帝手植柏实生苗 257 棵、扦插克隆苗 3 棵，汉武帝挂甲柏实生苗 235 棵、扦插克隆苗 3 棵，老子手植银杏扦插克隆苗 37 棵（图 4–43 和图 4–44）。这批珍贵树苗高度在 25 ～ 80 cm，移植前已在中国林业科学研究院培育了 3 年。陕西珍贵树种种质资源圃工作人员对这些珍贵苗木进行了挂牌照相、分株建档，专人管理。对苗木的光照、浇水、施肥等情况做了详细的记录归档，建立了安全保卫制度，完善了安保设施。

图 4-43　黄帝手植柏第二代苗等入驻种质资源圃

图 4-44　种质资源圃栽植黄帝手植柏克隆苗

六、黄帝手植柏亲子苗入驻秦岭国家植物园

2021 年 3 月 9 日，陕西省林业厅向秦岭国家植物园赠送 3 棵黄帝手植柏亲子苗、3 棵挂甲柏亲子苗和 3 棵黄帝手植柏太空亲子苗。这些珍贵苗木已定植于秦岭国家植物园，向社会公众展出。

七、黄帝手植柏亲子苗亮相杨凌农高会

2018 年 9 月 23 日，两棵黄帝手植柏亲子苗在首届中国农民丰收节杨凌分

会场陕西林业展厅展出，这是黄帝手植柏亲子苗首次在公众场合亮相。2018年11月4日，3棵黄帝手植柏亲子苗在第25届杨凌农高会陕西林业展厅展出。

八、古树名木将会成为重要的产业

古树名木是珍贵的生物和文化资源，不仅拥有丰富的长寿、抗逆等优异基因，而且有些还具有深厚的历史文化背景。黄帝手植柏及其古树名木的克隆繁殖在古树优良基因保存、栽培技术成果转让、技术咨询与培训等方面将会获得很大的经济效益。保留下来的各种古树优良基因可用于育种和遗传改良及推广，给林业、农业带来了巨大的经济效益。古树名木有着深厚的历史文化背景，克隆繁殖能保存古树的完整基因，使得历史文化、森林文化和旅游文化遗产有可能永久保存，因此保护古树名木意义重大。2017年陕西省林业厅负责人在黄帝手植柏繁育苗入驻秦都名木园和南五台种质资源圃活动上的致辞（图4–45）全文如下：

丁酉清明后，万物皆复苏。我们临风站在渭水北岸，聚于秦都汉宫都邑故地，见证秦都名木园吉日鸠工，手捧轩辕柏，入住珍贵树木园。

一棵大树，立天地之心，一株花木，一部诗歌，可传承华夏文明。始祖长去，不可方物，浩勋伟业，可闻可颂不可及。唯见此柏，如见始祖，唯克隆帝柏，可闻可名，可及可传承。

关中是个创造生态文明故事的好地方，在各位的脚下，泾渭流域，浩瀚的侏罗时代煤，印证了这里曾经森林广袤；犀牛剑齿象，大骨头动物的陆续发现，印证了这里曾是万类竞自由的天堂。周文王长安建灵台，秦皇汉武立苑建囿，开启雍地之容，华夏之贵，雍容华贵成为这里的标识，尽显美丽与富有。

人从林中来，走出山林只有100多万年，生于空桑，林中祭祀，察天道规律，掌人伦秩序。林中祷雨，诞生了对生态的期盼。回觅周原，肇起树艺五谷，在森林中渔猎采集，树畜农桑，养天虫以吐经纶。值今日，我们将在渭水两岸重现片片园林。省委和省政府领导亲临大会，体现了落实习近平总书记重要讲话精神，全力推进林业和生态文明建设的坚定决心，我们深受鼓舞、倍感振奋！此时此刻，心有所动，故讲三件事以表心声。

（一）启动秦都名木园

为改善三秦生态环境，陕西全力推进“关中大地园林化、陕北高原大绿化、陕南山地森林化”，目标就是使关中成为中国的园林区、使陕北成为中国的新林区、使陕南成为中国重要的水源涵养区和森林示范区。

秦都名木园，是关中园林化的重大项目，按照一园多区的模式组团建设。秦都名木园是核心区，目标定位是以森林文化为引领，着力推进树木花卉繁育、科普宣教、游憩康养，成为花木产业示范园。

长安园区南五台，陕西珍贵树木花卉种质资源圃，3 月已经建成，第一批名贵古树种质资源已经入园。眉县园区，陕西省苗木繁育中心成为全国花卉生产示范基地和全国特色种苗基地。秦岭国家植物园正在推进即将开园。中国大熊猫国家公园秦岭园区，中央深改委领导小组同意试点方案，中办国办已经批复，陕西正在全力推进。

（二）克隆古树名木

中国植树始于陕西桥山，百年大树为古树，少见珍贵有文化就是名木。古树名木是华夏文明的重要组成部分，陕西存有 73 万棵，全国之冠。黄帝手植柏为世界柏树之王，这是轩辕氏留给我们的唯一生命体，它历尽沧桑，层层年轮记录了民族的兴衰史，更是中华民族文脉传承的象征。

千年古树，基因虽优，然自然生命，必有时限。繁育千年古树，世界难题，为使名木万代永续，陕西决心克隆繁育，中国林科院倾力研究。

我们怀着崇敬神圣、思祖追古的心感，迎接黄帝手植柏克隆树、老子手植银杏克隆树，以及他们的第二代，入驻中国名木园和入驻珍贵花木园。在此禀告初祖轩辕黄帝，2012 年 10 月 30 日，我们在您的陵前承诺，您亲手栽植的柏树将世代永续、万古长青。研究人员克重重难关终获成功。如今苗木已经生根，长势良好。国家林业局认为，这是真正意义上对古树的保护，真正意义上的永续发展，开创了中国古树繁育保护之先河。

（三）发展苗木花卉

2015 年春天，总书记视察家乡，强调国土绿化、调整优化产业结构，因地制宜发展现代林果业和园艺业。为了落实好总书记的重托，省委领导多次对发展苗木花卉产业作出重要指示，省委省政府作出大力发展苗木花卉的重大决策，印发了《陕西省特色苗木花卉产业发展意见》。

陕西苗木花卉产业总的布局是：“一线两带三区”多群板块，就是环关中风景线，渭河和五陵塬两个景观带，以关中名优、陕北耐寒耐旱、陕南特色三区为特点，关中建设百万亩苗木花卉产业集聚区、秦岭国家植物园、楼观台森林公园、南五台珍贵树种种质资源圃等各地众多苗木花卉产业集群板块。建设中国森林博览园，包括10个苗木花卉集聚区、30个示范县、100个示范园。

全省各级党委政府带领社会各界全力推进，多家领军企业入驻咸阳市、西安市，秦汉鲜花港、西安鲜花港、秦岭花世界、秦岭兰花基地、周至苗圃基地等交易中心已初具规模。陕西苗木花卉产业向鄢陵学习，发展态势良好，呈现出加速势头；广东陈村派团交流，意愿合作，陕西林业与京东合作引导苗木花卉走向国内外。在省委省政府坚强领导下，我们着力推进国土绿化，着力推进国家公园建设，着力建设森林城市，着力建设苗木花卉园。愿渭河澄清、雾霾不在，林花烂漫、百姓富裕！

搞好古树名木繁育保护工作，是生物学术研究、森林遗产保护、历史文化传承的需要，也是经济、政治、社会和生态文明建设的需要。陕西省古树名木繁育保护工作的总体思路是：坚持以森林文化为引领、科学技术为支撑、创新方式为动力，分级分期实施保护。重点抓好古树名木基因保存和繁育两个中心，在陕北、关中、陕南建立3个古树名木繁育基地，建立古树之王、古树之神、古树之奇、古树之韵、古树之珍5个保护示范基地，在全省12个市区，各建造一处古树名木繁育苗基地。

图4-45　陕西省林业厅负责人致辞

第五章　黄帝手植柏保护复壮技术方案

古树名木是悠久历史的见证，也是社会文明程度的标志。生物学家说一棵古树就是一个基因库，考古学家说一棵古树就是一个活的古董，历史学家说一棵古树就是一部史书。黄帝手植柏具有重要的历史文化价值，承载着华夏文明的历史开端和发展衍生，是中华民族精神标识的重要组成部分，是世界文明发展历程的见证者之一。然而，近年来由于古树衰老、气候变化、环境污染，以及有效保护措施缺位，树体明显表现出树势衰弱、生长不良、稳固性差的迹象。

陕西省人民政府对此高度重视，2017 年 7 月陕西省林业厅组织了来自国家林业局造林司、中国林业科学研究院、北京林业大学、南京林业大学、北京市园林科学研究院以及西北农林科技大学等单位的 9 位古树研究领域的知名专家，制定了《黄帝手植柏保护复壮技术方案》《老子手植银杏保护复壮技术方案》，由西北农林科技大学整理编写而成。

第一节　古树保护复壮技术方案论证与评审

一、黄帝手植柏保护复壮方案专家组意见

2017 年 7 月，黄帝手植柏保护复壮工作组会同专家组对古树进行实地查看（图 5-1），专家组一致认为黄帝手植柏和老子手植银杏保护复壮意义重大，目前是对古树进行保护复壮的较好时机，技术层面已基本成熟，通过制定科学可行的技术方案，能够对黄帝手植柏的保护复壮起到积极作用。

2017 年 7 月 24 日，黄帝手植柏和老子手植银杏保护复壮工作第一次座谈会在黄帝陵管理局召开（图 5-2），会议就黄帝手植柏和老子手植银杏生长状况、存在问题及下一步保护复壮工作进行了认真研究。专家组经过实地查看、前期诊断和集体会诊，在根系探测、树干空洞检测、稳固性评估以及根际土壤理化性质分析的基础上，起草了《黄帝手植柏诊断报告》《老子手植银杏诊断报告》。

图 5-1　专家组查看黄帝手植柏生长情况

图 5-2　黄帝手植柏、老子手植银杏保护复壮工作座谈会

2017 年 10 月，以森林培育专家、中国工程院院士曹福亮为组长的保护复壮技术专家组在杨凌召开第二次座谈讨论会（图 5–3 和图 5–4）。会上在以上两个诊断报告和各位专家提出的《古树保护复壮技术方案》书面建议的基础上，为黄帝手植柏、老子手植银杏制定了《黄帝手植柏保护复壮技术方案》和《老子手植银杏保护复壮技术方案》。在实施过程中，按照技术方案提出的方法步骤和时间节点，对黄帝手植柏和老子手植银杏进行保护复壮，专家组将定期跟踪监测，开展技术指导，确保方案实施效果。

图 5–3 黄帝手植柏保护复壮技术方案讨论会

图 5–4 保护复壮专家组组长曹福亮院士

二、黄帝手植柏保护复壮方案评审意见

2017 年 12 月，陕西省林业厅组织国内有关高校和研究单位的专家，对《黄帝手植柏保护复壮技术方案》和《老子手植银杏保护复壮技术方案》进行了评审（图 5–5 和图 5–6），评审组通过听取汇报、查阅资料和质询，形成如下评审意见。

（1）方案指导思想清晰，技术目标明确，设计思路缜密，技术手段先进，文本比较规范，附件资料齐全。

（2）项目组通过现场仪器勘测和调研，以及相关土壤样品实验室测试分析，首次获取了黄帝手植柏和老子手植银杏地上树体和地下根系、土壤的系统数据，并形成了全面系统的《诊断报告》，为技术方案编制提供了基础资料和可靠依据。

（3）方案在吸纳国内外先进的古树名木保护复壮技术和经验的基础上，

针对黄帝手植柏和老子手植银杏的具体问题，设计的树体加固支撑、树洞修补等保护措施，围绕改善根系恢复的复壮措施和实施后的效果监测措施，依据充分，技术可靠，操作性强。

评审组专家同意《黄帝手植柏保护复壮技术方案》和《老子手植银杏保护复壮技术方案》通过评审。

建议按专家意见修改完善。

图 5-5　保护复壮技术方案评审组组长尹伟伦院士

图 5-6　黄帝手植柏保护复壮技术方案评审会

第二节　黄帝手植柏保护复壮技术方案编制原则与依据

黄帝手植柏是华夏文明的重要历史见证，其以丰富的内涵展示了桥山黄帝陵灿烂的文化，是我国珍贵的历史文化遗产，具有极高的经济、历史、科学、文化、旅游、生态及政治价值。黄帝手植柏与黄帝陵庙相互映衬，使黄帝陵区的自然景观和人文景观融为一体，成为中华民族精神标识的重要组成部分，它不仅闪烁着光彩绚丽的历史文化，还是华夏子孙寻根问祖的历史标志。同时，黄帝手植柏经历了 5 000 年地理和自然环境的变迁，不仅是先民们崇拜先祖的见证，更是珍贵的不可复制的优良树木种质资源，对研究黄土区森林植被恢复、植被地理变迁等具有极高的科学研究价值。

一、黄帝手植柏的生长习性

侧柏为柏科侧柏属针叶常绿乔木，原产于中国和朝鲜，为中国特产树种，是我国分布最广的针叶树种，主要分布于辽宁、四川、宁夏、湖北、河南、陕西、青海、甘肃、内蒙古、云南、山东、河北、北京、天津、山西等地。侧柏是一种温带树种，在年降水量 300 ～ 1 600 mm、年均气温 8 ～ 16℃时可正常生长，对干旱、寒冷适应性很强。在年降水量 200 mm、土壤含水量 5% 或 -35℃低温条件下仍能生存。侧柏是一种中性树种，对光的要求中等。较耐寒，抗风力较差，耐干旱，喜湿润，不耐水淹，耐贫瘠，可在微酸性至微碱性土壤上生长。侧柏是一种浅根系植物，其根系分布于 25 ～ 30 cm 土层，侧根水平伸展且发达，须根密集分布于根基周围，根幅为冠幅的 1.0 ～ 1.5 倍。侧柏生长缓慢但寿命很长，树高可达 20 m，树龄达数百年甚至千年以上，仍然可以保持枝繁叶茂的形态。

黄帝手植柏位于陕西省黄陵县黄帝陵景区，地理坐标为东经 109°16′9″，北纬 35°35′1″，海拔 840 m。黄帝陵地处黄河中游的黄土高原丘陵沟壑区，地势西北高、东南低，略呈倾斜。属中温带大陆性气候，四季分明，光照充足，气候温和，雨量适中，年平均气温 9.4℃，年极端最高气温 39.4℃，极端最低气温 -21.4℃。地表地下水资源丰富，年平均降水量 596.3 mm，无霜期 172 d。年平均日照时数 2 528.4 h。土壤褐色，为壤土或黏壤土。黄帝陵生长区域有山有川，气候宜人，土壤肥沃，植被繁厚，草木茂盛，森林资源丰富。

二、黄帝手植柏管理现状与会诊情况

（一）黄帝手植柏管理现状

针对黄帝手植柏的保护，陕西省林业厅一直高度重视，做了一系列的相关工作，并采取了有效措施。

1993 年，陕西省林业厅、西北林学院等单位联合开展了《黄帝陵古柏病虫害防治及生态环境综合治理》课题研究，对林区主要病虫害的生活习性和防治方法进行了认真研究和试验，并常年聘请省林业厅高级工程师为技术指导，定期开展普查监测，先后开展了益鸟招引、紫光灯诱杀、设置饵木、诱捕器、松毛虫赤眼蜂、灭幼脉 3 号等多种方法进行综合治理。

2009 年，国家林业局西北林业调查规划院编写的《黄帝陵古柏保护规划》指出，黄帝陵景区管理面积 203.92 hm^2，核心保护区 86.67 hm^2，并对古柏复壮、古柏防护、生物多样性恢复、有害生物治理、森林防火、科研监测与宣教、配套基础设施等 7 个方面进行了规划。

2010 年，陕西省林业厅、西北大学、西北农林科技大学、西安市市容园林局专家、教授，针对桥山部分古柏生长衰弱、树冠发黄、裸根保护、地面铺装对古柏生长的影响等方面进行调研。通过实地考察、座谈讨论，制定了《古柏应急保护方案》。完成古柏扩盘保护 90 余棵，换土并封闭保护区域 1 000 余平方米，修砌保护圈 7 处，打换气孔、复壮孔 2 500 余个。对位于核心区的陵园、庙院、登道等受人为影响较大的区域，且生长明显衰弱的 340 余棵古柏进行吊针处理，以输送补充营养。通过采用一系列改善树木生长环境、补充水分和养分的措施，促进了古柏发根、发枝，使古柏焕发出新的生机。

2011 年，国家林业局森林病虫害防治总站、中国林业科学研究院、北京林业大学、北京园林绿化局、陕西省林业厅、西北农林科技大学等单位 10 余名林业专家到黄帝陵进行了现场调研，从生长环境、土壤、病虫害、古树保护等方面综合研判，确定了《桥山古柏保护工作方案》。

2012 年 1 月，北京北植唯嘉园林有限公司开展了黄帝陵古柏复壮保护试点工作，对庙区 5 棵古柏进行了试点性保护，完成了更换复壮基质、安装复合渗水头装置、建设防腐木踏步和围栏、更换地被、古树支撑、主干中空防腐、引流、清除枯枝等工作任务。经过一年生长期，古柏根系纵向引导达到 60 cm，水平引导达到 80 cm，为对照树木的 3 ～ 4 倍，发芽率达到对照树木的 2 ～ 3 倍。经林业专家鉴定，目前技术成熟，达到预期效果，可以在全景区推广应用。

2012 年 10 月，陕西省林业厅、中国林业科学研究院、西北农林科技大学等单位启动黄帝手植柏克隆繁育保护工程，利用微型扦插、植物组织培养等先进科学技术，为黄帝手植柏这棵珍贵树种建立活档案库，该项目已突破一系列技术难关获得成功。

2015年起黄帝陵管理局与西北农林科技大学，以古树复壮保护、树腔修复、病虫害综合治理为主要研究内容，于 2016 年 8 月召开黄河中游地区 Ⅰ 级古树名木保护关键技术研究暨黄帝陵古柏保护研究中期汇报会，在“黄帝陵侧柏古树保护与复壮技术研究”“黄帝陵古柏健康评价”“黄帝陵侧柏古树树干心腐研究”“应用探地雷达对黄帝陵古柏树干和粗根的研究”“黄帝陵古柏群林下天然更新研究”等方面取得重要成果。

2017 年 7—9 月，陕西省林业厅组织并邀请全国各地的顶尖级知名林业专家在黄帝陵会诊黄帝手植柏，针对黄帝手植柏保护复壮和养护出谋划策，制定了《黄帝手植柏保护复壮技术方案》。

（二）黄帝手植柏专题会诊情况

黄帝手植柏树高 19.3 m，树基直径 3.5 m，胸径 2.7 m，树冠南北长 12.8 m（南 8.0 m，北 4.8 m），东西长 11.8 m（东 4.9 m，西 6.9 m）。树冠整体呈明显偏冠，偏向西南侧，大约倾斜 10°，树势较弱。

综合专家组会诊情况：黄帝手植柏树龄长、树势变弱、生命机能衰弱，以及不当的人为活动造成生境破坏。随着黄帝陵建设和旅游业的快速发展，黄帝手植柏原有的生长环境受到了很大的破坏，加剧了古树的衰老进程。黄帝手植柏表现出现状的主要原因如下：

（1）树势衰弱明显。树梢和上部枝条先端枯损较多，叶色淡绿，当年新枝较少。根据健康诊断表，黄帝手植柏衰退度为Ⅲ级，属生长不良。

（2）由于岁月的摧残，古柏树冠稀疏。枯死和风折现象严重，东、北两侧枯枝、折枝较多（其中东侧枯枝 5 个，折枝 15 个；北侧枯枝 5 个，折枝 1 个），叶片稀疏，叶色偏黄，均伴有白色病斑。南侧树冠较好，但与正常树木枝叶相比，叶片光泽度低，较为稀疏、叶型偏小；当年生枝头新萌发枝量少而短，该侧折枝 6 个，枯枝 1 个。西侧与南侧相似，叶片不够稠密，新枝萌发较少，叶片光泽度低，树冠稀疏、透度较高，枯枝、折枝较多（其中枯枝 14 个，折枝 10 个）。

（3）树体千疮百孔，风雨飘摇。树体主干自然空腐，现有 7 个显性树洞，其中 5 个树洞位于Ⅰ级主枝的基部，两个树洞位于主干；7 号树洞为天洞，内腔体积最大，深达 10 m，近年的填充修补措施几乎无效。

（4）现有大枝的支撑杆位置不当，对稳固树体缓解侧偏作用不大。

（5）根系生长范围越来越小，且活力降低，严重影响着根系的生长。树干基部周围垫土层厚约 1 m，根际土壤中含有大量建筑垃圾，如砖块、瓦砾以及生活垃圾，地面铺装为水泥沙石混合垫表层（17 ～ 20 cm），严重影响着根际土壤的通气性和透水性，土壤板结，土壤理化环境差，限制了根系生长，在树基东、西、南三个方向的土壤剖面均有死根出现。

（6）树冠表现出明显向心枯死，并且残缺、偏冠现象严重。

（7）树池面积偏小，根系营养空间不足。

（8）未见避雷针。

三、保护复壮的必要性与可行性分析

（一）保护复壮的必要性分析

1.黄帝手植柏具有极高的文化价值

相传黄帝手植柏为轩辕黄帝亲手所植，距今5 000多年，是世界上最古老的柏树。1982年，英国林业专家罗皮尔考察了27个国家的柏树后，认为“黄帝手植柏是世界上最粗壮、最古老的侧柏”。1998年12月9日，中华名树公选养护委员会将黄帝手植柏评为“中华百棵名树之首”，世人誉之为世界柏树之王。当地民间有一句谚语“七搂八拃半，圪里圪瘩不上算”正是这棵古柏的真实写照。黄帝手植柏历经了5 000年的风风雨雨，目睹了中华民族的荣辱兴衰，至今依然苍翠挺拔，雄伟壮丽，昭示着黄帝陵深厚的文化基础。同时，黄帝手植柏作为远古先民留下的珍贵遗产，是华夏子孙缅怀人文始祖、祭拜轩辕黄帝的历史实物，也是世界华人寻根问祖的历史见证。

2.黄帝手植柏种质资源优良

古树名木是森林资源的瑰宝，是自然界和前人留下来的宝贵遗产，也是珍贵的基因资源。黄帝手植柏是柏科侧柏属树木，生长于我国北方石灰岩地区，是该区域重要的生态树种和用材树种。其经过千百年的环境变迁，经历了严酷的环境筛选而遗存至今，是一个既长寿抗性又强的优良种质资源。保存、研究和繁殖该树木对黄土高原地区的植被恢复、生态建设以及传承黄帝文化和弘扬中华文明具有重要意义。

3.黄帝手植柏生存现状堪忧

专家组的会诊情况说明古柏生长状况不容乐观，抢救的时间窗口越来越小。因此，抢救性保护、复壮黄帝手植柏刻不容缓。

4.黄陵旅游区文化建设的需要

黄帝陵是中华民族始祖轩辕黄帝的陵寝，是《史记》记载的唯一一座黄帝陵，被誉为天下第一陵、华夏第一陵、中华第一陵，是第一批全国重点文物保护单位、第一批国家5A级旅游景区——国家级风景名胜区、第一批全国爱国主义教育示范基地，而黄帝手植柏是该景区最重要、最具标志性的旅游景观。因此，保护好黄帝手植柏对发展地区旅游产业、传承华夏文明具有重要的意义。

（二）保护复壮的可行性分析

1. 国家高度重视文化建设

党的十九大报告确立了一系列重大理论观点和重大战略思想，其中强调“要坚定文化自信，推动社会主义文化繁荣兴盛”。《国家“十三五”时期文化发展改革纲要》提出，要实施好中华文化传承工程，依托长城、大运河、黄帝陵等重大历史文化遗产，规划建设一批国家文化公园，形成中华文化主要标识。2017 年初，国家正式批复在黄陵县建设“黄帝陵国家文化公园”。轩辕庙、黄帝陵共同构成了黄帝陵景区地景文化，而黄帝手植柏是这些地景文化中的代表之一。

2. 有全国一流的研究专家的支持

黄帝手植柏保护与复壮项目由陕西省林业厅发起，专门邀请了 9 位国内知名专家，他们分别来自国家林业局造林司、中国林业科学研究院、北京林业大学、南京林业大学以及西北农林科技大学等单位，成立了以森林培育专家中国工程院院士曹福亮教授为组长的保护复壮专家组和以陕西省林业厅厅长李三原为组长的保护复壮工作组，并为此制订了科学严密、切实可行的工作流程和组织方案，再加上所邀请专家们的丰富经验及其拥有的高水平理论，为黄帝手植柏复壮成功提供了有力保证。

3. 古柏复壮经验趋于成熟

通过长期观察和研究，黄帝陵管理局与西北农林科技大学协作，依托北植唯嘉园林有限公司，从 2011 年起，对庙院的 15 号、16 号、17 号、18 号、19 号等 5 棵千年古柏进行了试验性复壮技术研究，复壮效果明显。特别是 15 号古柏，复壮效果尤为突出，由原来的“濒死”状态，变为枝叶翠绿茂密，树势已基本恢复正常；对 19 号古柏通过受力分析，进行了支点和稳定性评估，一致认为支撑方式合理，支撑效果良好；另外，在这一过程中，还积累了一批规律性的试验数据和实际操作经验，这些数据经验对进一步保护和复壮黄帝手植柏具有重要意义。

4. 黄帝陵管理局有一支养护技术队伍

黄帝陵管理局非常重视黄帝手植柏及相邻古柏群的保护，专门成立了一支 11 人的养护技术队伍。该养护队伍实践经验丰富、技术娴熟、任务分工明确，如档案记载、手植柏的水肥管理、病虫害防治等均有专人负责，他们将在黄帝手植柏复壮技术实施后，在实施效果监测、日常养护、病虫害防治等方面发挥重要作用，是黄帝手植柏复壮成功的又一保证。

四、保护复壮方案编制原则与依据

以现代生命科学理论为指导，集成组合国内外先进的古树复壮技术，因地制宜，一树一策，最大限度地延缓古树的衰老进程。

结合多年来古树复壮的成功经验，尽可能创造良好的古树生长环境，最大限度地挖掘黄帝手植柏生命潜力，使这一植物界的活化石焕发活力，充分发挥古树在传承历史文化、弘扬生态文明中的独特作用，充分发挥其历史价值、文化价值、科学价值、生态价值、观赏价值和旅游价值。

（一）编制原则

1. 科学性原则

查阅相关的技术资料，借鉴古树名木保护成功的案例，依据相关技术规范，遵从树木生长的基本规律，具体问题具体分析，细化具体技术措施，科学合理安排施工程序。

2. 可操作性原则

依据多年来的古柏复壮经验和技术积累，制定方案必须从实际出发，切实可行，符合古树实际情况，方案中所涉及的方法和技术能完全得到有效实施。

3. 经济原则

在方案设计时尽可能选择效果好、工序简单的技术措施；在材料选择时，尽可能选择效果好、易获得的材料，如复壮基质、防腐材料选取等，降低施工成本。

4. 古树景观与文化相结合原则

在树体修复与树池围栏扩建过程中，尽可能做到古朴典雅、文化内涵丰富，以此来提升古树的美学价值、文化价值和旅游价值。

5. 安全环保原则

材料选取和工程施工过程中，严格遵守国家相关文件中关于安全、质量、环保等的要求和规定，确保项目施工安全、优质、快速。

6. 鼓励施工过程创新的原则

应积极鼓励在施工过程中根据工程遇到的实际问题，采用和研发新技术、新材料、新工艺等，提高工程质量。

7. 保证旅游交通线路畅通的原则

树池和围栏大小要保证旅游道路顺畅，不能侵占旅游道路，尽可能通过改造地面铺装的办法扩展古树根系生长空间。

（二）编制依据

——黄帝手植柏诊断报告（2017 年）；

——中华人民共和国古树名木复壮技术规程（林业行业标准，LY/T 2494—2015）；

——城市古树名木养护和复壮工程技术规范（中华人民共和国住房和城乡建设部，GB/T 51168—2016）；

——古树名木雷电防护技术规范（北京市地方标准，DB11/T 1430—2017）；

——古树名木复壮养护技术和保护管理办法（全国绿化委员会办公室，2013 年）；

——中华人民共和国城镇绿化条例（中华人民共和国城镇绿化条例，1989 年）；

——中华人民共和国森林法实施条例（国家林业局，2000 年）。

第三节　黄帝手植柏保护技术方案

针对黄帝手植柏的生长现状、根际土壤环境和树体稳固性特点，通过清除热土层建筑垃圾，填充复壮基质等措施，改良地下根际土壤，扩大根系营养面积，提高古树生长活力；通过树体支撑加固、树洞防水、防腐、修补等措施，稳固树体，延缓空洞腐朽速率；通过日常养护、监测等措施，改善黄帝手植柏的生长环境，逐步恢复其长势，延长其寿命，使之成为“中华民族的精神标识”，成为华夏子孙寻根问祖的标志。

一、树体空洞修复

（一）树体空洞现状

1. 主干空洞现状

利用树木雷达（TRU）对树干 7 个断面进行探测，结果见图 5–7。图 5–7 中 a、b、c、d、e、f、g 分别代表距地面高度为 1.2 m、1.5 m、3.5 m、5.4 m、6.8 m、8.0 m、10.5 m 的断面。

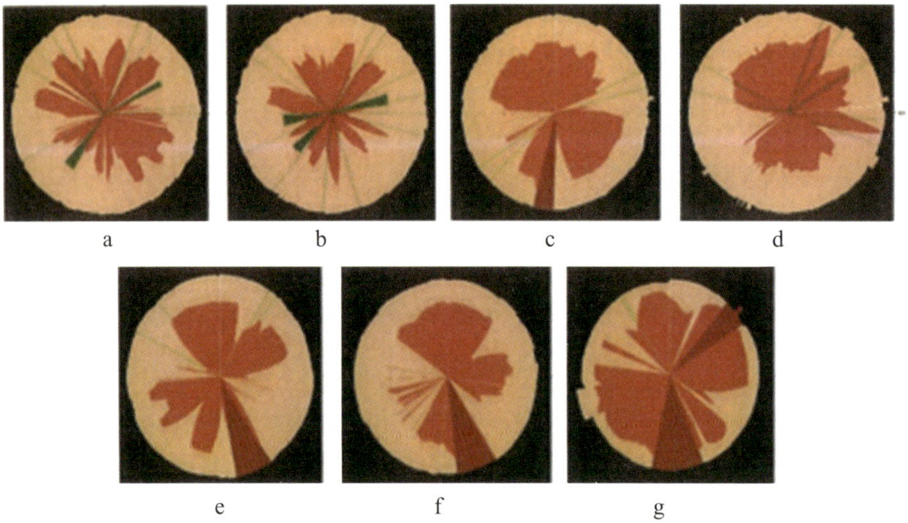

图 5–7 树干横截面扫描图

说明：橙色部分表示树干空洞部分或者树干开始腐烂的部分，绿色部分表示初期腐烂，绿色虚线表示树皮腐烂或脱落，深红色部分表示树干表面显性空洞，其余部分为良性木材。

从图 5–7 和表 5–1 可以看出，黄帝手植柏主干内部空腐情况严重，7 个高度处的测量结果均为中度空洞（空洞率 P, 25% ≤ P ≤ 50%）或重度空洞（P ≥ 50%），平均空腐率 48.3%。距地面 1.2 m、6.8 m、8.0 m 处断面为中度空腐，距地面 1.5 m、3.5 m、5.4 m、10.5 m 处断面为重度空腐。在所有断面中，g 断面空腐最为严重，空腐率最高达 67.2%，良性部分仅为 32.8%，这与该断面可能与主干天洞相连有关；a 断面空腐率较低，空腐率为 46.5%，良性部分为 53.5%。这一空腐规律和一般古树的空腐规律有所不同，其树体上部空腐率大于树体基部空腐率。

表 5-1　树干空洞程度表

断面编号	树干距地面高度 /m	胸高横断面积 /m²	已空腐部分		良性部分		空洞程度
			面积 /m²	占比 /%	面积 /m²	占比 /%	
a	1.2	5.14	2.39	46.5	2.75	53.5	中度空洞
b	1.5	4.90	2.6	53.0	2.30	47.0	重度空洞
c	3.5	4.05	2.45	60.5	1.60	39.5	重度空洞
d	5.4	3.14	1.76	56.0	1.38	44.0	重度空洞
e	6.8	2.32	1.00	43.0	1.32	57.0	中度空洞
f	8.0	1.30	0.59	45.4	0.71	54.6	中度空洞
g	10.5	0.79	0.53	67.2	0.26	32.8	重度空洞

2. 主枝空洞现状

黄帝手植柏主枝基部几乎全部空腐，大枝和树干的显性空洞共计 7 个，主要分布在树体高度在 4.5 m 以上的西面、西南面、东南面、东面、东北面主枝的基部，在北面、西北面、南面没有分布。现场勘查发现，7 号洞为天洞，位于最上部，5 号位于树干，均为竖向洞，其余 1 号、2 号、3 号、4 号、6 号空洞位于主枝的基部，为横向洞。位于主枝上的 5 处树洞均与树干空洞相通，除 1 号树洞和 5 号树洞外，2 号、3 号、4 号、6 号、7 号树洞洞口均朝天，为汇水洞。这些汇水洞汇集的雨水，直接流入树体主干内的孔洞中，加速了主干空腐，危害极大。树洞分布见图 5-8。

图 5-8　树洞分布图（东南方向）

调查结果见表 5–2，6 号树洞最长约 240 cm，7 号树洞最宽、最深、体积最大（宽 60 cm，深 10 m，估测体积 2.826 m^3）。目前修补过的树洞，原来填充的木板已经腐烂，原有的封洞水泥已经松脱，防护效果差。

表 5–2　树洞情况统计表

树洞编号	方位	枝条编号	树干位置 /m	长度 /cm	宽度 /cm	深度 /cm	估测体积 /m^3	填充物	是否与主干相连
1	西面	1 号	4.5	50	50	90	0.225	无	是
2	西南	2 号	4.5	100	30	87	0.261	有水泥填充	是
3	东北	3 号	6.0	120	31	10	0.037	有水泥填充	是
4	东南	4 号	7.8	150	40	40	0.240	有水泥、木板填充	是
5	东面	主干	9.0	100	20	80	0.160	无	是
6	东北	6 号	10.2	240	24	30	0.173	有水泥填充	是
7	正中间	主干	11.3	100	60	1000	2.826	无	是

（二）树体空洞防腐、填充与修补

黄帝手植柏树体空腐严重，以朝天洞为主，树体内积水严重。因此，为防止树体积水，减缓树体腐朽速率，应及时修补树洞和天窗，以减少树体内积水。

与一般树体基部排水不同，黄帝手植柏不适宜于在树干基部开凿排水孔，理由如下：树干空腐规律和其他树木不同，上部空腐较下部严重；树体空腐内腔壁是一个极不平整三维立体面，可拦截 90% 上部来水；若在地平面开洞，实际是在树干 1 m 处开洞，不能起到导流作用；树体洞内清腐的垃圾无法取出；现在树干基部均为活树皮，若伤口过大影响树木的生长，详细情况见图 5–9。

另外，由于树洞所处位置、洞形、洞长、洞深差别很大，建议在树洞修补实施方案制定中，依据《城市古树名木养护和复壮工程技术规范》，做到一洞一策。

具体树洞修补方法，包括以下步骤：

1. 树洞清理

对于 7 个树洞，进行杂物清理和朽木刮除。7 个树洞中，原填充物已全部腐朽，特别是 4 号洞，应清除洞内原有朽木和水泥。然后用刮刀尽可能深地进行腔内“贴壁”朽木刮除，直至露出未腐朽木质部。

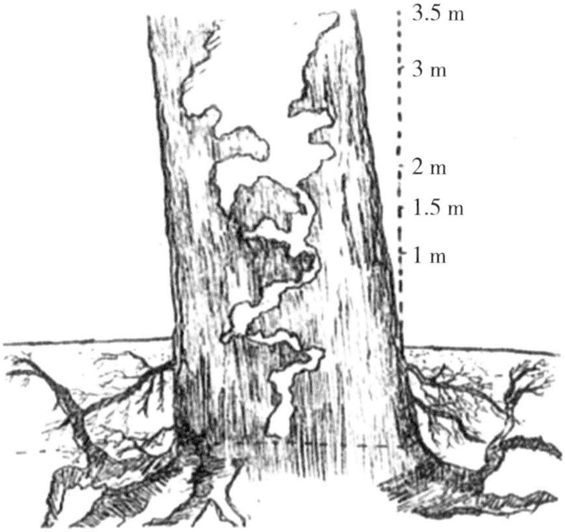

图 5-9 树干空腐内腔示意图

在洞腔朽木刮除过程中，要在洞口边缘采取必要的保护措施，防止洞口边缘活树皮的损伤。另外，在最后一次木质部清理时，所用清腐工具，如刮刀等，均要进行相应的消毒处理，建议采用 70%酒精浸泡清腐工具，或者利用其他具有类似作用的消毒方法，防止工具对树体的二次真菌感染。

这种清理工作多采用人工清理和刮腐，在条件允许的情况下（洞口周围若无活组织），尽可能保持洞口呈椭圆形或者圆形，以提高洞口的密封效果和二次补洞的成功率。对于 1 号树干洞和 5 号树干洞，其最低处的洞缘要修成外低内高，以便雨水排出。对于敞口和排水较好的树洞，可采用高压水枪进行初次清腐，之后与以上清腐程序基本相同。

2. 杀虫消毒

（1）消毒 对手植柏所有树洞内部、创伤口以及刮刀所处理过的地方进行消毒处理，防止真菌以及细菌的滋生。引起侧柏木材腐朽的真菌通常有密粘褶菌和绵腐卧孔菌两种，对于此类真菌，季胺铜（ACQ–D）溶液或者铬砷铜溶液具有较强的杀菌效果，可选用 1 ∶ 30 ～ 1 ∶ 50 倍的硫酸铜溶液或高锰酸钾喷雾消毒 2 ～ 3 遍。

（2）杀虫 溴氰菊酯或灭蛀磷原液，对灭除残留在木质部内部的蛀干害虫十分有效。洞腔灭菌后，待洞内干燥，然后进行溴氰菊酯或灭蛀磷原液的喷施，或向木材注入。

3. 防腐

桐油是一种封堵效果较好的干性漆，有着较好的防水和耐腐作用，且经济实用，是目前使用最广的防腐剂。对手植柏上所有清理后的树洞及天窗（7号树洞）裂开的木质部，涂刷3遍桐油。在晴朗干燥天气施用，周期一般为1～3周。

4. 填充

关于树洞填充，目前有两种方法：一种是加固填充并做防水处理，一种是不填充仅做防水处理。针对于黄帝手植柏树洞的特点，本方案采用第二种做法，即对现有树洞仅做防水处理，主要是采用防水材料和防水方法封住洞口，防止雨水进入。

5. 封洞

待树洞内壁桐油充分干燥以后，对所有空洞包括“朝天洞”进行封口。首先在洞表10 cm处，搭建钢筋或木架龙骨，并使龙骨轮廓与树干（大枝）曲面一致；然后在洞口附近覆盖孔径为0.5 cm的钢丝网，并注入发泡剂，并用发泡剂固定具有钾性的铝塑板，铝塑板与树干木质部的缝隙用树脂胶粘合并密封（耐候密封胶）；其次，在铝塑板的外层用树胶粘贴两层无纺布；最后，在无纺布外用树脂胶粘合假树皮，并保持与原树皮面持平，干透后在仿真树皮上涂刷二丁酯三遍，厚度约1 mm。

对于2、3、4、6号树洞建议在横向直径面以下附近两侧开设直径40～50 mm的通风口2～4个，分别位于迎风面和背风面，并错位排列。

7号树洞，洞口纵向长1 m左右，既为三叉裂缝，又为朝天洞。在修补之前，先加树箍2～3个，然后在裂缝处用上述封洞方法进行封堵。同时，鉴于该树洞的特点，在天洞上部侧面以及劈裂的最低点，开设4～5 cm的通气孔两个（上下各1个），并放入直径等大的PVC管（管口外露10～20 mm），然后用防水胶固定，以起到通气和排水的作用。相关树洞修补填充材料见表5–3。

表5–3　树洞修补填充材料表

清理工具	消毒杀菌剂	杀虫剂	防腐剂	填充物	粘合剂	防护剂	仿真树皮
榔头、刮刀、凿子、刷子、铲刀	季胺铜溶液或者铬砷铜溶液或者1：30～1：50倍的硫酸铜溶液或高锰酸钾喷雾	溴氰菊酯或灭蛀磷	桐油，或1%、4%的松香乳液	聚氨酯：二苯基甲烷二异氰酸酯与聚醚多元醇按重量比1：1混合均匀	聚氨酯发泡剂、粘合胶、紫虫胶、水胶、白灰乳胶	二丁酯、三氧化二锑(阻燃剂)	水、乳胶、颜料按照体积比1：1：1混合均匀

二、树体支撑

（一）支撑、拉纤现状

黄帝手植柏树体 5 处主枝基部均存在较大空洞，大枝及树干承载力有限，需要重新考虑加固方式，确保树体稳固，防止风折、雪压。

现有 4 根支撑和 4 处拉纤，具体支撑和拉纤点位见图 5–10，4 根支撑均为木质单立柱式简易支撑，支柱直径约为 18 cm，与枝条相接处为 T 形连接，并无任何固定措施，难以防范侧力和向上力的破坏作用，稳固性较差，未能完全发挥支撑作用。

4 处拉纤的主要着力点位于主干上 10.5 m 处，而该高度处树干空洞最为严重（空腐率 67.2%），难以承受较大牵引力。可以设想，若遭遇大风等气象灾害，极易导致树体上部折断。

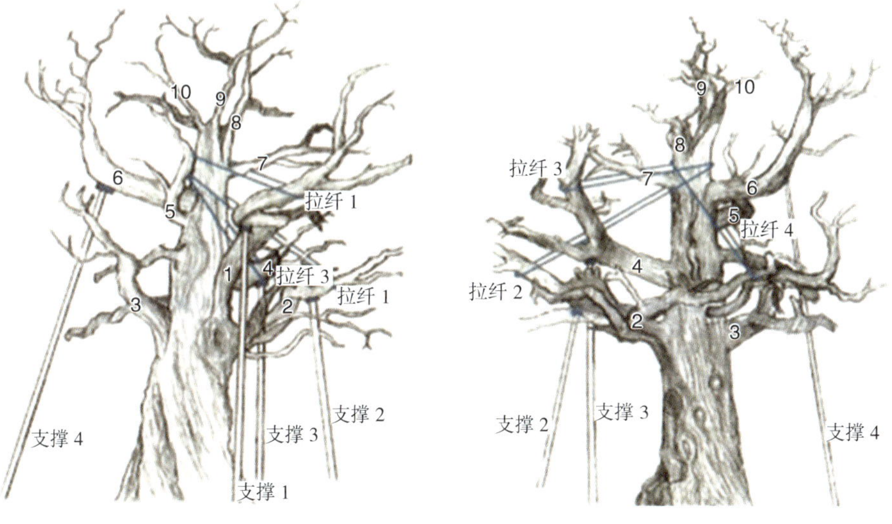

图 5–10　支撑结构图（左为西北侧，右为东南侧）

（二）树体加固与支撑

树体 5 处主枝基部均存在较大空洞，为确保树体稳固，防止风折倒伏和雪压折断，需要重新考虑加固方式。另外，树体顶端有三大主枝，分别为 8 号、9 号、10 号枝，三大枝之间明显形成一个天洞，建议在 8 号、9 号、10 号三大枝连接处加 2 ～ 3 个钢箍，防止树体劈裂。关于支撑点位，虽然现有着力点位基本合理，但所采用的立柱式支撑方式，难以防范侧应力的破坏作用。所以建议采用“门”字型支撑，并在着力点采用“弹性钢圈＋枕木＋硬橡胶垫”方法。

具体措施：采用“门”字型支撑框架，立柱采用24 cm玫瑰金色镀锌钢管，壁厚2 cm，地下埋深0.6 m，其中底层混凝土浇筑厚度0.4 m，混凝土上覆土0.2 m，混凝土地锚1 m×1 m×1 m，地锚内各镶嵌10 cm塑料管6层，纵横各3层，每层各4根，填充腐殖质土，以便根系穿过，见图5-11。承重横梁采用15 cm槽钢，为确保门型支撑稳固，通过钢管焊接，在着力点采用“弹性钢圈+枕木+硬橡胶垫”。其中弹性钢圈由带有弹簧的螺丝钉固定，与树干接触的地方垫硬橡胶以免损伤树皮（图5-12）。利用这种弹性支撑，很好地保证古树在风力雪载的作用下受应力刺激而产生自适应、自增强行为，同时又不会因变形过大而遭受破坏。具体支撑情况参照表5-4和图5-12、图5-13、图5-14。

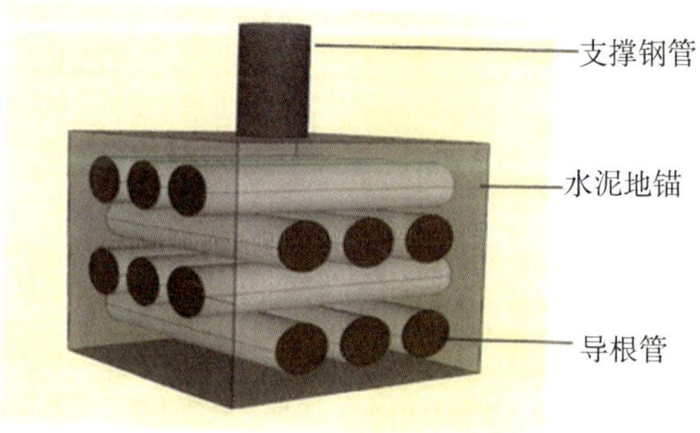

图5-11　水泥地锚内部结构

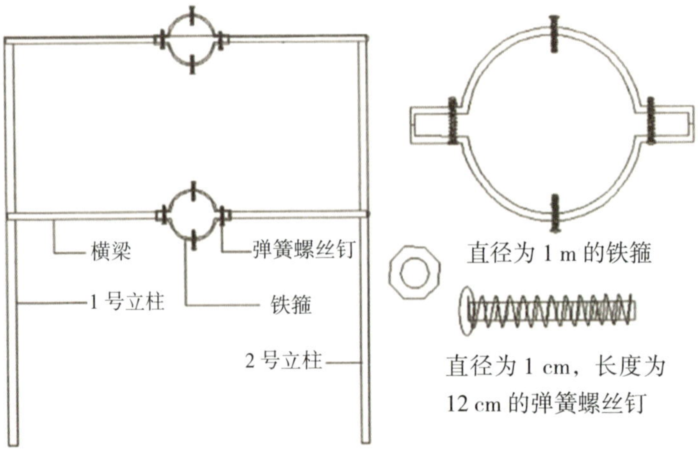

图5-12　2-3号门框支撑结构图

表 5-4 门框支撑情况表

	横梁长度 /m	高度 /m	层数 / 层	支撑大枝编号	拉纤情况
1-2	7.6	8.0	1	无	无
2-3	7.0	4.8 8.0	2	2 号、4 号	拉纤 2 牵引 2 号大枝
3-4	5.1	10.6	1	6 号	拉纤 1 牵引 1 号大枝 拉纤 4 牵引 4 号大枝 拉纤 3 牵引 3 号大枝
4-1	5.3	9.3	4	1 号	无

说明：1 号立柱高 9.3 m，2 号立柱高 8 m，3 号和 4 号立柱高 10.6 m。门框支撑 2 ～ 3 为两层，主要支撑 2 号和 4 号大枝，同时通过拉纤 2 牵引 2 号大枝的分枝；3 ～ 4 门框支撑 6 号大枝，同时通过拉纤 1、3 和 4，分别牵引 1 号、3 号和 4 号大枝的分枝；4 ～ 1 门框支撑 1 号大枝。

图 5-13 手植柏东南方向支撑实景图

图 5-14 手植柏西北方向支撑实景图

三、围栏与地面铺装改造

（一）围栏与地面铺装现状

经实地调查，黄帝手植柏地面状况包括铺装和围栏两部分。现有围栏长 10.5 m，宽 9.85 m，高 90 cm，为普通木质围栏，与黄帝陵文化不甚相符。围栏内部以草坪垫土覆盖，垫层深约 1.2 m，木质围栏近方形，减去树干基部所占面积（9.62 m^2），围栏形成的营养面积 83.87 m^2，大约是树冠面积的 1/2，理应扩大树池面积。

然而，围栏的东侧紧邻景区和庙院中轴游览干道路基，如果扩建不仅会影响游客的游览路线，也会影响整体的景观效果；同时，围栏北侧 2 m 左右存在其他古柏，所以围栏东侧和北侧并无扩展空间；另外，在游览高峰期，特别是每年清明公祭日，黄帝陵客流量较大，若只扩建西侧和南侧，同样会影响游客容纳量。因此，本方案在现有围栏大小不变的基础上，设计围栏改造方案，即通过围栏外铺设木栈道的方法能够解决根系的通气性和透水性问题。手植柏周边现状如图 5-15。

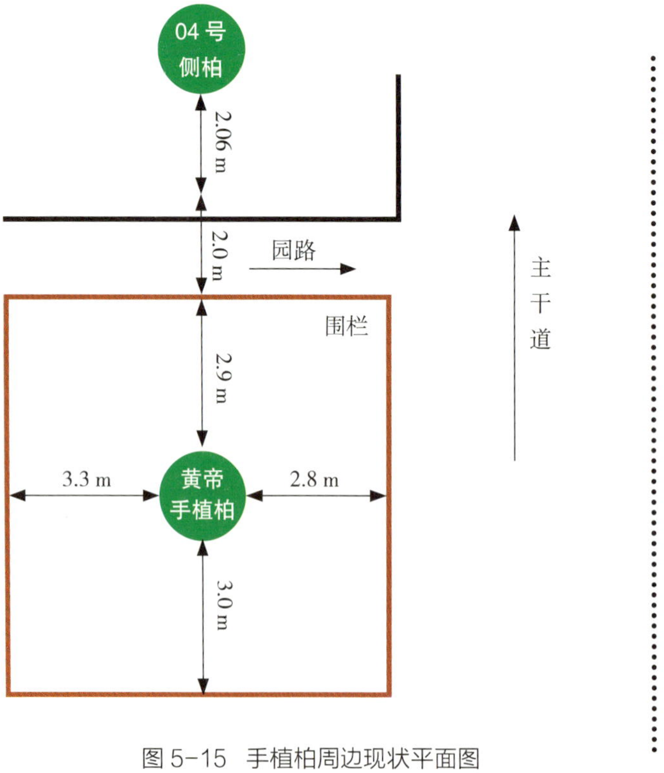

图 5-15　手植柏周边现状平面图

（二）围栏与铺装改造

1. 围栏改造

根据本方案设计原则，现在的围栏大小基本上可保证旅游道路的畅通，东面的围栏已基本与庙院主干道的西道沿相接，因此建议对现有围栏大小不进行调整，通过改变地面铺装扩展根系生长空间。新换围栏建议采用板栗木和漆树木，并进行防腐处理。

2. 拆除地面铺装

结合引根换土，去除树冠投影内以及树冠投影外 1 m 范围内的地面硬质铺装。清除原有的青石地面铺装（东、南）和西边的砖地铺装，去除铺装下的灰沙垫层，再将灰沙垫层下土壤向下挖 5 cm，共计挖深 26 cm，见图 5-16。

图 5-16　地面铺装拆除

3. 铺装改造

根据本院 15 号树地面铺装改造的经验，围栏外铺装改造的范围为围栏外树冠投影下以及投影外 1 m 的范围，具体范围见图 5-17。在该范围内，每隔 2 m 辐射状设置支撑柱和横梁龙骨。支撑柱采用水泥柱，用钢筋和水泥浇筑，其规格为 30 cm × 30 cm，下深 2 m；横梁采用工字钢，规格为 300 cm × 24 cm，然后在其上固定防腐木板。防腐木板采用耐腐性能好的板栗木或者漆树木，木料规格为 12 cm × 12 cm × 300 cm，预计该木料可维持 40 ～ 50 年。防腐木板应与地面有一定距离（15 cm）。木栈道施工图见图 5-17。

4. 围栏装饰

现有围栏属简易普通木质围栏，与黄帝陵文化不甚相符，建议新修围栏采用木质文化围栏，其上雕刻相关黄帝对中华文明的贡献图案，以提升其美观效果、文化价值和旅游价值。

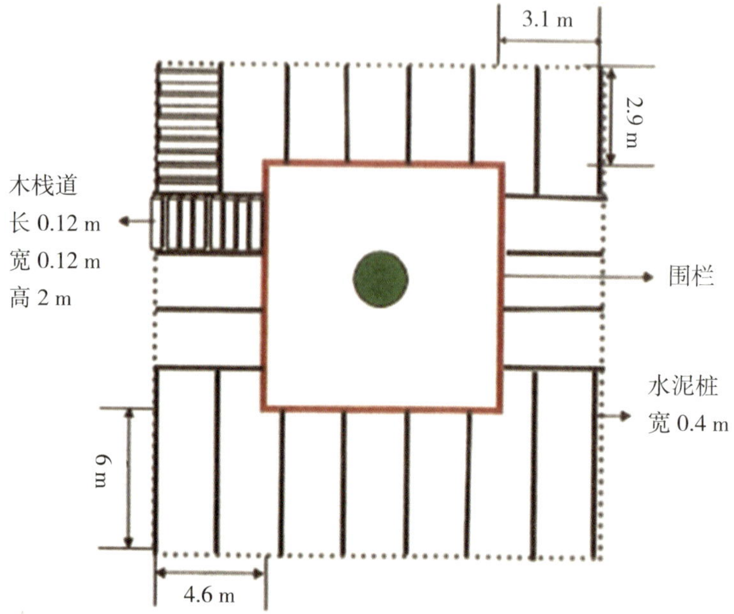

图 5-17 木栈道施工图

围栏雕刻设计理念为：黄帝作为五帝之首，古华夏部落联盟首领，被尊为中华“人文初祖”，以统一华夏部落与征服东夷、九黎族而统一中华的伟绩被载入史册。他在位期间，发现百谷草木，大力发展生产，始制衣冠、建舟车、制音律、兴文字、创医学、推算历法、建房屋等，对中华文明作出了巨大贡献。在围栏上绘制黄帝的贡献，增强黄帝陵文化内涵，提高黄帝陵的文化价值。

四、避雷针与树池植被

古树名木防雷电保护应坚持预防为主、安全第一、科学合理、统筹兼顾的原则。黄帝手植柏已有 5 000 多年，空腐严重，极易遭遇雷电袭击。根据古树名木的珍稀珍贵程度、地区雷暴日等级，按防雷要求黄帝手植柏为一类防雷古树名木。

防雷装置由接闪器、引下线、接地装置、电涌保护器（SPD）及其他连接导线组成，如图 5-18 所示。

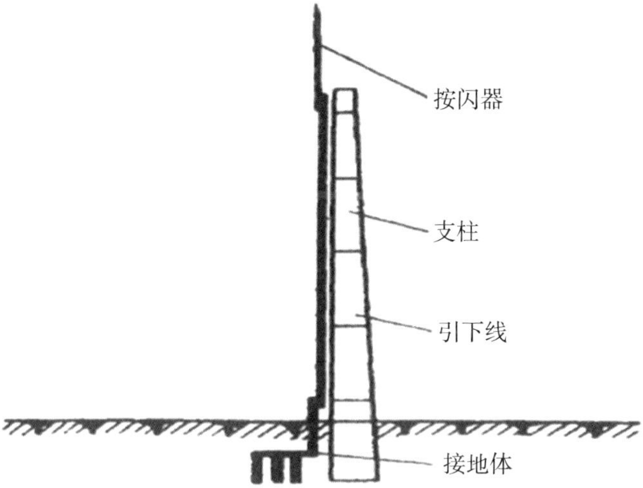

图 5-18　避雷针模型图

（一）接闪器

1. 接闪器的选择

接闪器应满足防雷技术要求，不影响古树名木景观，可选择在树体主干上安装避雷针。设置于树体上的接闪器，推荐使用杆式避雷针。

2. 接闪器的安装

接闪器可固定于树体的主干部位或粗壮枝干上，在树干上设置避雷针要采用柔性材料底衬的抱箍固定。柔性材料的宽度应大于抱箍宽度，且抱箍长度应留有一定余量，抱箍应选择绝缘材料。

（二）引下线

1. 引下线的选择

引下线应优先选用绝缘多芯铜绞线，单根引下线的截面积不应小于 100 mm^2。

2. 引下线的安装

（1）引下线应沿树体东北侧敷设，敷设应平直，并经最短路径接地，垂直而下。

（2）引下线与避雷针的连接应采用机械连接或电气焊接，其连接点过渡电阻应不大于 0.03 Ω，并做好连接点的防腐处理。

（3）引下线沿树干敷设时应套绝缘管，并用抱箍与树干固定。固定抱箍的间距不应大于 3 m，抱箍内采用柔性材料做底衬；柔性材料的宽度应大于抱箍宽度，且抱箍长度应留有一定的余量。

（4）引下线护管颜色与树干颜色相同或相近。

（5）引下线在接闪器端及接地体端的连接点外均应预留一定的余量。

（6）应在引下线距地面 1.8 m 处设置断接卡或用不同金属连接时设转换器，地面至 2.5 m 高度应采用绝缘塑料套管做保护。

（7）应在引下线距地面 3 m 高度内设置防雷警示标识。

3. 接地装置

（1）接地极应设置在黄帝手植柏树冠稀疏的一侧，并在树冠的垂直投影 3 m 之外。

（2）接地体由垂直接地体和水平接地体组成，垂直接地体长度不宜小于 2.5 m，宜采用角钢、圆钢或钢管，其中角钢不小于 40 mm × 4 mm ，圆钢直径不小于 20 mm，钢管直径不小于 50 mm ，壁厚不小于 3.5 mm；垂直接地极间距应大于 5 m。

（3）水平接地体宜采用圆钢或扁钢，其中圆钢直径应不小于 12 mm；扁钢截面积不小于 100 mm^2，其厚度不小于 4 mm ；接地装置的接地电阻值不大于 10 Ω。

（4）接地体的连接应采用搭接焊，接地体应深埋不低于 1 m。在土壤电阻率较高的地区，若采用降阻材料，降阻材料应环保、无毒、无害，以防破坏古柏树生长或污染地下水源。

（三）注意事项

防雷工程应进行防雷装置的设计审查和施工监测，该工程结束后应由防雷主管部门组织建设、设计、施工及工程监理单位进行总验收。

（四）树池植被

现在树池内栽植的为早熟禾草坪草，其缺点是草坪植被根系网络发达，容易形成不透水层，建议更换。

本方案设计采用 5 cm 木屑或树皮代替地被植物，以增加土壤的透气和透水性。

第四节　黄帝手植柏复壮技术方案

鉴于黄帝手植柏生长的土壤环境特点，本方案以土壤改良、诱发新根作为古柏复壮的主要手段。由于黄帝手植柏的主要根系多位于树冠投影以内，树冠外围根系极少，所以建议在树冠外围没有活根的垃圾土层区域采用环形开挖，清除原垫土层的建筑垃圾，填充人工配置的复壮基质或者附近农耕地土壤，以引导根系向外扩展；树冠内活根区域，在判明根系区域的基础上，结合放射状复壮坑开挖，清理原垫土层的建筑垃圾，填充人工配置的复壮基质或者附近农耕地土壤，以达到诱导新根产生的目的。

一、地面铺装与根系分布

1. 地面铺装及垫土层情况

轩辕庙黄帝手植柏地面状况分为两部分：围栏内部，以草坪垫土覆盖，垫层深约 1.2 m；围栏外部，东、南面地面以大理石地板覆盖，地板厚度约 7 cm，地板下为约 15 cm 水泥沙石混合垫层，大理石铺装下 80 ～ 100 cm 均为建筑垃圾垫土层。在黄帝手植柏地面铺装垫层中出现建筑垃圾和生活垃圾，对黄帝手植柏的生长有较大影响，局部已经出现死根。西面为青砖覆盖，青砖厚度约 6 cm，其下垫层类型与另外三面基本相同。见图 5-19 和图 5-20。

图 5-19　地表现状

地面铺装垫层

西侧垫层下的建筑垃圾

西侧垫层下的死根

西侧垫层下的生活垃圾

图 5-20　黄帝手植柏地面铺装垫层垃圾和死根图示

2. 根系分布情况

利用树木雷达（TRU）分 3 圈（1.5 m、5 m、6 m）对 0 ～ 40 cm、40 ～ 60 cm、60 ～ 100 cm 的古柏根系进行了探测，其地下根系分布情况见图 5-21。由图 5-21 看出，古柏根系主要分布在 60 ～ 100 cm 层，而表层 0 ～ 40 cm 层根系较少。这一根系分布规律与一般树木根系分布有所不同。经当地老年人回忆，20 世纪 80 年代轩辕庙大门抬升过程中，对古柏生长处进行了抬升，抬升后古树根部埋深 1 m 左右，这可能是大部分根系处于 60 ～ 100 cm 层的重要原因。鉴于仪器的识别能力限制，究竟该层次的根系为活根还是死根，本设备无法判定。

另外，不同方向根系分布情况与地面树冠现状基本对应，即树冠大的方向根系也多，具体根系在各方向的分布见表 5-5。从表 5-5 可以看出，各圈层不同深度的根系在不同方向有明显的差异，第 1 圈北侧的根系密度最大，其次为东侧，需要说明的是北侧黄帝手植柏树冠虽小，但与另外的柏树根系交织；第 2 圈北侧的根系最多，这与相邻柏树的根系交织有关；第 3 圈东侧的根系最多，与树冠现状基本一致。在 3 圈平均值中，北侧根系最多，这可能与相邻古柏根系空间交织有关。

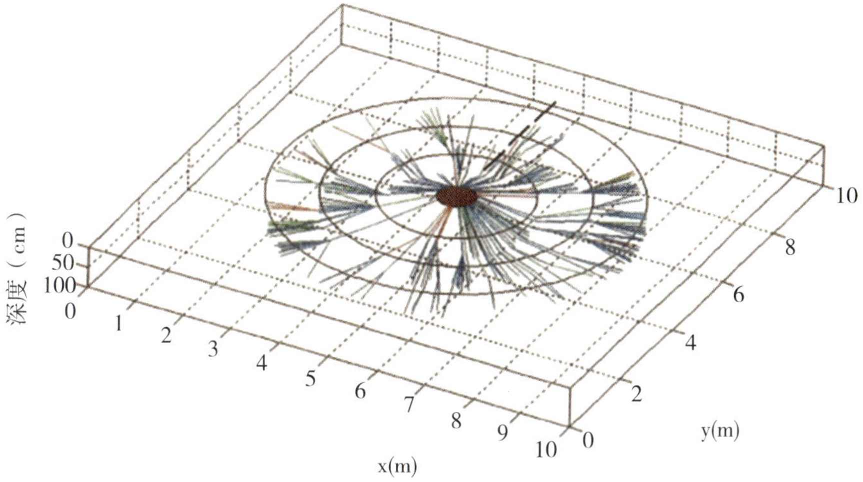

图 5-21 手植柏根系形态分布三维图

表 5-5 900 MHz 天线检测古柏不同方位根系分布统计表（单位：%）

取样序列	东	南	西	北	合计
第一圈	30.1	15.5	16.9	36.5	100.0
第二圈	26.3	23.8	17.1	32.8	100.0
第三圈	33.3	22.9	20.6	22.9	100.0
平均	29.9	20.7	18.2	30.2	100.0

二、土壤养分现状

（1）黄帝手植柏根际土壤有机质、全氮、可溶性碳、速效磷、硝态氮等养分元素均处于偏低或低水平，说明古树的土壤养分整体上处于贫瘠状态。

（2）土壤微生物量碳、氮含量处于较低和极低的水平，说明土壤中微生物的活性非常弱，不利于有机物质的分解和根系对元素的吸收利用。主要原因可能为土壤透气性差，尤其是围栏外的地砖严重影响土壤与外界物质与能量的交换。

（3）通过对土壤剖面的观察和分析，黄帝手植柏的东、西、南方向 1 m 深的土壤内均存在不同程度的建筑垃圾，数量最多的是西边，其次是东边，南边较少。正西方向土壤中的建筑垃圾数量最多，活根的数量最少，并且有腐朽多年的粗根，说明地下土壤的建筑垃圾对根系的生长有明显的负面影响。另外在土壤中发现部分霉菌，说明地砖和水泥垫层不利于土壤热量的散发和土壤通气。因此，应当适当扩大树干周围的绿地面积，去掉地砖，并逐步对地下的建筑垃圾进行清理。

（4）正南方向的土壤湿度较大，可能与地上排水不利有关，需要进行改造。

（5）详细土壤信息见《古柏土壤分析诊断报告》。

三、换土复壮与引根技术方案

结合地面铺装拆除，采用目前技术相对成熟、效果较好的环状引根沟和放射复壮沟的办法，对手植柏进行换土引根。具体技术方案如下。

（一）开挖范围

沿树冠外缘线向外开挖 1 m 深和 1 m 宽的环形沟。环形沟开挖过程中，根据所遇活根系的多少，决定环形沟的宽窄，直到遇见活根，停止开挖。所以，方案设计宽度仅作参考，以实际情况而定。古柏树冠投影近似于圆形，经计算环状沟长度为 53.38 m。四个方位的纵向复壮沟（辐射状）起始开挖点分别在手植柏南面距离树干 8 m 处、西面距离树干 7 m 处、东面距离树干 6 m 处、北面距离树干 5 m 处。在开挖前或在施工方案制定前，先采用点式开挖，探明根系的准确位置和方向，以免复壮过程损伤根系。

放射状复壮坑（纵向复壮坑）深、宽、长规格为 1 m×1 m×2 m，由冠缘线向树干方向开挖，若按照 4 年进度安排，每年每个方向需开挖 3 个复壮坑，共计 12 个复壮坑。另外，在施工过程中要小心细致，在换土过程中避免伤害土层中的活根系，如果发现有根系及时用湿润麻袋片或草帘覆盖和包裹古树根系。设计的复壮坑数量，在施工过程根据地下根系分布的实际，可适当减少。具体开挖位置见图 5–22。

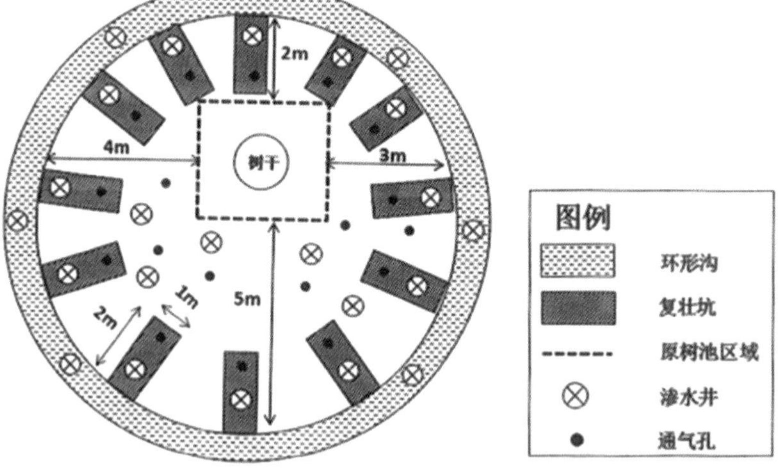

图 5-22 复壮开挖平面图

（二）填充基质

环状沟和复壮坑的结构基本相似，内部填充也相同。内部填充建议采用园土＋泥炭＋有机肥＋菌肥（10 ∶ 5 ∶ 2 ∶ 0.5）作为复壮基质。

另外，复壮沟填充时，可采用传统的“素土＋有机质＋阔叶树枝”分层填充，此填充方法可作为选择方案之一。回填土时从下往上分层加入以下复壮材料：表层为 30 cm 素土，第 2 层为 20 cm 的复壮基质，第 3 层为 10 cm 的杨树枝条，第 4 层是 20 cm 的复壮基质，第 5 层是 10 cm 的杨树枝树条，坑底层为 10 cm 厚的粗砂和陶粒，如图 5-23。

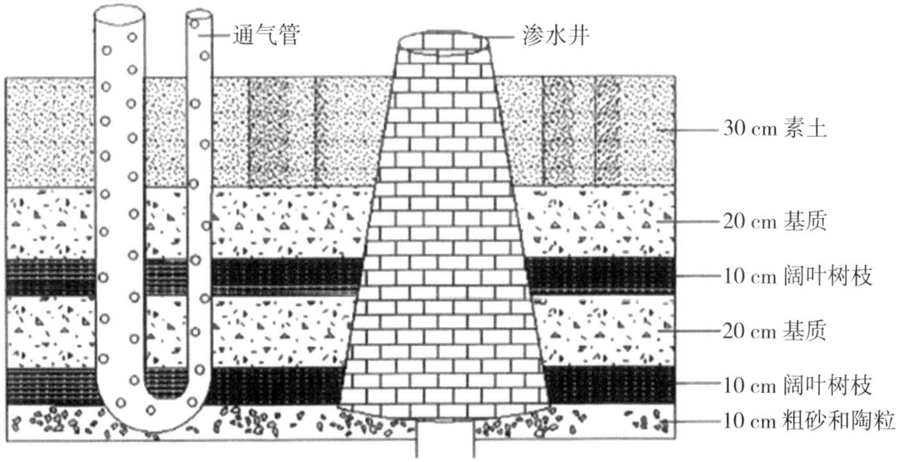

图 5-23 复壮沟纵剖图

为了增强地面承载力，提高土壤可持续通气能力，在复壮坑回填前，使用充分吸过水的砖，结合地面铺装改造，在坑（沟）的两侧砌花砖墙，如图 5-24。砖墙砌好后，填入准备好的基质，踩实与地面持平，若地面后期塌陷再填入园土。

图 5-24　花墙垒砌图

四、土壤通气技术

首先，在现有围栏范围之外，树冠投影外 1 m 的范围内进行架空铺装改造，保证根系的营养范围和土壤通气。具体铺装改造见本章第三节黄帝手植柏保护技术方案“围栏与地面铺装改造”。

其次，在回填环形沟和每个纵向复壮坑时，埋设一定数量的通气管，设计每 2 m^2 装 1 个管子，通气管数量共 113 个。通气管建议采用“U”型通气管，在深入地下的管壁上开若干直径为 5 cm 的小孔增强通气，如图 5–25。通气管材料采用PVC管，粗的一端直径为 12 cm，细的一端直径为 6 cm。从地表层到地下竖埋，管高度 100 cm，管口加带孔的 PVC 盖，以防止杂物落入。

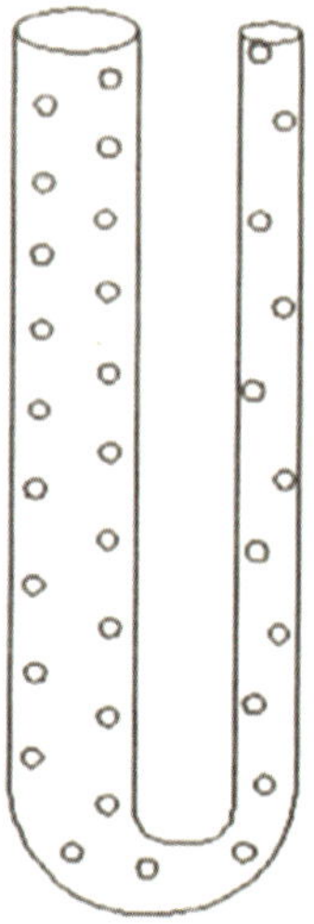

图 5–25　通气管示意图

五、灌溉与排水设施

鉴于滴灌管道水源的问题，本方案建议灌溉采用人工灌溉的办法，在干旱季节利用通气管进行人工浇灌，每次沿通气管进行灌水，灌溉量以不下渗为准。

关于排水问题，由于现在手植柏周围未见排水设施，所以在南侧冠缘线附近开挖土壤剖面时，发现土壤有明显的积水，土壤湿度较大，显然增设排水设施很有必要。根据当地的降水特点，本方案采用渗水井来解决今后的排水问题。

渗水井设计时既要考虑到地面积水，又要考虑到灌溉时的地下积水。结合环形沟和复壮坑开挖，修筑渗水井。根据当地土壤的侧渗能力和范围，每 9 m^2 挖 1 个渗水井，共需渗水井 16 个，在每个方向均匀分布。渗水井采用花砖墙铺设方法，用砖块垒出一个直径 50 cm，深 2 m 的空心井，不必用水泥勾缝，如图 5–26。井口用水泥封口，并加网状井盖。渗水井中可填入枯叶或泥炭，在不影响渗水的情况下，增加根系的穿透性。具体渗水井数量根据实际情况而定。

图 5–26　渗水井

第五节　技术实施效果监测与养护管理

一、地上部分监测

（一）叶绿色程度

利用叶绿素测定仪（SPAD–502 PLUS）和其他仪器，在每年 6 月和 9 月分别测定树叶中叶绿素含量、氮含量、叶面湿度、叶面温度等相关生理变化指标。

（二）纵向比较

以复壮前和复壮后的相关树体特征进行比较，如枝叶稠密度、树冠表现、小枝年生长量，叶色表现等。复壮前从四个角度对古树进行照相，然后进行复壮；复壮后 4 年内每年在固定位置、固定时间、用固定相机在晴朗的天气下进行拍照，观察树体、树冠、叶色的变化。

（三）横向比较

以复壮古柏与非复壮的北侧相邻古柏作为对照，观察复壮古柏与非复壮古柏的树冠表现，如叶色、年枝条生长量、树冠变化等。

二、地下根系监测

（一）铁笼观察法

主要对根系生长动态等进行监测。在复壮坑回填时布设一定数量的铁笼，然后进行回填。铁笼埋深 20 ～ 40 cm，共计布设 24 个铁笼。复壮完成后，每年根据复壮位置刨开 6 个根系观察铁笼，观察并统计长进铁笼内的根系数量、长度、粗度等根系生长指标。具体操作方法和观察效果见图 5–27。

图 5–27　根系监测示意图

（二）仪器观察法

Root Scanner–R 根系原位监测系统是目前自动化根系监测效果较好的仪器，具有监测范围广、省力、高效、统计数据准确、地面不开挖等优点。

1. 系统介绍

植物根系原位监测系统摒弃了传统挖掘清洗根系的研究方法，而是采用观察窗，在原位利用光电原理进行监测，实现了无损获取真实根系参数的目的，为科学研究工作带来了极大的便利。

监测方法：在黄帝手植柏树冠投影下，用根钻打下直径 70 mm 的探孔，将透明的防水根管伸入到土壤中，然后放入探头，就可以扫描获取根管管壁上的根系图像，如图 5-28 所示。扫描完成后探头可以取出带走，根管保留在地下，以供下次采集图像，用来对比分析根系的动态生长情况。根管为一端密封一端开口的透明防水抗紫外线管，型号为 Root Tube-70。根管开口端有防水密封胶帽，在不采集图像时可以有效防止雨淋和浸泡时根管进水。根管埋设好后不会对古树根系的生长和土壤的水势造成影响，不影响其他参数的测试，例如土壤蒸腾、水势、温度、水分等参数。

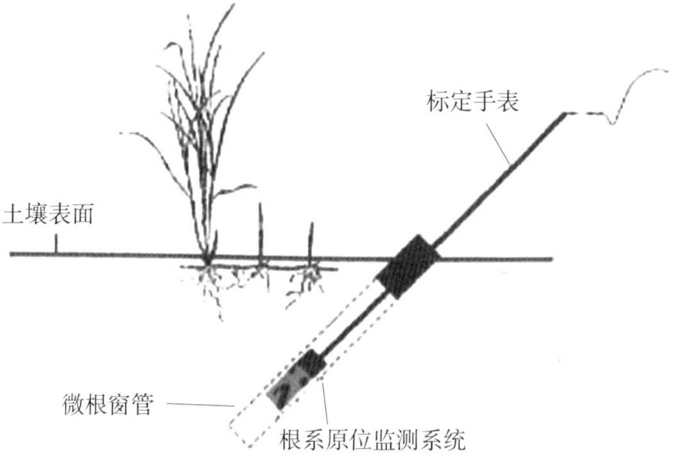

图 5-28　根系监测示意图

Root Scanner-R 根系原位监测系统（图 5-29 和图 5-30）可以获取土壤、根系剖面图像，监测土壤中活体根系的生长动态，可以方便地获取同一地点不同深度的根系图像，以及不同地点不同根系的图像；可以看到根系（甚至土壤颗粒）的详细结构。专业根系分析软件分析计算根长、根面积、体积、根尖数等根系形态参数，可进行不同时间空间多幅图片的拼接，具备强大的根系形态分析功能，是研究监测根系生长、根系生理生态、根系抗逆性研究和土壤颗粒变化的专业工具。油松根图像如图 5-31 所示。

图 5-29　根系原位监测系统

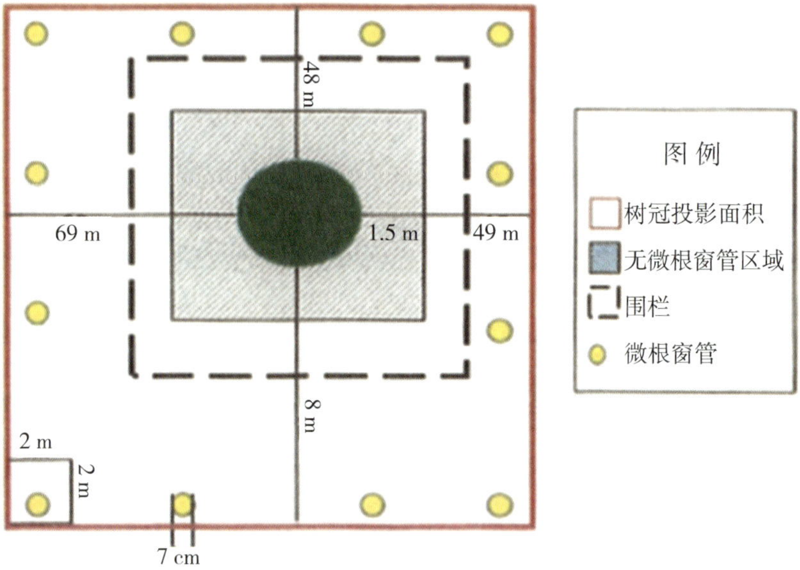

图 5-30　黄帝手植柏微根窗管示意图

说明：在未开挖复壮坑的区域，可设置一定量的微根窗管作为对照，以便与复壮坑内根系的生长进行比较，更准确地判断复壮后根系的生长状况和扩展能力。微根窗管在安装时每 4 m^2 一根，共需要 30 ～ 40 根。

图 5-31 油松根图像

2. 监测器技术指标

工作方式：脱离电脑独立工作，控制手柄数据线连接电脑。

图像像素：10 000 × 10 000 像素（1 200 dpi）。

画面尺寸：360° 高分辨率图像（22 cm × 20 cm），非拼接图像。

扫描速度：在 1 200 dpi 模式条件下，仪器扫描速度 ≤ 14s。

供电电源：控制手柄供电，手柄内置电池容量 20 000 mAh，可持续工作 8 h 以上。

透明观察管尺寸：国际标准尺寸，外径 70 mm、内径 64 mm，长度可根据要求定制。

数据传输：Wi-Fi、USB、TF。

软件放大分辨率：19 200 × 19 200 像素。

数据存储：32G；

工作环境：-5 ～ 60℃，相对湿度：0% ～ 100%（没有水汽凝结）。

图像色彩模式：彩色。

主机尺寸：353 mm（长）× 64 mm（直径）。

分辨率：1 200 dpi。

测量方式：可定点、定位连续监测。

扫描角度：360° 无死角。

数据浏览载体：掌上笔记本、台式机、手机、TF 读卡器等有 Wi-Fi、

USB 接口的设备。

充电电压：5V DC，可通过通用型 5V 直流适配器、USB 口充电。

专业仪器箱：系统配备专用的 IP67 抗震抗压防水箱，可以减震抗压防水防潮，在野外能更好地保护设备，并可作为工作平台或座椅使用。

国际标准尺寸：微根窗管（外径 70 mm，内径 64 mm，长 1.5 m）50 根。

3. 软件指标

（1）测量参数全面，有根系生物量测量、12 种单根系参数、30 种活根死根统计学参数、30 种拓扑统计学参数、5 种根系节点趋势参数，使得数据分析更全面可靠。

（2）对导入的图像进行旋转、更改图像分辨率（dpi）、更改图像尺寸，可进行图像增强、调整图像对比度、对图像进行锐化处理。

（3）支持中英文，支持简体中文及繁体中文。

（4）多文档操作，便于不同时间采集的同类数据或同一时间采集的不同数据进行对比分析，进行时空动力学变化分析。

（5）丰富的快捷键功能，绘制根系快速方便。可粘贴复制根系，多节点框选，整体拖拽平移，尤其适合根系时空对比分析。

（6）对根系采集的时间地点进行管理，对图像进行角度偏移校正，进行注释以便进行数据的管理。

（7）导出 Excel 表格数据，便于后期 Excel、MatLab、SPASS 等软件的处理与分析。

（8）丰富的图表选择，强大的图表属性设置功能，使得数据的可视化更加丰富。

（9）能对每条根进行命名，定义是否活根，通过拖拽关键节点以完成拟合曲折根系图，指定根系父子拓扑关系。

（10）支持 WinXP 至 Win8 的 32 位和 64 位操作系统。

三、病虫害监测

结合桥山古柏群的病虫害防治和测报系统，以黄帝手植柏为监控对象，建立单棵古树的病虫害监控体系和测报模型。数据来源以人工观察调研为主。在病虫害传播、繁殖的高发时期，加密监控时间，拟每周进行 1 次病虫害调查并记载相关数据，其他时间可 1 月进行 1 次调查。

四、土壤温湿度监测

安装“无线墒情监测站 /GPRS 土壤墒情监测系统”，利用该系统实时监测土壤湿度、温度以及地下水位变化情况。

GPRS 土壤墒情与旱情监测系统，简称“无线土壤墒情监测系统”，是用于监测与管理土壤墒情的专业系统。GPRS 土壤墒情与旱情监测仪采用 GPRS 传输，可通过短信、电脑等方法进行远程操作。

GPRS 土壤墒情与旱情监测系统，能够实现对土壤墒情（土壤湿度）的长时间连续监测。用户可以根据监测需要，灵活布置土壤水分传感器；也可将传感器布置在不同的深度，测量剖面土壤水分情况。系统还提供了额外的扩展能力，可根据监测需求增加对应传感器，监测土壤温度、土壤电导率、土壤 pH 值、地下水水位、地下水水质以及空气温度、空气湿度、光照强度、风速风向、雨量等信息，从而满足系统功能升级的需要。

五、日常养护管理

（一）建立养护档案管理系统

以黄帝手植柏为建档对象，分别对各种日常保护措施进行描述，记入档案，如施肥的种类、数量以及浓度、施肥方式；病虫害防治时间以及所采用药剂的种类、浓度、施用部位等。另外，还需在档案中定期记载施用技术后的树体生长表现及病虫害的防治效果等。切实做到数字准确、范围清楚、责任明确、措施到位。

（二）水肥管理

1. 浇水及排水

根据气候特点、树种特性和土壤含水量状况有针对性地进行。春季古树越冬后为促进其正常生长，在每年 3 月初及时浇灌返青水，灌水量以渗透到根际为宜；夏季结合土壤水分监测数据调整灌水次数，及时灌水并对古树树池范围内的土壤进行松土；冬季土壤封冻前浇灌冻水。另外，每年雨季，随时检查古树周围排水设施的排水效率以及渗水井的积水深度，若水量过大，应立即采用水泵抽排。

2. 施肥

施肥采用根际施肥与叶面施肥相结合的方法。具体根据叶色、树体表现以及土壤肥力状况诊断，决定施肥种类、数量等。

一般情况下，以复合有机肥为主，辅以微量元素、生理活物质和外源激素，按比例配制成植物营养液，通过灌根、喷洒方式使古树吸收，增强古树代谢机能，恢复树势。

灌根部位以树干为中心 5 ～ 6 m 范围内开环形带状沟，或者借助通气孔，少量多次进行。

叶面喷肥有省肥、省工、吸收快和吸收效率高等优点，可在古树生长季配合土壤施肥进行 2 ～ 3 次。目前市场销售有多种叶面肥，有的含有腐殖酸、氨基酸和钙、镁、硫、锌、铜、钼、硼等多种微量元素，其对增强树势有明显的效果。

鉴于本次诊断尚缺乏微量元素信息，先试行补充硝酸钾、硝酸钙、硫酸镁、磷酸铵、硫酸钾、磷酸二氢钾等，以及硫酸亚铁，硼酸、硫酸锰、硫酸锌、硫酸铜、钼酸铵和维生素 C、维生素 B、黄腐酸、吲哚丁酸、赤霉素等。

（三）病虫害防治

病虫害的防治应采用生物防治、化学防治和物理防治相结合的方法，做到早发现、早预防、早治疗。

侧柏主要虫害有柏肤小蠹、侧柏毒蛾、侧柏大蚜和侧柏毛虫等；主要病害有侧柏枯枝病、侧柏叶枯病等。在摸清病虫生活史的基础上确定有效防治时间，一般应在病虫繁殖的初期，如幼虫期、产卵前等关键时期进行防治。

第六节　黄帝手植柏根际土壤成分

一、土壤养分含量分级标准

表 5–6 为全国第二次土壤普查所采用的土壤养分含量分级。

表 5-6 土壤养分含量分级标准表

	分级标准				
酸碱度	分级	pH			
	强酸	<4.5			
	酸性	4.5 ～ 5.5			
	微酸	5.5 ～ 6.5			
	中性	6.5 ～ 7.5			
	碱性	>7.5			
容重	分级	容重			
	过松	<1.00			
	适宜	1.00 ～ 1.25			
	偏紧	1.25 ～ 1.35			
	紧实	1.35 ～ 1.45			
	过紧实	1.45 ～ 1.55			
	坚实	>1.55			
养分	分级	有机质 $/g\cdot kg^{-1}$	全氮 $/g\cdot kg^{-1}$	有效磷 $/mg\cdot kg^{-1}$	速效钾 $/mg\cdot kg^{-1}$
	一级	>40	>2	>40	>200
	二级	30 ～ 40	1.5 ～ 2	20 ～ 40	150 ～ 200
	三级	20 ～ 30	1 ～ 1.5	10 ～ 20	100 ～ 150
	四级	10 ～ 20	0.75 ～ 1	5 ～ 10	50 ～ 100
	五级	6 ～ 10	0.5 ～ 0.75	3 ～ 5	30 ～ 50
	六级	<6	<05	<3	<30

二、土壤剖面观察记录

表 5-7、表 5-8、表 5-9 为黄帝手植柏在正东、正南、正西方向土壤剖面观察数据。

表 5-7　黄帝手植柏正东方向土壤剖面观察记录表

西北农林科技大学土壤剖面观察记录表									
调查日期：2017 年 8 月 10 日		剖面编号：XYB–E		观测地点：黄帝手植柏正东方向		地形：平坦台地		坡向：无	
地度：无		海拔高度：825 m		天气：晴		土壤名称：黄绵土		母质：黄土	
侵蚀情况：无		植被：无		土地利用现状：被广场地砖覆盖		地下水深：无		调查人：党鹏	
概况描述：剖面位于轩辕庙黄帝手植柏正东方向距树干基部 6.8 m 处，剖面朝向为西。剖面土壤被广场地砖覆盖，上部的地砖和水泥垫层垂直高度为 16 ～ 21 cm。									
发生层	采样位置	颜色	质地	结构	松紧度	干湿度	根系	侵入体	pH
AP	0 ～ 22 cm	褐色	壤土	片状结构	紧实	潮	直径为 3 mm 和 5 mm 的活根系	较多瓦砾、石块	8.6
H1	22 ～ 39 cm	褐色	壤土	片状结构	紧实	潮	直径为 1 mm 和 6 mm 的活根系各 1 根	少量小块瓦砾和石块（4 块/100）	8.6
G1	39 ～ 51 cm	褐色	壤土	块状结构	紧实	潮	1 mm 根系 2 根，4 mm 根系 1 根	少量小块瓦砾和石块（2 块）	8.5
H2	51 ～ 92 cm	褐色	壤土	块状结构	紧实	潮	无	少量小块瓦砾和石块（2 块）	8.5
G2	92 ～ 100 cm	褐色	壤土	块状结构	紧实	潮	无	少量小瓦砾和石块（1 块）	8.5

表 5–8　黄帝手植柏正南方向土壤剖面观察记录表

西北农林科技大学土壤剖面观察记录表

调查日期：2017 年 8 月 10 日	剖面编号：XYB–S	观测地点：黄帝手植柏正南方向	地形：平坦台地	坡向：无
地度：无	海拔高度：825 m	天气：晴	土壤名称：黄绵土	母质：黄土
侵蚀情况：无	植被：无	土地利用现状：被广场地砖覆盖	地下水深：无	调查人：党鹏

概况描述：
剖面位于轩辕庙黄帝手植柏正南方向距树干基部 8 m 处，剖面土壤被广场地砖覆盖，上部的地砖和水泥垫层垂直高度为 16 ～ 25 cm。该剖面所处位置可能为低洼地带，土壤含水量高。

发生层	采样位置	颜色	质地	结构	松紧度	干湿度	根系	侵入体	pH
AP	0 ～ 22 cm	褐色	黏壤土	片状结构	紧实	湿	直径为 6 mm 的活根系 1 根，直径为 1 mm 的活根系 4 根	2 块小瓦砾	8.6
H1	22 ～ 39 cm	褐色	黏壤土	片状结构	偏紧实	湿	1 mm 根系 2 根，4 mm 根系 1 根	2 块大瓦砾	8.54
G1	39 ～ 51 cm	褐色	壤土	块状结构	紧实	较湿	直径为 6 mm 的活根系 1 根	1 块小瓦砾	8.5
H2	51 ～ 92 cm	褐色	壤土	块状结构	紧实	较湿	无	无	8.55
G2	92 ～ 100 cm	褐色	壤土	块状结构	偏紧实	较湿	无	无	8.54

表 5-9　黄帝手植柏正西方向土壤剖面观察记录表

西北农林科技大学土壤剖面观察记录表				
调查日期：2017 年 8 月 9 日	剖面编号：XYB-W	观测地点：黄帝手植柏正西方向	地形：平坦	坡向：无
地度：无	海拔高度：825 m	天气：晴	土壤名称：黄绵土	母质：黄土
侵蚀情况：无	植被：无	土地利用现状：被广场地砖覆盖	地下水深：无	调查人：党鹏
概况描述：剖面位于轩辕庙黄帝手植柏正西方向距树干基部 8.1 m 处，剖面土壤被广场地砖覆盖，上部的地砖和水泥垫层垂直高度为 18 ～ 25 cm。				

发生层	采样位置	颜色	质地	结构	松紧度	干湿度	根系	侵入体	pH
AP	0 ～ 22 cm	深褐色	黏壤土	片状结构	紧实	潮	18 cm 处有长 50 cm 死根残体；20 cm 处有约 10 cm 长，直径 3 mm 死根残体	大量瓦砾（5 块 /100 m^2）；大量石灰块（9 块 /100 m^2）	8.49
H1	22 ～ 39 cm	浅褐色	黏壤土	片状结构	紧实	潮	无	大量瓦砾（4 块 /100 m^2）；石灰块（12 块 /100 m^2）	8.58
G1	39 ～ 51 cm	浅褐色	壤土	块状结构	紧实	潮	无	少量瓦砾	8.64
H2	51 ～ 92 cm	浅褐色	壤土	块状结构	偏紧实	潮	90 cm 处有死根残体	少量瓦砾、动物骨头、煤渣等	8.70
G2	92 ～ 100 cm	浅褐色	壤土	块状结构	偏紧实	潮	无	少量瓦砾、砖头块	8.73

三、黄帝手植柏根际土壤理化指标

表 5–10 ～表 5–21 为黄帝手植柏根际土壤主要理化指标。

表 5–10 黄帝手植柏根际土壤 pH

pH								
土层 /cm	围栏内				围栏外			
	西南 – 里	西北 – 里	东北 – 里	东南 – 里	东	南	西	对照
0 ～ 20	8.43	8.56	8.56	8.69	8.59	8.60	8.50	8.30
	8.42	8.56	8.57	8.69	8.60	8.59	8.48	8.40
20 ～ 40	8.40	8.58	8.55	8.91	8.58	8.53	8.58	8.37
	8.41	8.60	8.57	8.90	8.61	8.54	8.58	8.47
40 ～ 60	8.68	8.60	8.70	8.95	8.56	8.49	8.63	8.42
	8.70	8.61	8.71	8.97	8.56	8.50	8.64	8.54
60 ～ 80	8.67	8.80	8.72	8.92	8.51	8.55	8.69	8.58
	8.65	8.79	8.74	8.92	8.52	8.55	8.71	8.52
80 ～ 100	8.63	8.86	8.66	8.87	8.50	8.53	8.73	8.64
	8.64	8.85	8.66	8.87	8.50	8.54	8.72	8.58

表 5–11 黄帝手植柏根际土壤有机质含量表

有机质含量 /g·kg^{-1}								
土层 /cm	围栏内				围栏外			
	西南 – 里	西北 – 里	东北 – 里	东南 – 里	东	南	西	对照
0 ～ 20	21.07	19.89	16.53	15.32	19.14	10.75	24.26	24.63
	20.82	16.26	17.61	14.40	18.36	9.18	25.28	24.46
20 ～ 40	14.84	20.78	23.78	15.25	20.92	11.96	19.30	21.51
	15.23	21.62	21.19	16.24	20.95	10.91	21.47	21.39
40 ～ 60	20.37	17.07	21.95	19.58	15.09	13.75	23.94	18.99
	18.22	16.65	19.08	20.21	18.56	13.24	24.19	20.78
60 ～ 80	32.96	14.23	21.58	21.08	12.13	13.95	20.00	20.80
	34.27	13.45	20.75	21.45	12.31	14.60	20.94	19.45
80 ～ 100	53.84	14.49	11.05	10.36	15.09	10.96	20.24	18.02
	53.32	15.29	11.95	11.55	14.65	13.40	22.33	18.69

表 5-12　黄帝手植柏根际土壤全氮含量

全氮含量 /g·kg^{-1}								
土层 /cm	围栏内				围栏外			
	西南－里	西北－里	东北－里	东南－里	东	南	西	对照
0 ～ 20	0.73	0.81	0.65	0.61	0.68	0.36	0.83	1.56
	0.71	0.64	0.64	0.57	0.68	0.38	0.86	1.54
20 ～ 40	0.79	0.90	0.82	0.59	0.80	0.39	0.55	0.97
	0.82	0.91	0.81	0.56	0.76	0.39	0.56	0.99
40 ～ 60	0.62	0.62	0.83	0.61	0.63	0.43	0.58	0.92
	0.63	0.78	0.79	0.61	0.60	0.47	0.59	0.88
60 ～ 80	0.55	0.55	0.65	0.46	0.39	0.36	0.47	0.83
	0.52	0.54	0.66	0.48	0.41	0.38	0.44	0.78
80 ～ 100	0.58	0.47	0.46	0.38	0.39	0.31	0.51	0.74
	0.58	0.49	0.42	0.41	0.39	0.30	0.49	0.68

表 5-13　黄帝手植柏可溶性有机碳含量

可溶性有机碳含量 /mg·kg^{-1}								
土层 /cm	围栏内				围栏外			
	西南－里	西北－里	东北－里	东南－里	东	南	西	对照
0 ～ 20	97.69	82.75	60.25	74.78	108.66	56.42	54.11	123.47
	115.68	77.76	50.82	80.82	115.40	10.88	59.09	127.43
20 ～ 40	101.82	106.35	99.96	71.37	60.32	62.15	71.23	105.57
	95.48	98.21	122.45	72.24	68.78	69.67	69.72	112.88
40 ～ 60	96.78	88.28	97.16	86.65	64.86	72.15	107.99	108.64
	115.19	104.41	84.93	97.83	68.52	64.21	90.81	92.46
60 ～ 80	59.07	93.92	61.71	68.51	45.61	48.96	64.15	94.32
	72.61	90.89	82.99	63.38	39.93	39.49	46.37	102.51
80 ～ 100	54.56	57.54	43.40	74.06	61.61	56.90	53.94	74.87
	51.88	53.71	60.30	66.36	65.05	47.51	49.36	70.54

表 5-14 黄帝手植柏铵态氮含量

铵态氮含量 /mg·kg^{-1}								
土层 /cm	围栏内				围栏外			
	西南－里	西北－里	东北－里	东南－里	东	南	西	对照
0～20	4.39	2.85	4.24	3.58	4.79	4.37	3.10	3.44
	4.20	3.31	4.08	3.24	4.71	4.37	3.09	3.43
20～40	3.06	3.44	3.11	2.81	4.02	3.69	4.97	3.23
	2.66	3.30	3.61	3.04	3.69	3.52	5.03	3.23
40～60	5.69	2.61	4.72	4.59	3.38	6.15	4.39	2.45
	5.96	2.44	4.76	4.89	2.91	5.70	5.22	2.45
60～80	3.46	7.62	3.28	3.65	4.51	4.10	4.51	2.18
	3.92	7.04	2.94	3.67	4.48	3.91	4.51	2.17
80～100	4.02	3.27	4.05	4.47	3.53	3.80	3.95	2.44
	3.71	3.78	4.14	4.35	3.38	3.57	3.51	2.43

表 5-15 黄帝手植柏硝态氮含量

硝态氮含量 /mg·kg^{-1}								
土层 /cm	围栏内				围栏外			
	西南－里	西北－里	东北－里	东南－里	东	南	西	对照
0～20	4.19	2.09	2.18	1.31	4.56	2.66	20.59	3.01
	4.27	2.10	2.06	1.22	4.48	2.45	20.97	3.49
20～40	2.58	4.36	2.21	1.09	5.96	1.94	20.28	3.09
	2.67	4.04	1.89	1.13	5.94	2.02	20.58	2.96
40～60	1.97	2.87	3.08	1.78	4.82	2.78	17.58	2.23
	2.05	2.79	3.02	2.32	4.52	2.29	17.71	2.74
60～80	2.11	2.11	2.10	1.97	3.75	2.06	18.00	1.88
	2.05	2.07	2.17	1.80	3.68	2.16	18.54	2.30
80～100	2.38	2.06	1.76	1.43	4.41	2.09	15.33	2.09
	2.41	2.06	1.77	1.44	4.31	2.12	15.70	2.49

表 5–16　黄帝手植柏速效磷含量

土层 /cm	速效磷含量 /mg·kg^{-1}							
	围栏内				围栏外			
	西南 – 里	西北 – 里	东北 – 里	东南 – 里	东	南	西	对照
0 ～ 20	10.8	10.32	13.74	7.56	8.58	11.04	12.42	19.32
	10.74	11.04	13.86	7.32	8.46	10.68	12.72	19.08
20 ～ 40	12.48	7.38	11.1	4.92	6.84	11.04	10.68	18.72
	12.9	7.44	11.34	4.68	6.54	11.34	10.74	18.24
40 ～ 60	11.88	14.82	12.9	2.94	5.16	18.9	25.92	18.24
	11.88	14.28	13.26	3.12	5.58	18.42	26.58	18.54
60 ～ 80	18.3	15	22.32	2.94	4.26	9	23.34	17.4
	18.06	15	22.32	2.4	4.56	8.1	23.16	17.82
80 ～ 100	12.72	12.96	15.84	3.9	6.42	5.58	34.98	15.12
	12.9	12.66	15.78	4.14	5.88	5.7	35.04	15.24

表 5–17　黄帝手植柏速效钾含量

土层 /cm	速效钾含量 /mg·kg^{-1}							
	围栏内				围栏外			
	西南 – 里	西北 – 里	东北 – 里	东南 – 里	东	南	西	对照
0 ～ 20	277.8	233.4	286.4	267	242.1	233.4	396.7	263.58
	277.8	231.3	287.5	265.9	247.5	228	409.6	251.52
20 ～ 40	428.0	415.0	410.7	353.4	216.2	337.2	323.2	237.32
	424.8	411.8	421.5	359.9	221.6	330.7	322.1	235.3
40 ～ 60	452.9	550.1	439.9	392.3	183.9	340.5	303.7	210.43
	458.3	542.6	442.0	392.3	181.6	331.8	303.7	225.31
60 ～ 80	354.5	513.4	445.3	442.0	130.8	187.0	291.8	205.32
	355.6	506.9	452.9	434.5	138.3	178.3	288.6	199.42
80 ～ 100	481.0	485.3	439.9	495.0	140.5	170.8	416.1	186.19
	470.1	489.6	437.7	496.1	142.7	169.7	416.1	192.25

表 5-18　黄帝手植柏根际土壤电导率

土层 /cm	电导率 /μS·cm⁻¹ 围栏内				围栏外			
	西南 - 里	西北 - 里	东北 - 里	东南 - 里	东	南	西	对照
0 ~ 20	196.4	145.2	173.9	195.2	165.6	114.7	162.5	206.88
	196.1	145.6	173.4	195	165.8	115.4	162.8	203.98
20 ~ 40	231	170.5	213	160.9	113	106.6	151.2	185.34
	230.4	171.8	212.7	160.8	112.4	106.8	150.9	191.16
40 ~ 60	176.5	133.9	146.7	187.7	118.9	104.5	148	184.45
	176.7	133.8	147.2	187.4	118.4	104.5	148.6	180.43
60 ~ 80	190.3	133.9	118.4	171.9	102.6	108.6	160.2	169.43
	190.3	134.5	118.5	172	103.1	108.9	161	167.43
80 ~ 100	192.2	162	121.6	141.3	114.4	105.6	172.7	163.76
	191.9	161.9	121.2	140.9	114.1	105.6	172.7	161.34

表 5-19　黄帝手植柏微生物量碳含量

土层 /cm	微生物量碳含量 /mg·kg⁻¹ 围栏内				围栏外			
	西南 - 里	西北 - 里	东北 - 里	东南 - 里	东	南	西	对照
0 ~ 20	100.02	122.22	126.28	85.45	30.15	32.51	91.61	185.27
	105.72	124.66	91.71	97.01	34.16	36.28	102.88	179.28
20 ~ 40	108.17	113.85	100.17	38.97	18.27	23.46	116.95	119.45
	102.92	120.22	108.80	14.42	33.66	46.27	109.74	129.24
40 ~ 60	76.24	73.08	59.90	107.64	17.20	13.35	9.65	97.14
	73.29	71.08	48.20	83.94	32.26	23.65	10.60	99.32
60 ~ 80	53.20	63.81	52.79	26.28	29.56	24.66	16.05	74.42
	46.21	76.89	14.82	41.34	50.07	23.28	10.53	76.08
80 ~ 100	49.41	7.92	34.49	24.88	27.41	27.11	8.71	62.68
	50.29	20.73	9.63	33.93	14.65	10.87	23.71	67.20

表 5-20　黄帝手植柏微生物量氮含量

土层 /cm	微生物量氮含量 /g·kg⁻¹							
	围栏内				围栏外			
	西南 – 里	西北 – 里	东北 – 里	东南 – 里	东	南	西	对照
0 ～ 20	13.69	9.72	16.37	11.18	0.57	4.61	8.36	17.89
	16.28	10.38	12.50	13.25	0.68	4.46	7.30	16.56
20 ～ 40	9.05	12.25	12.85	4.27	8.58	2.72	5.36	14.89
	9.81	12.88	12.62	3.83	9.56	2.54	3.65	16.08
40 ～ 60	2.39	5.78	6.18	12.22	7.17	1.42	3.17	14.22
	2.26	6.09	6.78	11.79	6.75	1.49	2.88	13.87
60 ～ 80	2.77	3.69	3.95	0.93	5.93	1.03	3.56	6.76
	3.28	4.07	4.17	1.09	6.46	1.40	3.58	6.40
80 ～ 100	5.38	1.20	0.80	4.53	3.45	3.25	0.79	6.00
	5.97	1.62	0.95	4.50	3.96	3.08	0.76	5.75

表 5-21　黄帝手植柏根际土壤容重

土层 /cm	土壤容重 /g·cm⁻³							
	围栏内				围栏外			
	东	西	南	北	东	西	南	北
0 ～ 20	1.16	1.18	1.22	1.28	1.4	1.38	1.36	—
20 ～ 40	—	—	—	—	1.36	1.33	1.35	—
40 ～ 60	—	—	—	—	1.35	1.35	1.35	—
60 ～ 80	—	—	—	—	1.36	1.35	1.33	—
80 ～ 100	—	—	—	—	1.34	1.33	1.32	—

第六章　中国古树名木与香柏文化

古树名木是指在人类历史过程中保存下来的年代久远或具有重要科研、历史、文化价值的树木。古树指树龄在100年以上的树木，名木指在历史上或社会上有重大影响的历代名人所植或者具有极其重要的历史文化价值、纪念意义的树木。古树名木是具有自然资源和文化依存双重属性的特殊文物类型，中华古树名木是中华民族悠久历史与文化的象征。代表性的古树名木类型有皇帝册封型、名人手植型、历史地理坐标型等。

陕西省的名人手植树比较多。据不完全统计，全国受过皇帝册封的古树现存10多棵。最早被皇帝册封的树木为秦始皇嬴政避雨时，封山东泰山油松为“五大夫松”；汉光武皇帝刘秀，封陕西蓝田县灞源乡青岗坪村松树为护龙松，该树高8.9米，胸径1.02米，树龄1700年；清乾隆皇帝所封数量较多，有侧柏、银杏、油松、白皮松、槐树等。

第一节　中国古树名木

党的十八大以来，习近平总书记高度重视国土绿化和古树名木保护，发表了一系列重要论述，作出一系列重要指示批示，为科学开展国土绿化和保护古树名木提供了根本遵循。2015年4月，中共中央、国务院印发《关于加快推进生态文明建设的意见》，要求“切实保护珍稀濒危野生动植物、古树名木及自然生境”。2019年，全国人大常委会修订《森林法》，将保护古树名木列为专门条款。

一、全国古树名木普查结果

开展全国古树名木资源普查，加强古树名木保护，对于传承中华文明，弘扬生态文化，推进生态文明和美丽中国建设具有十分重要的意义。古树名木是自然界和前人留下来的珍贵遗产，是森林资源中的瑰宝，是有生命的文物，具有重要的生态、历史、文化、科学、景观和经济价值。2020 年 9 月 9 日，国家林业和草原局公布了第二次全国古树名木资源普查结果，其主要内容如下。

2001 年，全国绿化委员会办公室组织开展了第一次全国古树名木资源普查。2015 年开始，为进一步摸清全国古树名木分布和保护管理情况，科学指导和推进保护工作，全国绿化委员会在全国范围内组织开展了第二次古树名木资源普查，2020 年 10 月，经过为期 5 年多的外业调查、数据整理和复核，形成了普查结果报告。

根据普查技术规范，分布在自然保护区和国有原始林区中的古树，按照《森林法》《自然保护区条例》和天然林保护相关政策规定管理，没有纳入本次普查范围。因此，本次普查的范围包括 31 个省（自治区、直辖市）和新疆生产建设兵团，不包括自然保护区和东北、内蒙古、西南、西北国有林区以及台湾和香港、澳门特别行政区。

普查结果显示，全国普查范围内的古树名木共计 508.19 万棵，包括散生 122.13 万棵和群状 386.06 万棵。散生古树名木中，古树 121.486 5 万棵、名木 5 235 棵、古树且名木 1 186 棵；群状古树分布在 18 585 处古树群中。分布在城市的有 24.66 万棵，分布在乡村的有 483.53 万棵。

古树名木资源较为丰富的省份是：云南超过 100 万棵，陕西、河南、河北超过 50 万棵，浙江、山东、湖南、内蒙古、江西、贵州、广西、山西、福建超过 10 万棵。全国散生古树名木中数量较多的树种有樟树、柏树、银杏、松树、国槐等。

全国散生古树的树龄集中在 100 至 299 年间，共有 98.75 万棵，占 81.2%；树龄在 300 至 499 年的有 16.03 万棵，占 13.2%；树龄在 500 年以上的有 6.82 万棵，占 5.6%，其中，1 000 年以上的古树有 10 745 棵，5 000 年以上的古树有 5 棵。

全国散生古树名木按权属分，国有 18.23 万棵，集体 90.97 万棵，个人 12.41 万棵，其他 0.52 万棵；按生长环境分，良好 96.98 万棵，中等 18.04 万棵，差 6.85 万棵，极差 0.26 万棵；按长势情况分，正常 103.73 万棵，衰弱 15.77 万棵，濒危 2.63 万棵。

二、陕西 5000 年以上的 5 棵古树

2022 年 9 月，第二次全国古树名木资源普查结果显示，全国古树名木共计 508.19 万棵，其中陕西省古树名木 72.73 万棵，全国树龄在 5 000 年以上的古树名木共 5 棵，均在陕西，包括黄陵县黄帝手植柏（轩辕柏）、保生柏、老君柏和白水县仓颉手植柏、洛南县页山古柏（洛南古柏、栖霞柏）。黄帝手植柏和仓颉手植柏分别在第一章、第六章中做了介绍，这里不再赘述，其他 3 棵古树的情况如下：

（一）保生柏

保生柏（图 6–1）位于黄帝陵轩辕庙西前院，因其位于明代保生宫旧址而得名。它属于柏科侧柏属，树龄约 5 000 年，树高 15.50 m，冠幅 12.10 m，地围 9.10 m，生长旺盛，主干向西南倾斜 16°。元朝泰定二年（1325），泰定皇帝也孙铁木耳收到陕西中部县住持道人状告本县保生宫着火，轩辕黄帝庙宇被破坏。泰定皇帝发敬护始祖陵寝蒙古语圣旨，严禁破坏黄帝庙宇建筑设施，禁止砍伐周边树林，碑文保存在黄帝庙碑廊。

图 6–1 保生柏

（二）老君柏

老君柏（图 6–2）位于黄陵县阿党镇史家河村老君庙前，距黄陵县城 20 km，属于柏科侧柏属，树龄约 5 000 年，树高 18.5 m，直径 3.5 m，苍劲挺拔，冠盖凌空，虬枝连叶，树形高大俊美。2011 年 3 月建设南沟门水库工程时，黄陵县为保护古树，将老君柏从史家河村移植于 2.5 km 处的川庄村，现依然遒劲挺拔，枝繁叶茂。

图 6–2　老君柏

（三）页山古柏

页山古柏（图 6–3）位于洛南县古城镇南村（柏庵村）页山，又称秦岭古柏王。据传此地宋代有栖霞道观，亦称栖霞柏，当地也称仓颉手植柏，距洛南县城 45 km。页山古柏属于柏科侧柏属，树龄约 5 000 年，树高 23.16 m，胸围 8.20 m，地围 9.2 m，冠幅 25.70 m。古柏树躯虽已斑驳嶙峋，但依然绿叶繁茂，葱茏苍劲。

2020 年 12 月，洛南县非遗保护中心申报的《仓颉手植柏传说》列入商洛市第四批非物质文化遗产名录。古城镇页山南村庵岭有一棵苍翠挺拔的古柏，相传为仓颉在洛南造字以后手植，人称仓颉手植柏。清道光三十年（1850），洛南知县前访，乡民告曰："至正元年（1341）丈八粗"，知县在柏前合抱量之，计径围二丈三尺，比至正元年增加五尺，遂作《页山古柏记》。

图 6-3　页山古柏

第二节　陕西省古树名木

古树是指树龄在100年以上的树木，名木是指具有重要历史、文化、观赏与科学价值或具有重要纪念意义的树木。

2016年11月底，陕西省符合普查范围的散生古树名木有11 207棵、古树群有270个共计71.59万棵，全省古树名木共计72.73万棵，其中5 000年以上的有5棵。

陕西省跨越纬度较大、气候多样，独特的地理、悠久的历史孕育了丰富的古树名木，而且具有鲜明的地方特色。开展古树名木资源普查，对弘扬森林文化、拓展旅游资源、促进经济发展等都具有重要意义。

陕西省位于东经105°29′～111°15′，北纬31°42′～39°35′。地处中国内陆腹地和黄河中游，南北最长878.0 km，东西最宽517.3 km，东邻山西、河南，西连宁夏、甘肃，南抵四川、重庆、湖北，北接内蒙古，居于连接中国东、中部地区和西北、西南的重要位置。本次古树名木资源普查范围，除境内的秦岭山脊原始林区、自然保护区外，涵盖全省总面积20.56×10^4 km^2内的城市街区、乡村街道、远郊野外等区域。

陕西横跨3个气候带，陕南属北亚热带气候、关中及陕北大部属暖温带气候、陕北北部长城沿线属中温带气候。气候总的特点是春季干燥，降水较少，气温回升快而不稳定，多风沙天气；夏季炎热多雨，间有伏旱；秋季凉爽，较湿润，气温下降快；冬季寒冷干燥，气温低，雨雪稀少。全省年平均气温9～16℃，自南向北、自东向西递减。年平均降水量340～1 240 mm；降水南多北少，陕南为湿润区，关中为半湿润区，陕北为半干旱区。气候的多样性孕育了丰富的古树名木种类。

一、古树名木资源现状

陕西是中华民族文化发祥地之一，曾有13个王朝在此建都，留下众多的古树名木。它们像璀璨明珠遍布陕西的山川沟壑，刻画了黄土高原气候变化的年轮，承载着三秦大地历史文明的烙印，是陕西悠久历史的见证者。

（一）按分布区域统计

1. 按行政区域统计

古树名木在陕西省 12 个市（区）的城市乡村、沟壑平原均有分布。其中西安市 14 868 棵，占总量的 2.04%；宝鸡市 34 998 棵，占总量的 4.81%；咸阳市 23 074 棵，占总量的 3.17%；铜川市 20 543 棵，占总量的 2.83%；渭南市 2 595 棵，占总量的 0.36%；延安市 188 177 棵，占总量的 25.88%；榆林市 5 991 棵，占总量的 0.82%；汉中市 26 359 棵，占总量的 3.63%；安康市 1997 棵，占总量的 0.27%；商洛市 408 254 棵，占总量的 56.15%；杨凌区 61 棵，占总量的 0.01%；韩城市 172 棵，占总量的 0.03%。见表 6–1。

表 6–1 陕西省古树名木行政区域分布统计表

单位名称	株数 / 棵	全省占比 /%
西安市	14 868	2.04
宝鸡市	34 998	4.81
咸阳市	23 074	3.17
铜川市	20 543	2.83
渭南市	2 595	0.36
延安市	188 177	25.88
榆林市	5 991	0.82
汉中市	26 359	3.63
安康市	1 997	0.27
商洛市	408 254	56.15
杨凌区	61	0.01
韩城市	172	0.03

2. 按生长场所统计

依据《普查技术规范》中散生古树名木 5 类生长场所统计，远郊野外 5 007 棵，占总数的 44.68%；乡村街道 4 899 棵，占总数的 43.71%；城区 259 棵，占总数的 2.31%；历史文化街区 163 棵，占总数的 1.45%；风景名胜古迹区 879 棵，占总数的 7.84%。

（二）按古树群统计

陕西省古树名木共计 270 个古树群 715 882 棵古树，见表 6–2。

表 6–2　陕西省古树名木群生树龄分布统计表

名称	1000 年及以上		500～999 年		300～499 年		100～299 年		100 年以下		合计	
	群数/个	株数/棵	群数/个	株数/棵	群数/个	株数/棵	群数/个	株数/棵	群数/个	株数/棵	古树群数/个	群生株数/棵
陕西省	8	50 110	20	759	59	84 222	181	580 755	2	36	270	715 882
西安市	0	0	0	0	0	0	7	13 805	1	16	8	13 821
铜川市	0	0	0	0	5	227	4	19 652	0	0	9	19 879
宝鸡市	1	17	0	0	2	37	6	33 865	0	0	9	33 919
咸阳市	0	0	0	0	0	0	7	22 378	0	0	7	22 378
渭南市	0	0	0	0	0	0	3	1 247	0	0	3	1 247
延安市	2	50 006	2	35	5	81 957	29	54 960	0	0	38	186 958
汉中市	4	84	7	184	11	197	32	24 644	0	0	54	25 109
榆林市	0	0	7	517	19	1 432	44	2 722	0	0	70	4 671
安康市	0	0	2	7	6	166	22	474	1	20	31	667
商洛市	1	3	2	16	11	206	27	407 008	0	0	41	407 233
杨陵区	0	0	0	0	0	0	0	0	0	0	0	0
韩城市	0	0	0	0	0	0	0	0	0	0	0	0

1. 按树龄统计

1 000 年及以上 8 个群 50 110 棵，500 ～ 999 年 20 个群 759 棵，300 ～ 499 年为 59 个群 84 222 棵，100 ～ 299 年 181 个群 580 755 棵。100 年以下 2 个群 36 棵。

2. 按林分平均高度统计

小于 10 m 的 94 个群 106 700 棵，10 ～ 15 m 的 78 个群 517 330 棵，15 ～ 20 m 的 86 个群 58 491 棵，高于 20 m 的 12 个群 33 361 棵。

3. 按立地条件统计

平坡 111 个群 46 050 棵，缓坡 34 个群 94 870 棵，斜坡 49 个群 426292 棵，陡坡 42 个群 92 911 棵，急坡 19 个群 20 801 棵，险坡 15 个群 34 958 棵。

（三）按古树散生类型统计

陕西省散生古树名木共计 11 207 棵，见表 6–3。

表 6–3 陕西省古树名木散生类型分级统计表

单位名称	一级	二级	三级	总数量
陕西省	2 756	2 656	5 795	11 207
西安市	259	248	540	1 047
铜川市	212	232	220	664
宝鸡市	243	250	586	1 079
咸阳市	196	167	333	696
渭南市	407	236	705	1 348
延安市	264	291	600	1 155
汉中市	296	305	713	1 314
榆林市	191	261	868	1 320
安康市	308	326	696	1 330
商洛市	334	276	411	1 021
杨陵区	4	9	48	61
韩城市	4	55	75	172

1. 按保护类型统计

一级保护 2 756 棵，二级保护 2 656 棵，三级保护 5 795 棵。

2. 按树龄统计

1000 年及以上 754 棵，500 ～ 999 年 2 002 棵，300 ～ 499 年 2 656 棵，100 ～ 299 年 5 761 棵，不足 100 年 34 棵。

3. 按树高（胸围）统计

树高在 10 m 以下有 2 042 棵，10 ～ 15 m 有 3 438 棵，15 ～ 20 m 有 3 141 棵，高于 20 m 的有 2 586 棵；胸围小于 300 cm 的有 6 835 棵，300 ～ 400 cm 有 2 558 棵，400 ～ 500 cm 有 979 棵，大于 500 cm 有 835 棵。

4. 按立地条件统计

平坡 8 457 棵，缓坡 1 085 棵，斜坡 889 棵，陡坡 557 棵，急坡 123 棵，险坡 96 棵。

二、古树名木保护状况

陕西省历来重视古树名木保护，2010 年 7 月颁布实施《陕西省古树名木保护条例》，陕西省林业厅印发了《陕西省古树名木养护技术标准》，制定了《陕西省古树名木价值评估办法》，依据政策和法规，古树名木得到了有效的保护。2016 年按照第二次全国古树名木资源普查要求，对全省的古树名木进行普查，建立了信息管理平台，实行挂牌保护和动态监管。2021 年将古树名木保护纳入林长制考核，保护古树名木的基本职责列入各级职能部门的考核内容，加强对古树名木保护的宣传教育、普查建档、监督检查、实施保护等工作，进一步明确了养护责任单位和养护责任人。2022 年 9 月，第二次全国古树名木资源普查结果公布后，编制《陕西省古树名木精准保护实施方案（2023—2032 年）》，印发《关于持续推进古树名木保护管理工作的通知》，安排部署全省古树名木和 5 棵 5000 年以上古树的保护工作。

（一）古树名木群落保护状况

古树名木群落主要分布在汉中、安康、商洛、延安、榆林 5 市，共 234 个古树群落 624 555 棵古树，分别占全省 270 个古树群落的 86.7%，全省 715 882 棵古树的 87.3%。这些地方古树比较集中的原因是古树群大多分布在人为活动较少的地区，在历史上没有遭受较大的破坏；少数古树群落位于历史文化名人陵墓，千百年来得到政府和社会公众较好的保护。

陕西省散生重点保护古树名木主要分布在渭南、商洛、安康、汉中、西安 5 市，计 1 646 棵，占全省重点保护总数 2 756 棵的 59.7%。它们得以保存的主要原因有二：一是这些地区在历史上有较多的皇家寺院、帝王陵墓、官吏宅邸、文化场所等，使得树木得到了较好的保存；二是陕南一些地区不仅有寺院官邸、名人故居，而且气候适宜、降雨充沛，且历史上人为破坏较少，使得较多树木得以保存。

（二）创新古树繁育，加强保护宣传

陕西省在全国率先实施繁育保护工程，2013 年成功获得黄帝手植柏、汉武帝挂甲柏、老子银杏等古树名木的克隆苗和实生苗；2016 年搭载天宫二号的黄帝手植柏太空种子繁育成功，2020 年搭载新一代载人飞船的仓颉手植柏

太空种子繁育成功，建立了重点古树遗传基因保存延续的新模式；出版了《陕西古树神韵》《陕西珍稀古树》画册、黄帝手植柏等4棵古树专题宣传片在中央电视台国际频道播出，利用网络平台介绍重点古树名木，展示古树名木风貌和历史故事；向社会公众印发《陕西省古树名木保护条例》，把黄帝手植柏确定为陕西林业标志Logo，挂设古树名木保护牌等，让公众了解古树名木知识，调动社会各界关注和参与古树名木保护的积极性。

（三）日常养护，抢救复壮

陕西省绿化委员会办公室每年对不同区域长势濒危的古树名木进行抢救性复壮保护。“十三五”以来对长势濒危衰弱的古树名木进行抢救复壮，救治濒危古树20余棵，救治衰弱古树80余棵，促进了古树名木健康生长。主要是措施有树洞填补、树体防腐以及枯枝修剪、病虫害防治、土壤改良、合理施肥等。另外还实施了恢复原生态、拆除地面水泥砖步道、改石材围栏为木材围栏，实施防护围栏扩建、环形观赏步道改建等工程。此外还严控火源，安装避雷针；维护古柏及其周边森林植物整体安全健康，开展病虫害防治；改善人文环境，清理古柏前焚香设施、古树上的绑绳缠绕、挂红布和古树周围竞争性的植物。

2017年组织了以南京林业大学曹福亮院士为组长，以北京林业大学、中国林科院等科研院所的9名高级专业人员为成员的专家组，拟定了黄帝手植柏、老子手植银杏《保护复壮技术方案》，邀请北京林业大学尹伟伦院士等5名国内古树名木保护知名专家评审通过该方案。2018年，邀请了西北农林科技大学赵忠教授、北京市园林科学研究院丛日晨高级工程师、北京林业大学翟明普教授等专家，对长安区古观音禅寺的千年古柏等重点古树进行抢救性保护。各市也根据辖区内古树名木生长状况，开展抢救、复壮保护工作。

按照《陕西省古树名木保护条例》第二十七条“养护责任人应在古树名木行政主管部门的指导下，做好松土、浇水等日常养护工作，并防止对古树名木的人为损害”的规定，由县级古树名木行政主管部门与养护单位或个人签订养护责任书，做好养护工作。

（四）古树保护资金

陕西省林业厅每年列预算资金用于古树名木保护，2017年保护专项经费为500万元，用于重点古树名木保护复壮、图文数据库建设等。各设区市根据《陕西省古树名木保护条例》第五条“县级以上人民政府应当将古树名木保护纳入城乡建设总体规划，并将古树名木保护所需经费列入本级财政预算”的规定，对古树名木保护列入了一定的预算资金。2017 年榆林市投入 500 万元，西安市、延安市每年投入资金 100 万元。西安市每年组织人员对古树名木养护情况进行检查，符合条件的按古树名木级别分别给予 800 元 / 棵、400 元 / 棵、200 元 / 棵的补助。各市给养护责任单位或个人一定的经费补助。资金主要用于古树名木保护宣传、抢救复壮、日常养护补助等。

三、陕西省委古树保护专题会议

2023 年 4 月，陕西省委书记主持召开专题会议，省长出席，研究部署全省古树名木保护工作。会议要求深入学习贯彻习近平总书记来陕考察重要讲话和重要指示精神，以高度的责任感和更加科学有效的举措，夯实责任、科学施策，切实把古树名木保护好管理好。陕西是古树名木资源大省，保护古树名木责任重大，从政治高度、人文厚度、生态维度深刻认识古树名木保护工作的重大意义，坚持全面保护、依法管理、科学养护的方针，做到对历史负责、对人民负责、对自然生态负责。

会议要求要系统保护、全面保护、可持续保护，从制度建设、技术支撑、经费投入、文化挖掘等多方面做好全省古树名木保护工作。按照属地管理原则和古树名木权属情况，扎实科学做好黄帝手植柏等 5 棵 5 000 年以上古树名木保护工作，充分认识保护好这些古树的重大意义，通过制定一树一策保护方案，建立专门的保护工作机制，确保黄帝手植柏等古树健康安全。

陕西省绿化委员会和陕西省林业局贯彻落实习近平总书记和有关领导对古树名木保护的重要指示批示精神，按照党中央、国务院决策部署，省委、省政府和国家林业和草原局的要求，积极运用第二次全国古树名木资源普查成果，研究贯彻落实具体措施，进一步加强古树名木的保护和管理，守护好中华民族重要的自然和文化遗产，推进古树名木保护法治化、科学化、信息化，按照一树一策的保护方案，落实一树一档、一树一支队伍的要求，落实《关于推进陕西省古树名木保护的若干措施》，编制《高质量推进全省古树名木保护工作方案》，建设全国古树名木保护示范省。

（一）建立古树档案，优化生态环境

建立古树档案，全面掌握古树名木底数情况、分布状况，查清所有古树

名木的特征，记载树种、树龄、胸径、冠幅、位置、长势、生长环境等。坚持分类施策，科学精准实施散生古树名木保护养护。优化生态环境，统筹地上与地下、本体与周边，做好环境综合治理、土壤改良等工作。编制森林防火预案、自然灾害应急预案等，提升古树名木保护工作水平，推进古树名木挂牌保护，定期组织开展古树名木保护排查整改工作。

（二）提高依法科学保护水平

完善法律法规，加快推进古树名木保护法治建设。根据《国家古树名木保护条例》，启动修订《陕西省古树名木保护条例》，制定《陕西省古树名木分级保护实施办法》，细化古树名木保护法律责任，形成依法保护古树名木的长效机制。对长势衰弱濒危古树及时诊断评估，制定精准养护复壮保护方案，发现问题及时诊治、科学施策，动态调整养护措施。在第二次普查形成的古树名木资源管理档案和资源数据库的基础上，适时开展古树名木资源补充调查。协调甘肃森林武警驻延安部队保护桥山古柏群。

用现代科技保护古树名木，推广应用先进养护技术，加强保护养护人员技术培训，提升专业化保护水平，研究解决古树名木保护过程中遇到的关键技术难题，严格执行《陕西省古树名木养护技术标准》。常态化开展松土、除草、施肥、排水等养护复壮措施，提升土肥水条件，改善生存环境，安装视频监控。严格执行古树名木保护相关技术标准，不断提升依法科学保护水平。实施古树名木抢救复壮。

（三）加强宣传教育

组织开展古树名木保护专题科普宣传，挖掘古树名木的历史文化价值和精神价值，大力宣传弘扬古树名木承载的精神文化价值。结合实际讲好陕西古树名木故事，增强全社会保护古树名木的意识和热情，引导全社会共同参与和监督，形成古树名木保护的合力。以图片展、宣传片、专题报道、普法活动、推出古树旅游线、建设古树公园等形式，营造古树名木保护良好氛围。

四、对 5000 年古树实行特别保护

编制一树一策保护方案和养护复壮方案，开展日常养护和保护复壮。加大巡查巡护力度，严格落实管护责任制，确定管护主体。5 棵树龄 5 000 年以

上古树养护责任主体和保护情况如下：

黄帝手植柏和保生柏的养护单位为黄帝陵管理局，2014 年争取全国首个古树保护公益性专项，开展保护关键技术研究，2015 年开始现地诊断年度评估，2017 年组织院士专家制定《黄帝手植柏保护复壮技术方案》，指导养护责任单位系统开展保护复壮。

老君柏的养护单位为黄陵县自然资源局，2011 年因受南沟门水利工程影响，老君柏由黄陵县史家河村移植至川庄村。养护部门制定了科学养护方案，发现枯梢和灰叶等病状后，及时组织专业技术人员救治。目前老君柏长势良好。

仓颉手植柏的养护单位为白水县仓颉庙文物管理所。该所组织专家现场诊断评估，通过扩大树盘，持续开展病虫害防治等保护措施。目前该树长势正常。

页山古柏的养护单位为洛南县林业局，组织专家现场诊断评估，采取了扩大树盘、外移临树水泥路等保护措施，优化古树生境。目前该树生长旺盛、枝繁叶茂。

第三节　仓颉手植柏克隆与种子繁殖研究

一、仓颉庙与仓颉手植柏

（一）仓颉与仓颉庙

仓颉，原姓侯冈，名颉，号史皇氏，生于白水县鸟羽山，黄帝赐予仓姓，意为君上一人，人下一君，黄帝左史官。仓颉是中国象形文字创造者，传说他仰观天象，俯察万物，几千年前的谷雨时节，首创中国最原始的象形文字鸟迹书，震惊尘寰。因制字有功，感动天地，下了一场谷子雨，解救了遭受灾荒之苦的天下万民，后人把这一天确定为二十四节气中的谷雨。从 2010 年开始，每年的 4 月 20 日前后联合国总部和日内瓦、维也纳、曼谷、内罗毕等联合国城都会举行中文语言日庆祝活动。

仓颉庙与仓颉墓位于白水县史官镇史官村，距县城东北 35 km，始建于东汉延熹五年（162），是全国唯一集庙、墓、柏、书、碑为一体的国家级重点文物保护单位。仓颉庙见图 6–4。2014 年，《仓颉传说》被列入国家非物质文化遗产项目名录。庙中拥有古建筑 10 余座，多为元明清及民国时期的建筑，庙内现存古碑 18 通，其中《仓颉庙碑》《广武将军碑》《时大宋仓公碑》等是中国书法史上的珍贵实物。碑石《仓圣鸟迹书碑》上面所镌 28 个象形文字，相传是当年仓颉所造象形文字的原形。研究者根据当地民间传说及有关资料，将这 28 个字析形释义，从释文中可知，这篇鸟迹短文，记述了黄帝和炎帝联合中部和东部诸部落，筹谋与蚩尤开战，打败蚩尤庆祝胜利的过程，是华夏民族历史上第一篇用文字记载的历史。仓圣鸟迹书碑见图 6–5。

图 6–4 史官镇仓颉庙

图 6–5 仓圣鸟迹书碑

（二）仓颉手植柏

史官镇仓颉庙院内有千年以上的古柏 48 棵，古柏参天，常青不谢。白水仓颉庙古柏群与黄陵轩辕庙古柏群、曲阜孔庙古柏群、耀州药王庙古柏群并称中国四大古庙古柏群。相传仓颉在去世之前选择墓地，看中这块北依黄龙山，南望洛河水，与百里之外的黄帝陵隔山相望的地方，栽植这棵柏树作为记号，故称为仓颉手植柏（图 6–6）。仓颉手植柏是迄今为止是世界上最古老的柏树之一，相传有 5 000 年树龄，树高 17 m，胸围 7.28 m，根围 9.3 m。古柏历经沧桑，老态龙钟，千姿百态，根部盘根错节，如龙爪匝地；主干扭曲上攀，粗壮坚实；树纹犹如奔腾的河流，树像虬龙在空中盘绕，苍劲挺拔、冠盖蔽空，至今依然四季常青、枝繁叶茂，是仓颉庙景区最有价值的文化遗存和历史见证。

图 6-6　仓颉手植柏

二、仓颉庙祭祀仓圣

仓颉祭典源于汉代之前，是流行于白水的民俗活动，属陕西省非物质文化遗产。白水《仓颉庙碑》记载，白水仓颉庙建于桓帝延熹五年（162），汉桓帝为了“留德教于千里”之外，敕令侍御史颍川人刘陶来衙县（汉代白水县名）访国老，确定衙县仓颉墓确为仓颉亡灵所在地，遂令衙县退职县令孙羡和新任县令仇君商议立祠刻石之事。周邻十一县官吏和百姓自行捐款十几万五铢大钱（汉制）建仓颉庙，当年正月立祠石，侍御史刘陶主持了官方祭祀，宣读颂词。

碑文记载，规定以后公民的合祭办法，选仓颉后代中有德行的人主持祭祀活动，由五家准备祭品黍、稷、稻、粱、契（刻契的文字），选良辰吉日，祭祀仓颉，国家免除这五家人的徭役和赋税。后来祭祀活动改为春秋二祭，清末又改为谷雨祭祀延续至今。

宋初祭祀仓颉已经纳入朝廷祭祀活动，明代万历二十四年（1596）《重修庙记》记载：白水知县贾熙载祭拜仓颉并与政府官员一起主持重修仓圣庙及民间祭祀仓颉活动，每年既有公祭又有民祭。清乾隆十九年（1754）四月，白水知县梁善长及官府在仓圣庙举行谷雨祭祀。国民党将领赵子健在民国八年（1919）翻修仓颉庙，同时组织白水纵目、史官两地群众，设立专门祭祀仓颉的民间组织十大社，从第一社开始每年轮流主持祭祀仓颉，年年谷雨起会，会期七至十天。

新中国成立后，谷雨祭仓颉大典成为陕西省继清明祭轩辕黄帝大典后又一盛事。1990 年，白水县将谷雨祭祀改为公祭，1991 年至 2008 年间，按照每年一小祭（民祭），三年一大祭（公祭）的模式传承延续下来。2009 年 4 月 20 日，中共渭南市委、渭南市人民政府在仓颉庙举行“中国·白水国际仓颉文化旅游节暨汉字之根祭祖大典”活动，全国人大常委会副委员长、陕西省政府副省长参加祭祀典礼。2016 年谷雨祭祀仓颉活动由中国公共关系协会和陕西白水仓颉文化研究促进会主办，中央电视台等数十家主流媒体进行了报道。

三、仓颉手植柏太空种子扩繁

2020 年 6 月 10 日，新一代载人飞船搭载仓颉手植柏种子完成空间科学实验任务。在陕西省航天育种工程技术研究中心，从太空返回后的仓颉手植柏种子移交给白水县。在航天育种空间站的指导下，由西北农林科技大学，白水县林业、园艺等部门在田园综合体古柏繁育基地繁育获得成功。见图 6–7。2022 年 9 月 8 日，西咸新区泾河新城基泰绿色生态发展研究院、陕西省珍贵树木工程技术研究中心与白水县林业局、仓颉庙文化景区管委会共同考察研究仓颉手植柏的克隆与种子繁育。见图 6–8。

图 6–7　仓颉手植柏太空亲子苗（2022）

图 6-8　仓颉手植柏扩繁考察组

第四节　孙思邈手植柏克隆与种子繁殖研究

一、药王孙思邈手植柏

（一）药王孙思邈

孙思邈（541—682），出生于陕西铜川耀州区孙原村，是中国历史上著名的医学家和药物学家，享年 141 岁。据《旧唐书 · 孙思邈传》记载，孙思邈天资聪慧，七岁就学，日诵千言。幼年多病，立志学医，遂通览百家，为笃志从医打下了坚实的基础，20 岁即为乡邻治病。在私塾窑洞里上学时，经常在鱼儿岭一棵槐树下读书，古槐树高 15 m，胸围 4.5 m，树冠 150 m^2，树龄 1400 余年。古槐树下立有清康熙十年（1671）《唐敕封孙真人故宅》碑“真人讳思邈……，仙攀五台山，子讳行，凤阁侍郎。孙讳溥，萧县丞。俱华原人，世居于此村。孙家原迄今坟墓尚存。”2002 年 10 月耀州区政府命名为“药王古槐”。见图 6-9。

孙思邈隐居终南山行医修道，隋唐统治者屡次派人请他京城为官，他均辞谢不前，终其一生。孙思邈对古典医学有深入研究，对民间经验十分重视，往往为一方一药，不远千里求教。他在药物学、营养学、针灸学、炼丹学、医疗技术等方面均有杰出贡献，成为一代宗师，所著《千金方》首创复方，是我国医学史上的重大革新。孙思邈擅长阴阳术，在道教养生和医学方面多有建树，著有《备急千金要方》，共30卷232门，已接近现代临床医学的分类方法。他汲取《黄帝内经》关于脏腑的学说，在《千金要方》中提出了以脏腑寒热虚实为中心的杂病分类辨治法，收集药方5 300副。《千金翼方》是对《千金要方》的补编，对炼丹、服食以求长生成仙的道教方术作了探索。他一生经历西魏、北周、隋、唐四个朝代七个皇帝，是一位中国历史上伟大长寿的医药学家。他不慕名利，用毕生的精力，实践了自己的医德思想。北宋崇宁三年（1104），宋徽宗敕封孙思邈为妙应真人，历代医家和百姓尊崇备至称其为“药王”。

图6-9 孙原村古槐树（2022）

（二）孙思邈手植柏

孙思邈在隐居地五台山植树，相传栽植了七星柏、瑞槐等树木和乌梅等药用花卉。此后，历朝历代都在五台山上植树造林。如今五台山古柏参天，漫山苍翠。耀州药王庙古柏群可与桥山黄帝陵古柏群、白水仓颉庙古柏群、曲阜孔庙古柏群并称为中国四大古庙古柏群。

在铜川耀州药王山南庵院有一棵古柏树，传为孙思邈亲手所植，故称为孙思邈手植柏，树龄1300年，树高12.5 m，胸围3.95 m，主杆挺拔，纹理扭转，故称转纹柏。清代诗人杨在阶游历此处赋诗赞曰：“古色苍苍起石鳞，虬（有角的龙）枝伛偻已千春。时邀夜月闲相诉，似恨当年轻转身。”见图6-10。

图6-10　孙思邈手植柏

二、药王庙祭祀百代之师

孙思邈被尊为百代之师、药圣、药王。耀县城东的五台山是其隐居之地，后人将五台山称为药王山并建药王庙。药王庙内设药王殿，供奉药王孙思邈的造像，三皇殿中供奉伏羲、黄帝轩辕氏和炎帝神农氏。山门内有参天的古树，药王山保留有金、元、明、清各代建筑近200间，元殿中尚保存有国内少见的两幅大型元代壁画。药王大殿位于五台中的显化台上，殿前东边有碑亭一座，明隆庆六年（1572）所刻的五通碑石立于亭内。其中《千金宝要》记载了孙思邈所著《千金方》中近千副重要药方。《海上仙方》记载了药王搜集整理的单方、验方。耀州华原妙应真人祠记即龙王献方碑碑头石刻绘有龙王献方的故事（图6-11）。位于药王庙西南200 m处的洗药池，为两个直径约2 m，深1.5 m的石窝，相传为孙思邈当年的洗药池。药王山南庵院东南有一块平地叫检药场，传为孙思邈在这里检晒中药材。1961年，药王山石刻被列为第一批全国重点文物保护单位。

每逢农历二月二日，药王山有庙会。古代奉其孙思邈为神，于四月廿八日举行药王会。唐太宗李世民作颂：“巍巍堂堂，百代之师。”历代医家对孙思邈推崇备至，尤其是他有病无类、不为高官厚禄所动，隐居民间医病的平民情结，在老百姓心中立起了心碑，全国各地以至海外均有药王庙或药王洞。

图 6-11 耀州华原妙应真人祠记龙王献方碑碑头石刻

说明：耀州华原县五台山孙真人祠记碑，原碑刻于北宋元丰四年（1081），金大定九年（1169）重刻。碑额有金大定时画家杜穆所绘《孙真人新堂图》，以真人洞门为背景，近处怪石林立，古柏苍翠；远处修竹摇曳，河水奔流。真人凝神端坐于洞前石上，左侍童而右伏虎。前有老人双手捧书，作呈进状，当为龙王献方故事。碑文计 2 500 余字，是研究药王山沿革、地貌、形胜及孙真人隐居旧址、生平事迹、传说等的宝贵资料。

三、孙思邈手植柏克隆与种子繁育

为了更好地保护孙思邈手植柏，让其优良基因继续延续，发挥其重要的文化价值，2022 年 9 月，西咸新区泾河新城基泰绿色生态发展研究院、陕西省珍贵树木工程技术研究中心与铜川市政协、药王山文化景区管委会考察研究孙思邈手植柏的克隆与种子繁育。大家一致认为保护繁育孙思邈手植柏迫在眉睫，要借鉴黄帝手植柏克隆繁育取得的重要成果，制订切实可行的保护复壮技术方案，利用多种生物技术手段，筛选出最理想的技术线路，并加快应用于实践，使孙思邈手植柏到扩繁复壮早见成效。孙思邈手植柏扩繁考察组与孙思邈手植柏合影见图 6–12。

图 6–12　孙思邈手植柏扩繁考察组

第五节　香柏文化

中国的植物文化在世界文明史上有着特殊的地位和作用。古代的人和自然的和谐统一以及自然资源的永续利用的观念，与现代生态文明所倡导的人和自然和谐理念相一致。古代人十分重视对自然和祖先的崇拜，其目的在于塑造诚敬的心理境界。植物文化具有明显的诗礼特征，“兴于诗，立于礼，成于乐”，植物成为人们表达诗礼追求的重要意象物和比德物。由于松柏树有相似性且寓意相近，所以中国的松文化与柏文化统称为松柏文化，而松柏文化分为松柏物质文化和松柏精神文化两个方面。冯广平、包琰等著《秦汉上林苑植物图考》《北京皇家园林树木文化图考》，北京林业大学李莉著《论油松和柏树文化》等对松柏文化都进行了研究考证。

一、香柏的自然特性

侧柏，亦称香柏、扁柏、黄柏、香树、云片柏，拉丁属名源自希腊语扁平的小枝，这是侧柏的典型特征。其乔木可高达 35 m，树皮浅褐灰色，绿色小枝细长下垂；鳞叶二型，长 1.0 ～ 1.5 mm，先端锐尖；雄球花黄色卵圆形（图 6–13），长 2.5 ～ 3.0 mm，雄蕊通常 6 对。雌球花蓝绿色近球形，长 3 ～ 6 mm。球果近卵圆形，直径 8 ～ 12 mm，红褐色，中间两对种鳞倒卵形或椭圆形（图 6–14）。种子卵圆形，顶端微尖，灰褐色或紫褐色。花期 3 ～ 5 月，球果 10 月成熟。

中国从东北到南方均有广泛分布。柏科起源尚无定论，一说起源于三叠纪，一说起源于距今 1.9 亿年前的侏罗纪早期。在侏罗系底层发现过柏科化石，与起源于中生代晚期的观点是一致的。人工栽植十分广泛，大部分省均有香柏栽植。香柏是所向披靡的生态卫士，一些自然条件恶劣的地方因为柏树变得生机勃勃。侧柏为常见的庭院绿化树种，常有百年和千年以上的古树。具有抗污染、能阻滞灰尘和吸收二氧化硫的特性，适宜种植在公园、医院、学校等。北京天坛公园的主要树种就是香柏。秦岭山地土层瘠薄，在积岩石裸露的地方，香柏林是最为重要的植被。秦岭以北渭河流域有天然香柏林，关中地区古代多柏树，《两都赋》记载了上林苑植柏，《山海经 · 西山经》记载：“（白于之山）上多松柏，下多栎檀。”

图 6–13　侧柏雄球花（冯广平摄）

图 6–14　侧柏球果（冯广平摄）

二、香柏是身份高尚的象征

柏字始见于甲骨文，李时珍《本草纲目》木部第三十四卷记载：“按王安石《字说》云：松柏为百木之长。松犹公也，柏犹伯也。故松从公，柏从白。”“万木皆向阳，而柏独西指，盖阴木而有贞德者，故字从白。白者，西也”。因木性坚韧正直，犹如君子贞正的品德，故从白结字，为木中表率。《史记》第一百二十八卷《龟策列传》第六十八记载：“松柏为百木长，而守门闾。”周代侧柏作为行道树种和门闾树种，松柏寓有烘托居室庄严肃穆之意，具有其他树种不可企及的特殊地位。

中华民族对松柏有特殊的感情，松柏在国人心目中具有其他树种不可替代的地位。国人的生活在很多方面与松柏紧密联系，因而中国松柏文化具有丰富的内涵。古人赞侧柏为百木之长，四季常青、斗寒傲雪、坚毅挺拔。在周代松、柏、槐和酸枣等一些特定的树木用作职官的象征，《周礼·秋官》记载（外朝）“左九棘，孤、卿、大夫位焉……右九棘，公、侯、伯、子、男位焉……面三槐，三公位焉”。河南嵩阳书院的两棵周柏，传说在公元前110年被汉武帝封为大将军和二将军，被唐武则天封为五品大夫。先秦以后宫苑、衙署、宅第、寺观、学府等均植柏、松、槐等树，以表达地位和身份尊贵。侧柏是中国国树和陕西省省树的候选树种之一，是北京市和西藏拉萨市的市树。

先秦是一个被称为诗的时代，天子通过采集各地的民歌即国风来评判各诸侯国的施政绩效，诸侯国之间通过引用和创作诗歌来表达各自的外交意愿，而树木则是重要的描述、比喻、托物言志（赋、比、兴）的题材。第一部诗歌总集《诗经》中，以植物为讽咏题材的诗篇很多。我国古代的社会秩序建立在礼制基础之上，一些特定的树木被赋予礼制的内涵。柏树象征正气高尚、长寿不朽，在历史的长河中演变成了神圣的树，人们对柏树深怀敬意，推动了尊重自然的文化形成。《三辅旧事》云：“以香柏为梁也，帝尝置酒其上，诏群臣和诗，能七言诗者乃得上。太初中台灾。”《三辅黄图》云：“柏梁台，武帝元鼎二年春起。此台在长安城中北阙内。”柏梁体指联句诗，为七言诗发端，南北朝刘勰《文心雕龙·明诗》记载：“孝武爱文，《柏梁》列韵”。

柏树是珍贵用材树种，其木材结构细密，纹理直、有香气、耐腐蚀、易加工，因含树脂木材干燥慢，油漆和胶黏性良好，自古为建筑、桥梁、造船的优良用材，也用于高档家具、办公和住宅的高档装饰、木制工艺品加工等。宁波河姆渡文化遗址出土了干栏式建筑的柏木构件，据记载至晚在商殷时期松柏已经成为传统的建筑材料。《诗经·商颂·殷武》有关商代用高大的松柏修建殷高宗庙堂的诗句："陟彼景山，松柏丸丸。"清代皇家园林颐和园德和园颐乐殿的外柱对联："松柏霭长春画图集庆，蓬莱依胜境杰构灵光。"描述了松柏在皇家园林中的神致和风韵，意思是松柏被春天的气氛所笼罩，美景呈现着一派吉庆祥瑞，蓬莱仙岛紧靠名胜之地，高巍的建筑发射着神异之光。

二、香柏有益身心康泰

柏树有益人的身心健康。古人认为把柏树放在家里财位上有增加财运之意；事业遇到瓶颈种植一棵柏树有事业上升之意，象征吉祥之意驱散霉运；新婚的夫妻植树首选柏树，有家庭和睦运势上升之意；柏的谐音是百，寓意长命百岁，香柏作为礼物送给老人增进健康之运。柏的寿命很长，古人因此相信吃柏叶和柏实可以长生，而且还偏爱在知名的古柏上采集枝叶、球果作药。柏叶服食具有辟谷延年的作用，更为道家所推崇，谓之为上品仙药。由于松柏给予人们莫大恩惠，因而自古以来，人们对其颂扬不已。

香柏散发的植物精气，亦称芳香气体，能养人体正气、杀灭细菌、净化空气、清热解毒、祛病抗邪；吸入香柏的芳香气体后，可松弛精神、稳定情绪，使血压下降、大脑血流量减少、抑郁情绪得到缓解。香柏在森林疗法和园艺疗法中有着广泛应用，在柏树林中休闲娱乐两小时后精神状态可得到明显改善。

柏树是重要药材，种子入药名柏子仁，《神农本草经》将其列入上品药材，道家还常用柏木板制作药枕。树枝、树叶、根部、种子皆可榨油，亦可入药，柏树枝叶和根部提炼的柏干油为传统出口物资。根和树干清热利湿、止血生肌。果实祛风解表、和中止血，用于感冒、头痛、发热烦躁。树脂解风热、燥湿、镇痛、风热头痛、带下病，外用于外伤出血。《本草经疏》记载："侧柏叶，味苦而微温，义应并于微寒，故得主诸血崩中赤白。若夫轻身益气，令人耐寒暑，则略同于柏实之性矣。惟生肌去湿痹，乃其独擅之长也。"《本草汇言》记载："侧柏叶，止流血，去风湿之药也。凡吐血、衄血、崩血、便血、血热流溢于经络者，捣汁服之立止；凡历节风痱周身走注，痛极不能转动者，煮汁饮之即定。惟热伤血分与风湿伤筋脉者，两病专司其用。但性味苦寒多燥，如血病系热极妄行者可用；如阴虚肺燥，因咳动血者勿用也。如痹病系风湿闭滞者可用，如肝肾两亏，血枯髓败者勿用也。"《药品化义》记载："侧柏叶，味苦滋阴，带涩敛血，专清上部逆血。又得阴气最厚，如遗精、白浊、尿管涩痛属阴脱者，同牛膝治之甚效。”

四、园林庭院植柏尽显崇高壮美

侧柏树形美观、寓意美好，园林中的松柏，崇高壮美，高直苍劲。自古以来无论是皇家园林，还是私家园林抑或是寺庙园林、名胜古迹、庭园，松柏都是园林造景的主要树种，经常可以看到古树参天、荫蔽全宇、气势雄伟的古柏树，孔子在《论语·子罕》中说“岁寒，然后知松柏之后凋也。”

北京中山公园（社稷坛）、劳动人民文化宫（太庙）、天坛、日坛、地坛、北海、景山、中南海、故宫的御花园、孔庙，以及颐和园、香山、八大处、十三陵等处的古柏群举世闻名。

美国前国务卿基辛格博士在参观天坛时说：“天坛的建筑很美，我们可以学你们照样修一个；但这里美丽的古柏，我们就毫无办法得到了。”

中国艺术大师徐悲鸿先生曾作过多幅国画，题记上写道：“北京为世界上古树最多之都会，尤多辽、金、元、明以来之古柏。盘根错节，苍翠弥天，斧斤所赦，历劫不磨。满京城洋洋大观的古树，的确是京城的一大特色。”

名园易建，古木难求。所以，北京浩瀚的古柏群，和长城、故宫一样，也是十分珍贵的“国之瑰宝”。

五、香柏祭祀神灵以示崇拜敬畏

祭祀，是中国的信仰活动，源于天地和谐共生的信仰理念。人类初期因对自然崇拜和祖先崇拜，产生了天地信仰和祖先信仰，形成祭祀天地神灵和祖先的春节、端午节、清明节、重阳节等。祭祀活动庄重肃穆，包括进贡上香、叩拜行礼，祭祀场所礼节有一定的规范，以表崇敬并求神灵和祖先保佑。史籍中所记载的松柏为社木或一直延续至今的坟墓植松柏的习俗，其实都是图腾文化的反映。古代对树木的崇拜还表现在从皇帝到臣民对有些古树的崇拜，民间有对风水树、神木等的顶礼膜拜。至今，许多村寨及其周边的高龄松柏和其他古树，常常被村民裹以红布、彩带甚至悬挂镜框，体现着自古以来人们对古树崇拜的传统。

古代建邦立国都要建立祭祀的社，社就是土坛，西汉刘向解释说：“土主生万物，万物其善于木，故树木也。” 天子或诸侯祭祀土地神（社）和谷神（稷）时，选择特定的树木作为木主，以为诸神寄灵之所。所以立社要种植树木，《论语·八佾》记载：“哀公问社于宰我，宰我对曰：‘社，夏后氏以松，殷人以柏，周人以栗’。”意思是夏朝的社树是松，商朝的社树是柏；汉代班固《白虎通·社稷》云：“社稷所以有树何？尊而识之也。使民望见即敬之，又所以表功也。”《尚书·逸篇》对不同方位的社树记载：“大社唯松，东社唯柏、南社唯梓、西社唯栗，北社唯槐”。商代时将柏树用作园林植物，它是祭祀土地神的神主，周代用作祭祀东方诸神的神主，先秦时期常用的祭祀树种有侧柏、油松、梓、栗、槐。多种类的社树信仰，构成了中国树木崇拜最悠远、最主要的文化渊源之一。

六、香柏祭祀祖先以表守护追思

柏树是情感的载体，种植于陵墓之地以示后人对前人的敬仰和怀念，也表达对祖先的守护之意，以及永生、转生和新生之意，寄托一种让逝者不朽的愿望。中国古代葬仪用树木有规定，《续博物志》记载：“秦穆公时，有人掘地得物若羊，将献之。道逢二童子，谓曰：‘此名为蝹，常在地中食死人脑。若欲杀之，以柏东南枝捶其首。’由是墓皆植柏。又曰柏为鬼廷。”汉代以前帝王陵大多植柏树，到了汉代规定了天子陵植油松、诸侯植侧柏、大夫植栾树、士植槐、庶民植杨。汉代班固《白虎通·崩薨》记载“天子坟高三仞，树以松；诸侯半之，树以柏；大夫八尺，树以栾；士四尺，树以槐；庶人无坟，树以杨柳。”

松柏是高贵丧葬棺木原料。自古以来，松柏就和丧葬文化、民俗文化有着不解之缘。坟上的松柏不仅可增加墓地庄严、肃穆的气氛，还是墓地风水的重要内容，具有庇佑后人的意思。长青的松柏还寓死者生前品格气节，象征死者精神长存，是灵魂不灭观念的具体反映。

西汉鼎盛时期，人们崇尚厚葬，形成“黄肠题凑”葬制，即以六尺长、一尺见方的柏木心材（黄肠），以头向内（题凑）积累成外棺（椁）。汉代郑玄注：“天子之椁，柏黄肠为里，而表以石焉。”柏黄肠是指以柏木黄心做的外棺。黄肠题凑墓是中国古代顶级墓制的标志，只用于诸王和王后墓，平民百姓不允许使用。《礼记·檀弓》记载：“（天子）柏椁以端，长六尺”。郑玄注：“以端题凑也，其方盖一尺”。唐·孔颖达疏：“（椁）天子，柏；

诸侯，松；大夫，柏；士，杂木也……以黄肠为里，表以石也。”《汉书·霍光传》颜师古注引苏林曰：“以柏木黄心致累棺外，故曰黄肠；木头皆向内，故曰题凑。”《汉书·外戚传》记载：“卫思后葬城南桐柏园”。

七、黄帝手植柏标识

黄帝陵是轩辕黄帝之陵寝，是中华民族寻根拜祭人文始祖之圣地，是华夏文明之滥觞。2015 年，陕西省黄帝陵保护工作办公室面向全球征集黄帝陵标识，设计作品要求“内涵丰富、寓意深远，彰显中华文化魅力；创意新颖、风格独特，内容和形式反映黄帝陵的地域特征和人文元素，具有鲜明的时代感和艺术性；简洁明快，易于识别记忆，便于宣传和进行各种延展设计”。

按照陕西省黄帝陵保护工作办公室的设计要求，黄帝陵标识设计理念应当体现以下几个方面的内涵：人文始祖告别洪荒，华夏文明生生不息，土德之瑞地域特征。基于此，本标识形象来源于黄帝手植柏、礼天青龙苍璧，包含土德之瑞、天玄地黄、龙纹篆字、天圆地方、立体成图等人文和几何艺术元素。

黄帝陵标识中心图样为黄帝手植柏，是黄帝唯一传世的生命体，层层年轮记载了 5 000 年变迁史，是中华文明初创的象征。适逢黄帝手植柏克隆成功，亦以此图作为纪念。见树如同见始祖，千秋血脉，生机勃勃，根深叶茂春常在。

黄帝陵标识整体背景为青龙苍璧，属先民礼天重器，民族图腾，祭天之璧，是与神灵沟通的要物，地位神圣。标识构图以此为背景表达缅怀之敬意，突显了黄帝人文始祖地位。整体构图亦有天圆地方、三才合一之意。黄帝手植柏标识根部设计了两种字样标识，其中一款根部为“黄帝陵”字样的祭祀典礼之用；另一款根部为“黄帝手植柏”字样的日常佩戴之用，表达敬仰追思怀念之意。见图 6-15。此

图 6-15　黄帝手植柏标识

黄帝手植柏标识设计获陕西省黄帝陵保护工作办公室奖励。

设计理念：

苍璧乃礼天重器，黄土乃稼穑之地，古柏象征轩辕氏。三才要素，立体图样，其形其义，天地人合一。

苍璧[①]寓天，天道始万物，其肉[②]天青，双龙环绕，民族图腾，象征国家兴旺。

黄土寓地，地道生万物，其好地黄，土色土德[③]，祥瑞之兆，黄帝以土代之。

黄帝植柏，人道成万物，人文始祖，唯此传承，克隆成功，生命万代永续。

注释：

①苍璧礼天：礼天祭祖之重器。

②其肉其好：璧环形边称肉，中孔称好。

③土色土德：因有土德之瑞，土乃色黄，故称黄帝。

八、黄帝手植柏克隆苗盆体

黄帝手植柏克隆苗盆体是黄帝陵祭祖典礼的奉品，整体表现着中华民族至高无上的尊贵和庄严，设计方案如图 6-16。

图 6-16　克隆苗圆形和斗形盆体

（一）盆体器形

将盆体设计为传统圆形和传统斗形两种，采用汉代漆器制作工艺；图案纹饰分为天地中三层，上层云纹寓意为天，底层卷草纹寓意为地，中层夔龙纹寓意华夏文明。

（二）颜色

盆体颜色为朱红漆黑色相合，局部金黄色点缀，盆体底色为朱红，纹饰为漆黑。

（三）云纹

云纹为抽象规则的几何图，也象征生动形象的自然图形，象征古代崇拜的天神。古代人们长期的采集和耕作实践，对云和雨决定收成的影响产生期盼和敬畏。使云在人们心中得到升华和抽象，对之产生崇拜和敬畏之情，云纹如图 6–17 所示。

图 6–17　云纹

（四）卷草纹

卷草纹是集多种花草植物特征于一身，经夸张变形而创造出来的一种意象性样式，象征着大地。它以旋绕盘曲的花枝叶蔓，得祥云之神气，成了中国古典纹饰中最普遍而又最有特色的纹样。它从一个侧面反映出中华文化的开放性和吸收性。开放性显示了宽广的胸怀和不断进取的精神，吸收性体现了健康的机体和发展的潜力，卷草纹如图 6–18 所示。

图 6–18　卷草纹

（五）夔龙纹

龙在中华民族的文化中是流传最广、影响最大的一种文化符号。红山文化的河磨玉龙已有 6 000 年，龙的文字记载也有几千年，与中华文化一脉相承。夔龙纹是一种古代传统纹饰之一，如图 6-19 所示。

图 6-19 夔龙纹

九、黄帝手植柏克隆记与歌曲

（一）黄帝手植柏克隆记

君生上古，桥山植柏，一棵大树。一部史歌，胤华夏根脉，立天地之心，炳若日月，福禄万代。

巍巍之业，可闻而不可及，浩浩之勋，可颂而不可名。唯克隆帝柏，可传可名，可闻可及。

柏枝向西，与白呼应，故曰其名。始祖长去，不可方物，唯独此柏，千秋血脉，见树如见始祖。

壬辰冬，暮入子午岭，穿行通古林道。桥山剪烛风雪夜，深林把盏有暖泉，探寻帝柏生命长存路。

甲午春，三月三，轩辕诞辰日，天意使然。克隆恰如涅槃，幻化生命常青，恒哉帝柏，流芳永续。

清明节，陵前祭亭，钟声阵阵，炉香袅袅。奉上帝柏克隆苗，禀告祖先，传于八方，化成天下。

登桥山，俯吻黄土，众山凝翠，沮水泱泱。缅怀始祖，拜百木之长，森森万树若云屯。

奔富裕，筑和谐美丽，栉风沐雨，宛若史歌。愿黄河澄清尘霾不在，绿满华夏根深叶茂。

（二）美丽中国连根脉（歌曲）

壬辰仲夏，受命事木，祭初祖于桥山。察林海于秦巴，治荒沙于大漠，穿行通古林路，奔走湿地远山，赞河山之美，谋兴林之策。先祖植树，始于秦地；生态建设，民生之本。深感育林之艰辛，润民之久远。是年孟冬，再赴桥山克隆轩辕柏，唯愿神州大美，中华文明永续。

桥山始祖手植柏①　　老子银杏楼观台②
韶韶诗经树风雅③　　莽莽周原三棵槐④
人类先祖林中来　　万千森林百姓栽
古树名木历沧桑　　层层年轮记兴衰

万木竞长成林海　　巍巍群山栋梁材
碳汇释氧润生民⑤　　天蓝地绿好风采
树木葱葱春常在　　生态文明蕴大爱
绿色丰碑留青史　　美丽中国连根脉

注释：

①始祖手植柏位于轩辕庙，亦称黄帝手植柏，树高六丈余，胸围两丈三尺许，虽经 5 000 年风霜，仍干壮体美、枝叶繁茂，因其年代久远，尊为世界柏树之王。

②老子手植银杏树，树高八丈，胸围五丈，2 600 年前李耳来到终南山，在楼观台宗圣宫手植银杏树，传授《道德经》。

③诗经是中国最早的诗歌总集，在《诗经》的《国风》《小雅》《大雅》中，有许多描述林木花草、植树活动和生态休闲游览的诗句。

④周原三棵槐。三槐指三公，《周礼》记载，宫廷外朝，植三棵槐树，三公朝见君王站立之位。宋代王祜任监察御史等职，曾在庭院植槐三棵，其孙王旦位登三公。三棵槐喻人们盼望子孙成才之意。

⑤碳汇释氧。森林是碳库氧源，碳汇指树木吸收储存二氧化碳，释氧指树木释放氧气。

（独唱 、合唱）

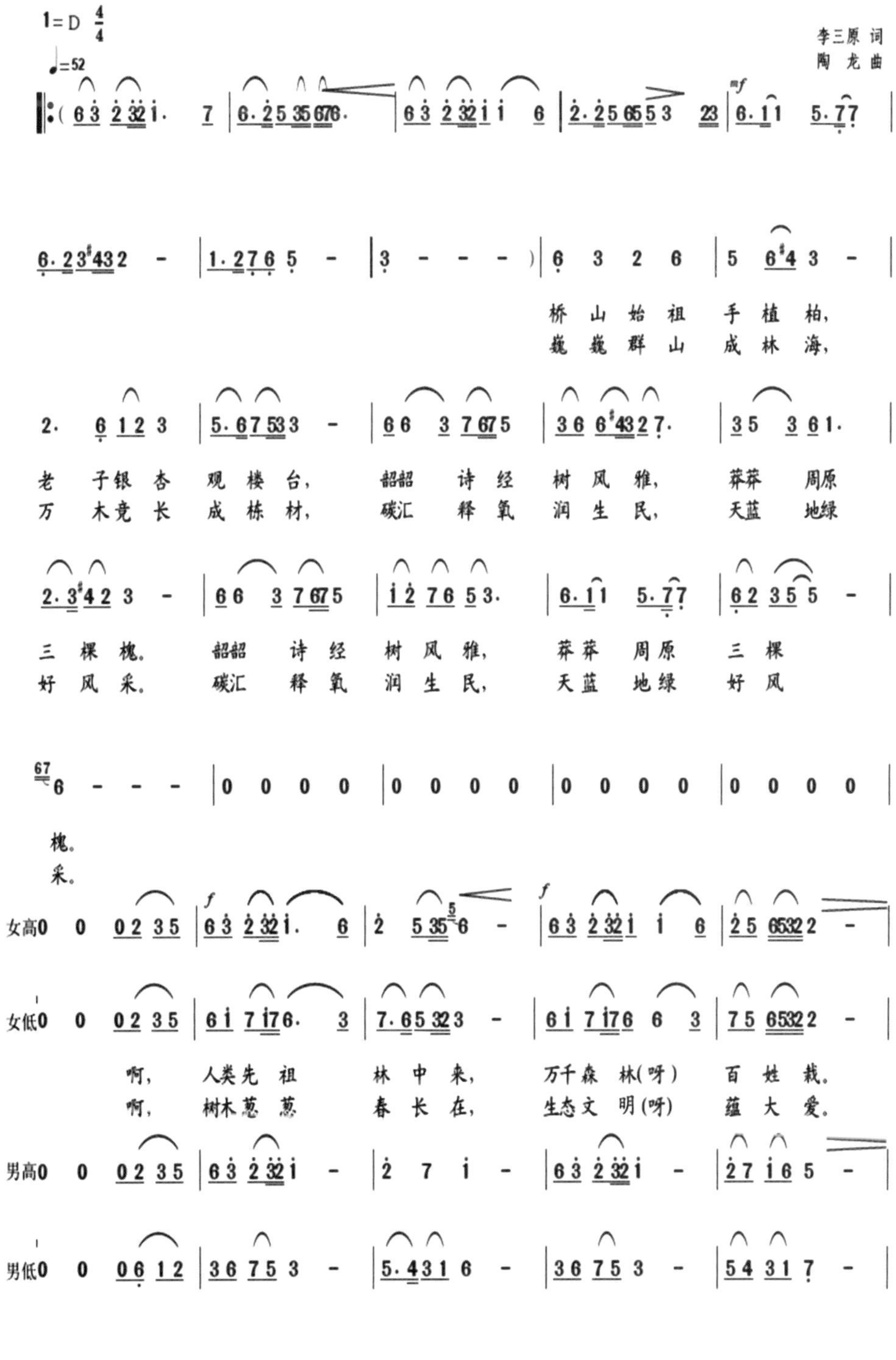
1=D 4/4
♩=52
李三原 词
陶 龙 曲
桥 山 始 祖 手 植 柏，
巍 巍 群 山 成 林 海，
老 子银 杏 观 楼 台， 韶韶 诗 经 树 风 雅， 莽莽 周原
万 木竞 长 成 栋 材， 碳汇 释 氧 润 生 民， 天蓝 地绿
三 棵 槐。 韶韶 诗 经 树 风 雅， 莽莽 周 原 三 棵
好 风 采。 碳汇 释 氧 润 生 民， 天 蓝 地绿 好 风
槐。
采。
女高
女低
啊， 人类先 祖 林 中 来， 万千森 林(呀) 百 姓 栽。
啊， 树木葱 葱 春 长 在， 生态文 明(呀) 蕴 大 爱。
男高
男低

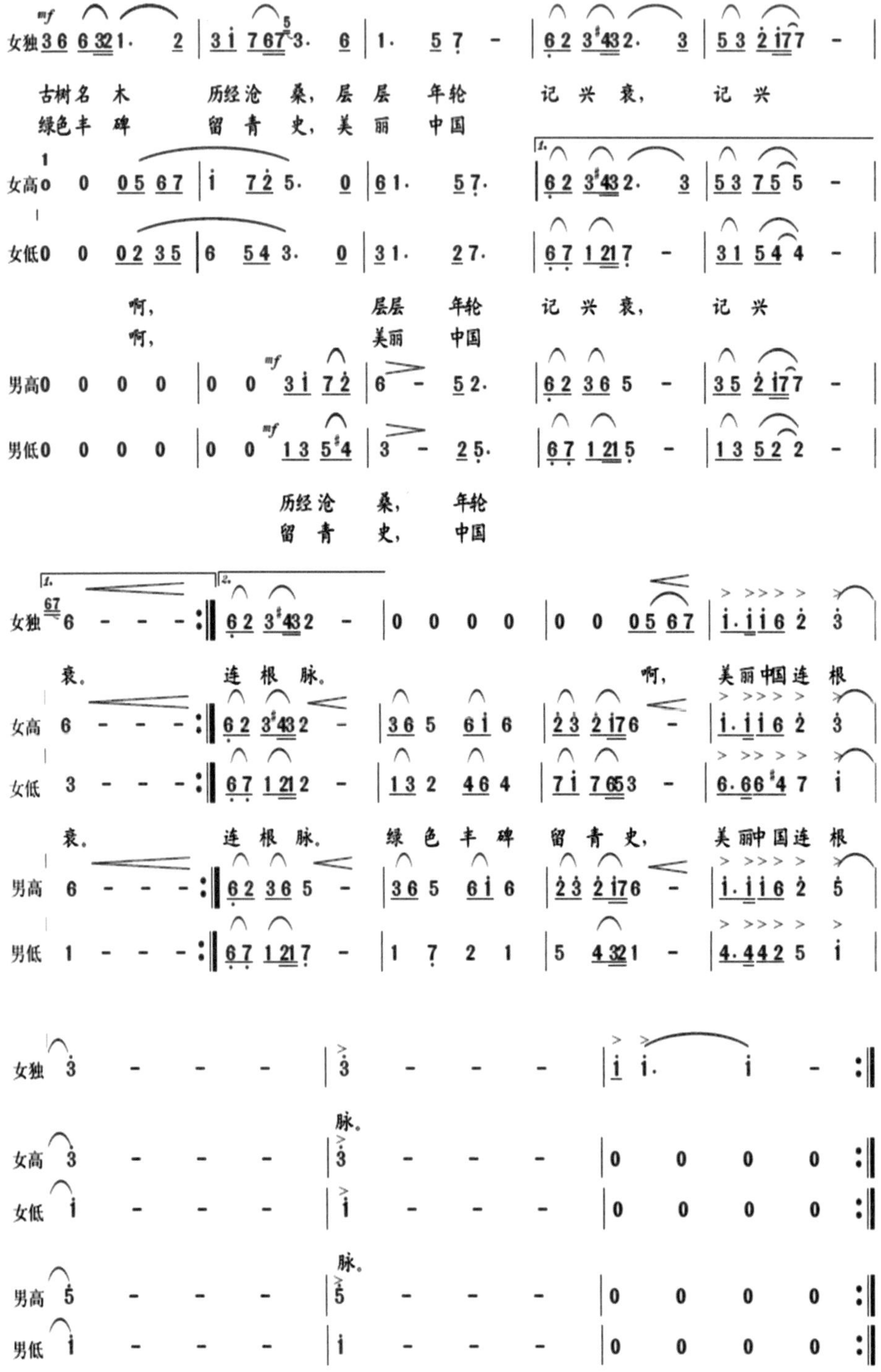
女独
古树名 木 历经沧 桑，层 层 年轮 记 兴 衰， 记 兴
绿色丰 碑 留 青 史，美 丽 中国
女高
女低
啊， 层层 年轮 记 兴 衰， 记 兴
啊， 美丽 中国
男高
男低
历经沧 桑， 年轮
留 青 史， 中国
衰。 连 根 脉。 啊， 美 丽 中国 连 根
衰。 连 根 脉。 绿 色 丰 碑 留 青 史， 美 丽中 国 连 根
脉。
脉。

（三）词曲

为黄帝手植柏克隆成功而作

第一曲　植柏

君生上古桥山植柏，岁岁傲霜民魂国脉。
临风站在黄土高原，天地立心华夏常在。

第二曲　运催

登临九转祈仙古台，风雪暖泉剪烛期待。
夜雨晨钟声声催促，云树生华紫气东来。

第三曲　幻化

历尽沧桑漫漫千载，柏枝向西再展胸怀。
炉香袅袅禀呈始祖，幻化克隆手植帝柏。

第四曲　祈盼

一棵大树胤续根脉，青山绿水奕奕风采。
富丽和谐如史如歌，生生不息流芳万代。

十、黄帝陵与手植柏纪念邮币画

（一）黄帝手植柏纪念邮票

1983 年 4 月，中华人民共和国邮电部发行了 T84 黄帝陵邮票一套三枚，以传统中国画表现黄帝陵、人文初祖殿、黄帝手植柏（轩辕柏），反映中华民族的悠久历史。图 6–20、图 6–22 规格为 31 mm × 38.5 mm，图 6–21 规格为 38.5 mm × 31 mm，齿孔度为 11.5°，影雕套印。设计者张克让，由北京邮票厂印制（中国集邮网，2019）。

第一枚黄帝陵与古柏纪念邮票

黄帝陵高 3.6 m，周长为 48 m，陵前有一座碑亭，里面有一块刻有“桥陵龙驭”四字的石碑。再往前有一块邮票画面上是陵前的四角飞檐祭亭，亭中央竖一通“古轩辕黄帝桥陵”石碑，是清代乾隆四十一年（1776）陕西巡抚毕沅所立。此套特种邮票中 8 分的一枚是黄帝陵纪念邮票，见图 6–20。

图 6-20　黄帝陵纪念邮票

第二枚人文初祖殿与古柏纪念邮票

人文初祖殿是黄帝陵的一部分，人文初祖即中华文明开创者。该殿位于轩辕庙内，画面上殿前左边有一棵挂甲柏古树。人文初祖殿殿门上悬一横匾，上刻有“人文初祖”四个隶书字。殿内正中供奉轩辕黄帝浮雕石像，仿自山东嘉祥武氏祠东汉画像石上的轩辕黄帝像，这是迄今为止所发现最早的黄帝像。此套特种邮票中 10 分的一枚是人文初祖殿纪念邮票，见图 6–21。

图 6-21　人文初祖殿纪念邮票

第三枚黄帝手植柏纪念邮票

耸立在轩辕庙门内左侧的一颗高大古柏，相传为黄帝亲手所植，故称为黄帝手植柏或轩辕柏。这棵遒劲苍翠、拂云摩天、伟岸挺拔的黄帝手植柏，饱经沧桑，依然枝繁叶茂、苍劲有力、直插云霄。此套特种邮票中 20 分的一枚是黄帝手植柏纪念邮票，见图 6–22。

图 6-22 黄帝手植柏纪念邮票

（二）黄帝陵与古柏纪念金币

1993 中国人民银行发行“拥有一片故土”中国名胜金银纪念币。图 6-23 所示为 5 盎司黄帝陵与手植柏金币，是由沈阳造币厂制造的圆形金制币。面值 500 元，直径 60 mm，成色 99.9%，发行量 99 枚。金币正面图案为长城景观并刊国名年号，背面图案为黄帝陵前祭亭。祭亭飞檐起翘，气宇轩昂，亭内立黄帝陵碑石。亭四周用块石砌筑台阶、铺设地砖。整体建筑深藏在桥山巅的古柏中，庄严肃穆，古朴典雅，富有浓厚而强烈的历史感。伫立在亭旁的参天手植柏历经了千百年的风雨，见证着时代的变迁，坚守着不变的使命（中国金币网，2010）。

图 6-23 黄帝陵与古柏纪念金币

（三）黄帝手植柏与古香柏画

图 6–24 和图 6–26 是黄帝手植柏画，图 6–25 和图 6–27 是古香柏画。

图 6–24　黄帝手植柏（苏怡华）

图 6–25　轩辕大柏（王子武）

图 6-26 黄帝手植柏（苏怡华）

图 6-27 牡丹柏寿图（俞致贞）

十一、与柏树有关的习俗

松柏文化与宗教、道德、文学艺术、民俗等各个领域相互联系、相互渗透，这是松柏文化的深层表现，也是其稳定的内核。各类树木文化都源于远古先民对植物的图腾崇拜，它是原始自然宗教的内容之一。清代类书《古今图书集成·草木典》中关于松柏的神话传说很多，在历史典籍中有关松柏变龙或龙变松柏的记载也很多。中华民族历来被称为是龙的传人，龙也是古老中华民族较早的图腾。从中国最早的诗集《诗经》开始，松柏便是文学作品中的常客。裴度有《岁寒知松柏后凋赋》。北宋文学家欧阳修诗云：“地灵草木得余润，郁郁古柏含苍烟”。明末思想家傅山：“晋祠众木临水多，青杨白柳交枝柯。不能老大作妩媚，此两柏树可奈何……”

松柏文化在节日民俗中发挥着重要作用，清乾隆年间《东湖县志》记载除夕“以松柏枝插户楣”。道光年间《安陆县志》记载：“束柏枝悬门檐，亦户悬苇索之遗。”清代于敏中等的《日下旧闻考·风俗》有：“除夕五更焚香楮，送玉皇上界，迎新灶君下界……夜以松柏枝杂柴燎院中，曰松盆，烜岁也。”在开封周边农村有一个习俗，正月十六家家户户的门头上挂柏树枝，以求辟邪和消除邪恶的事物。正月十五，成群结队的人们采摘柏树枝，插在各个门的两边缝隙中。松柏饰门的习俗在我国已鲜见，其传到日本，至今仍为点缀新年的一大景观。

第七章 老子手植银杏繁育与保护复壮技术方案

森林是人类的摇篮，为人类生存发展提供了丰富的物质产品和精神产品。古树名木是森林资源的瑰宝，是自然界的活化石，是珍贵的历史文化遗产。老子手植银杏是自然界物竞天择的强者，是珍贵的生物种质资源，承载着中华民族悠久历史，体现着文明古国的文化传承，更似一部活的史书。老子手植银杏是道教文化在我国起源发展的见证，是道教文化传承的载体之一。存遗的老子手植银杏为游客留下了当年老子传经布道的一幕幕场景，提升了楼观台华夏文化的厚重感，与现有的人文历史记载相得益彰。然而，近年来由于古树衰老、气候变化、环境污染以及有效保护措施缺位，树体明显表现出树势衰弱、生长不良、稳固性差的迹象。本章主要介绍老子手植银杏克隆与种子繁育研究以及保护复壮技术方案。

由于陕西省人民政府的高度重视，2017 年 7 月 24 日陕西省林业厅组织了来自国家林业局造林司、中国林业科学研究院、北京林业大学、南京林业大学、北京市园林科学研究院以及西北农林科技大学等多家单位的 9 位古树研究领域的知名专家制定了《老子银杏保护复壮技术方案》，由西北农林科技大学整理编写而成。有关老子手植银杏的保护复壮勘查论证与评审意见详见第五章。

第一节 老子手植银杏克隆与种子繁殖研究

一、楼观台与老子手植银杏

（一）楼观台

楼观台地处秦岭北麓周至县境内，山势若凤凰展翅，南依秦岭，北濒渭水，东望骊山，西顾太白，山清水秀，茂林修竹，是中国道林张本之地，被誉为“天下第一福地”。

在西周康王时（公元前10世纪），天水人尹喜，能知鬼神之机、人间祸福，可测风云变幻，在终南山下选定势若飞凤的神兢乡闻仙里（今周至县楼观台），结草为楼，以观天象，故名草楼观；尹喜观星望气，潜心修行，称其宅为楼观。楼观本义泛指高大的建筑物，可供人远眺，眼界宽广。《史记·封禅书》记载的古代祭神场所，多名之为楼和观，后人合称为楼观。

周康王器重尹喜才学，请至王宫封为上大夫。尹喜见有紫气东来，知有圣人将至，便辞去朝中官位，任函谷关令。春秋末年，老子驾青牛薄板车西出函谷关由周入秦至关，尹喜遂迎入官舍，拜其为师，后辞去关令，迎老子归楼观本宅，请其著书讲经。老子在楼南高岗讲授《道德经》，世人称此处为说经台或授经台，故道教视楼观为道之源和仙之祖，奉为仙都和祖庭。明代末年，楼观的宫观建筑及道教活动中心由宗圣宫南移至说经台，清代以后的楼观碑文习称楼观台，沿袭至今声名远播。

（二）老子

司马迁《史记·老子韩非列传》记载：“老子者，楚苦县厉乡曲仁里人也，姓李氏，名耳，字聃，周守藏室之吏也。”即现在的河南省鹿邑县太清宫镇人，曾任周朝管理藏书的史官，以博学而闻名。

老子约生于周简王六年至周敬王二十年（公元前580年～公元前500年），汉桓帝认为老子是仙道之祖亲自祭祀，唐代皇帝封老子为太上玄元皇帝，唐高祖李渊追认其为远祖，敕令扩建楼观赐名宗圣观，宋代封为太上老君混元上德皇帝。元世祖忽必烈诏改宗圣观为宗圣宫，元末明初宗圣宫因山洪和地震而毁塌，后被数次修葺。老子被认为是道家学说创始人，尊称为太上老君，亦称混元皇帝，道教三清道祖中的道德天尊。老子是中国古代伟大的哲学家、思想家、文学家和史学家，被列为世界文化名人，世界百位历史名人。

老子暮年从楼观西行到周至县楼观台西大陵山隐居，不久而逝。《史记》载：“盖老子百有六十余岁，或言二百余岁，以其修道而养寿也。”大陵山顶有吾老洞道观，有老子祠、尹喜祠等遗址。存明代《重建吾老洞殿宇记》碑和清乾隆四十一年（1776）陕西巡抚毕沅立老子墓碑2通。1956年老子墓被公布为陕西省第一批重点文物保护单位。大陵山有祭祀老子的盛大庙会。每年二月十五日有30个自然村组织庙会，迎神赛社，周围几县数万人祭拜老子。

祭祀老子的风俗和庙会，相沿 2 000 余年。

（三）老子手植银杏

在楼观台道观宗圣宫下院内有棵古银杏树，相传是老子到楼观后亲手所植，故称为老子手植银杏，树龄约 2 600 余年，原树高 24 m，胸围 15 m，胸径 4.8 m。1972 年遭火灾，树心已空，只剩薄外皮，现在树高 13 m，胸围 9.5 m，但依然枝繁叶茂，见图 7–1。当地百姓奉若神明，焚香跪拜，每逢初一、十五在银杏树下挂红、燃放鞭炮，希望得到神灵保佑，形成当地一大民俗。1972 年日本首相田中角荣访华，与周恩来总理谈及中日历史上互有交往的话题。田中首相说中日友好的标志之一就是唐代鉴真和尚把银杏树种传到了中国，周总理说中日交流源远流长，但银杏树应该是由鉴真和尚带回日本去的。中国的楼观台就有周代老子亲手栽植的古银杏树，日方表示怀疑，后专程来楼观台查看并得以证实。

图 7–1　老子手植银杏

二、老子手植银杏扦插技术

老子手植银杏栽植于春秋时代，距今已有 2600 年的历史，至今仍保持着苍劲古朴的风貌，是活着的文物，具有极高的文化价值和科研价值。

近年来，老子手植银杏生长状况堪忧，经诊断发现树势明显衰弱。因此，抢救老子手植银杏即将消失的优良基因资源已迫在眉睫。2012 年 8 月，陕西林业厅提出采用克隆技术和种子繁育技术扩繁，进而保护保存老子手植银杏基因。2012 年 10 月在楼观台采集老子手植银杏繁殖材料，中国道教协会会长将繁殖材料转交陕西省林业厅扩繁，见图 7–2。

图 7–2　中国道教协会会长向陕西省林业厅移交繁殖材料

（一）插穗采集

2014—2015 年剪取以 15 年、50 年生银杏为对照，采取老子手植银杏树冠南部中下部 1 ～ 2 年生枝条上第一轮分生、生长健壮、无病虫害的枝条，用湿纸包住切口，喷洒水，装入泡沫箱带回。

（二）插穗制备与处理

将带回的枝条每个截成 20 个左右插穗（每个 10 ～ 20 cm），选取 1 年生健壮枝条，剪成长 10 ～ 15 cm 的插穗，每个插穗保留 2 ～ 3 个饱满芽。

插穗上端在上芽上方 0.5 ～ 1.0 cm 处剪成平口，下端在下芽对侧下方约 1 cm 处剪成单马耳形，剪好后每 20 根 1 捆。插穗立即放入 1‰的多菌灵溶液浸泡 15 min 消毒，然后用清水洗净。选用木质素酸钠浸泡，扦插深度 8 ～ 10 cm；插后压实基质，并随即用喷壶喷水 1 次。

（三）基质准备

泥炭：珍珠岩 = 3 ： 7。

（四）插床准备

在中国林业科学研究院内，设有半径为 6 m 的圆形插床，插床上设有间歇喷雾装置，前疏后密，每端各置喷头 25 个。扦插前 1 天用 3‰的高锰酸钾溶液对扦插基质进行消毒，扦插当日清水浇透。

三、无性繁殖与有性繁殖获得成功

在攻克了黄帝手植柏扦插技术的基础上，课题研究组应用该技术对陕西省周至县楼观台 2 600 年多年的老子手植银杏进行扦插试验，成功获得 42 株扦插苗，生根率为 16.8%，超过了以往 1 300 年银杏树扦插成功的纪录。图 7–3 至图 7–5 为老子手植银杏克隆苗，从 2014—2021 年的生长过程来看，老子手植银杏克隆苗长势良好，见图 7–6。

图 7–3　老子手植银杏克隆苗移进温室过冬（2014 年 10 月）

图 7-4　老子手植银杏克隆苗生长情况（2015）

图 7-5　老子手植银杏克隆苗生长情况（2017）

图 7-6　年老子手植银杏克隆苗（2021）

老子手植银杏种子繁育也获得成功，所采选的种子经过沙藏、清洗、消毒、催芽、播种、移栽等繁育研究试验，于 2015 年 10 月培育出株高 1.2 m 的 3 年生老子手植银杏实生苗 335 棵。2022 年 11 月，老子手植银杏亲子苗树高 3.5 ～ 4.0 m，平均 3.75 m，见图 7–7。

图 7-7 老子手植银杏亲子苗（2022 年冬）

第二节 老子手植银杏保护复壮技术方案编制原则与依据

一、老子手植银杏生长习性

银杏，亦称白果树，是银杏属的单属种植物，雌雄异株。银杏起源于距今 3 亿多年前的古生代石炭纪，经过第四纪冰川后仅在中国长江流域一带的群山中保存，有植物活化石之称，是现存裸子植物中与恐龙同时代的最古老的孑遗植物。银杏是一种重要的多用途生态经济树种，融食用、药用、保健和生态于一体，集自然景观和人文景观于一身，已经产生了显著的经济、社会和生态效益。

银杏为喜光树种，深根性，对气候、土壤的适应性广，能在高温多雨及雨量稀少、冬季寒冷的地区生长。能生于 pH 4.5 的酸性土壤、pH 8 的石灰性土壤和中性土壤上。广泛分布在我国北纬 21°30′ ～ 41°46′，东经 97° ～ 125° 的温带、暖温带和亚热带地区，除黑龙江、吉林、内蒙古、宁夏和青海等少数几个省区外，均有银杏栽培。

老子手植银杏位于陕西省周至县楼观台，地理坐标为东经 108°19′21″，北纬 34°4′27″，海拔 490 m 。楼观台地处秦岭山脉的终南山北麓中部浅山，属黄土原南缘，楼观台属暖温带大陆性季风气候，冬季气候寒冷干燥，气温低降水少，春季气温上升降水增加，夏季天气炎热，多雷暴间有冰雹，秋季连阴多雨，日照少降温快。楼观台年平均气温 12 ～ 13.6℃，年降水量 660 ～ 800 mm，土壤为褐色黏壤土或沙壤土。

二、老子手植银杏会诊情况

老子手植银杏位于陕西省周至县楼观台宗圣宫下院，相传是道教始祖老子到楼观台后亲手所植，树龄约 2 600 年。据记载，老子手植银杏原树高 24.0 m，胸围 15.0 m，胸径 4.8 m。1972 年，老子手植银杏遭火烧，树心已空，仅靠剩下的 3 瓣 4 片树皮支撑着枝叶生长。该树虽历经劫难，但如今仍具生机。综合专家组会诊认为，老子手植银杏衰败的主要原因为不当的人为活动，导致生长环境被破坏，具体结论如下：

（1）现存老子手植银杏树高 13.0 m，胸径 3.0 m，树干内膛中空，有火烧痕迹，仅存部分树皮与两大主枝相连，其树皮可划分为 3 瓣 4 片，南侧 2 片为活皮，北侧 2 片为死皮，偏冠现象严重。东侧树冠明显衰弱，叶形偏小，叶色发黄；西侧树冠生长尚且健壮。

（2）古银杏南侧根蘖植株较多，共计 20 株，部分生长健壮；萌蘖枝存在明显的竞争和自疏现象，最大胸径 27 cm，最小 2 cm。

（3）残留主干的 1 号和 4 号支撑杆支撑的原大枝已完全死亡，仅剩残桩，已失去支撑的价值；现有的 2 号和 4 号支撑为水泥立柱支撑，着力点尚且有效，但稳固性较差，缺乏对侧应力的防范；避雷针位置过低。

（4）根际土壤多为客土，建筑垃圾碎石、砖块、石灰块较多，土壤质量较差，不利于树木根系的生长，剖面中见到较多的死根残体。

（5）老子手植银杏保护和养护既无管理机构，也无专人落实，仅有一名兼职人员代为管理，未见进行日常管护。

（6）生长环境受到一定程度的破坏。

三、保护复壮的必要性与可行性分析

（一）保护复壮的必要性分析

1. 老子手植银杏具有极高的文化价值

相传老子手植银杏为李耳从函谷关到了楼观后亲手所植，距今 2 600 多年，至今仍保持着苍劲古朴的风貌。老子手植银杏是历史的见证，它经历了朝代的更替，人民的悲欢，世事的沧桑，是一部自然的史书。其与道教文化同步发展，具有深厚的文化底蕴，不仅是道教发展历史的见证，也是道教文化的传承载体之一。存遗的老子手植银杏为今人留下了老子当年“传经布道”的一幕幕场景，提升了楼观台华夏文化的厚重感，与现有的人文历史记载相得益彰，以其为题材的神话传说、人物事迹、历史典故、诗歌及绘画作品构成了我国丰富的人文资源。

老子手植银杏不仅具有极高的历史文化价值，而且具有极高的旅游景观价值。它历经两千年多年的风雨锤炼，虽经 1972 年一场大火焚烧，但仍然以顽强的生命力存活下来，至今坚毅挺拔，雄姿依然，枝叶扶疏，傲然而立。另外，手植银杏树干基部萌蘖成群，其更是一道独特的风景线。现手植银杏已成为楼观台游客的主要瞻观点。

2. 老子手植银杏种质资源优良

老子手植银杏经受了千百年岁月的洗礼而生存下来，在自然的筛选作用下能遗存至今，说明该棵古银杏不仅蕴含着优良的长寿基因，而且蕴藏着耐寒、耐旱以及耐瘠薄的优良基因。这一种质资源是人类的宝贵财富，对今后林业生产和园林树种选育具有重要意义。

银杏为我国特有种，其天然分布于浙江的西天目山，现在被世界各地广泛栽植。2 600 年前，老子云游全国传经布道，最后在他的修身之地亲手栽植了这棵银杏树。该树种对研究银杏的古地理分布、适应潜力、系统发育以及东亚植物区系的演化与形成具有重要的科研价值，是历史和自然赋予人类的宝贵种质材料。

因此，科学有效地保护和繁殖这一优良种质材料，不仅是文化传承的需要，而且对丰富林业生产种质资源和园林绿化树种，发展银杏产业具有重要的战略意义。

3. 老子手植银杏生存现状堪忧

楼观台老子手植银杏具有明显的文化、科学和观赏价值，但是近年来，老子手植银杏生长状况堪忧。经诊断发现树势明显衰弱，具体表现为：树体偏冠现象严重，东侧树冠明显衰弱，叶形偏小，叶色发黄。树体依靠支撑维持树体全貌，而支撑仅为水泥立柱支撑，稳固性较差，缺乏对侧应力的防范，需要及时加固。根际土壤多为客土，许多为建筑垃圾，如碎石、砖块、石灰块，通气不良，土壤质量差，不适合于古银杏的生长，根系正在逐步死亡。因此，为了延长老子手植银杏的寿命，延缓树体衰老，对其进行以根系复壮、恢复树势为主要措施的抢救性保护刻不容缓。

4. 楼观台旅游区文化建设的需要

楼观台位于陕西周至县终南镇以南的秦岭脚下，这里是有名的道教发祥地，道教始祖老子曾活动在这里。相传唐代高祖皇帝为了抬高自己的身价，认老子为远祖，建筑了规模宏大的宗圣宫。楼观台丹垣绿树，翳映阴森，作为祭祀老子的神圣宝地，一直香火甚盛，是传统的文化旅游景区。

近年来，陕西省非常重视西安市的文化旅游建设，2007 年以来，曲江文旅集团公司投入巨资，将楼观台建设成以道文化为核心，以森林景观、生态高效农业为亮点的文化旅游景区和观光农业示范区。老子手植银杏古老沧桑、枝叶扶疏、傲然而立，与道教文化同步发展，是感受道文化起源、触摸道文化发展的唯一实物，具有极高的历史和旅游价值。

（二）保护复壮的可行性分析

1. 国家高度重视文化建设

党和国家历来高度重视文化体制改革、推动社会主义文化大发展大繁荣。2002 年，党的十六大报告提出积极发展文化事业和文化产业，深化文化体制改革。2007 年，党的十七大报告提出要坚持社会主义先进文化前进方向，兴起社会主义文化建设高潮，激发全民族文化创造力，提高国家文化软实力。2011 年，党的十七届六中全会通过《中共中央关于深化文化体制改革推动社会主义文化大发展大繁荣若干重大问题的决定》，强调推进社会主义核心价值体系，提出文化改革发展的重大举措和加强与改进党对文化工作的领导要求。2012 年，党的十八大报告提出必须走中国特色社会主义文化发展道路，扎实推进社会主义文化强国建设。党的十九大报告强调要坚定文化自信，推动社会主义文化繁荣兴盛。

道文化是中国传统文化的根基，是东方哲学思想之源，其“三生万物”“道法自然”的思想得到世界哲学家的普遍认可，而楼观台正是道文化的发源地。因此，保护和复壮老子手植银杏不仅是道文化的传承方式之一，而且对发扬中国文化具有重要意义。

2. 有全国一流研究专家的支持

老子手植银杏保护与复壮项目，由陕西省林业厅发起，专门邀请了 9 位国内知名专家，分别来自国家林业局造林司、中国林科院、北京林业大学、南京林业大学以及西北农林科技大学等单位，成立了以森林培育专家——中国工程院院士曹福亮教授为组长的保护复壮专家组和以陕西省林业厅厅长李三原为组长的保护复壮工作组，并为此制订了科学严密、切实可行的工作流程和组织方案，再加上所邀请专家们的丰富经验及其拥有的高水平理论，是老子手植银杏复壮成功的有力保证。

项目专家组组长曹福亮院士，多年来一直从事银杏方面的研究工作，对银杏的生物学特性、生态学特性以及银杏产业化问题进行了系统的研究，对全国多处古银杏进行了调研和复壮。西北农林科技大学赵忠教授及其团队在完成国家林业局公益性专项“黄河中游地区Ⅰ级古树名木保护技术研究”过程中，积累了丰富的古树复壮经验，完成了数十棵千年古树保护与复壮示范。来自北京市园林科学研究院、北京林业大学、中国林科院等单位的专家，长期以来从事古树方面的研究工作，均具有古树保护与复壮的丰富经验。这些经验和技术的积累是老子手植银杏保护与复壮有力的技术保证。

四、保护复壮技术方案编制原则与依据

参照第五章第二节和第七章第二节。

第三节　老子手植银杏保护技术方案

针对老子手植银杏的生长现状、根际土壤环境和树体稳固性特点，通过清除垫土层建筑垃圾，填充复壮基质等措施，改良地下根际土壤，扩大根系营养面积，提高古树生长活力；通过树体支撑加固、防腐、修补等措施，稳固树体，延缓空洞腐朽速率；通过日常养护、监测等措施，创造和改善老子手植银杏的生长环境，逐步恢复其生长势，延长其寿命，使之成为“道文化起源活地标”，成为国内外华人触摸道文化哲学思想的实物。

一、树体防腐与加固支撑

（一）防腐处理措施

由于老子手植银杏树主干树皮已经开裂为4片（图7-8至图7-11），内

部完全中空，南侧 C1 和 B 片存活，北侧 C2 和 A 片已死去多年。建议对南侧 C1 和 B 片内侧木质部，以及北侧 C2 和 A 片进行防腐处理。

防腐处理具体措施：在内壁腐朽木质部清除的基础上，选用季胺铜溶液或者铬砷铜溶液进行全面消毒；也可选用 1 ∶ 30 ～ 1 ∶ 50 倍的硫酸铜溶液或高锰酸钾喷雾消毒，防止真菌和细菌滋生。然后用桐油（或柴油）涂刷 3 遍进行防腐，以增加存活树干的寿命，延长死亡树干的观赏时间。残留主干现状及估算消毒防腐面积见表 7-1。

图 7-8　A 片树皮

图 7-9　B 片树皮

图 7-10　C1 片树皮

图 7-11　C2 片树皮

表 7-1 估算消毒防腐面积

残存主干树皮编号	方位	高 /m	宽 /m	厚 /m	生长状况	估测消毒防腐面积 /m²
A	北	4	0.8	0.33	枯死	7.06
B	西南	3.5	1.5	0.45	正常	5.25
C1	东南	4.5	0.9	0.5	正常	4.05
C2	东北	4.5	0.4	0.5	枯死	4.60
总计						20.96

（二）树体的加固处理

由于树干整体仅剩 4 片，树干和树冠极不稳定，需要外力支撑。目前 4 片树干均有支撑，支撑点位基本合理，对稳固老子手植银杏残留主干有着重要的作用。虽然有两片已经死亡，但是为了防止树干倒塌，影响其文化、历史和观赏价值，1 号和 4 号支撑还应予以保留。

现有支撑方式虽然着力点位基本合理，但所采用的立柱式支撑，难以防范侧应力的破坏作用，尤其是南侧两片活皮上连接着 2 个主体大枝，树冠宽阔，侧应力较大。鉴于以上理由，认为立式或“A”字形支撑都不能有效解决银杏树体整体不稳固的问题，而且立式和“A”字型支撑会造成空间紊乱，影响景观。所以对南侧 2 片活皮上的大枝改用“门”字型支撑，并在着力点采用“弹性钢圈＋枕木＋硬橡胶垫”技术。

加固支撑具体措施为：拆除原有 2 号、3 号支撑，改用门字形支撑框架，立柱采用 24 cm 钢管，壁厚 2 cm，地下埋深 0.6 m，其中混凝土浇筑厚度为 0.4 m，混凝土上覆土 0.2 m，混凝土地锚尺寸为 1 m × 1 m × 1 m，地锚内各镶嵌 10 cm 塑料管 6 层，纵横各 3 层，每层各 4 根。填腐殖质土，以便根系穿过。承重横梁采用 15 cm 槽钢 2 m，为确保“门”形支撑稳固，通过钢管焊接，在着力点采用“弹性钢圈＋枕木＋硬橡胶垫”技术。其中弹性钢圈由带有弹簧的螺丝钉固定，用硬橡胶垫以免损伤树皮（图 7-12）。利用这种弹性支撑，很好地保证古树在风力雪载的作用下受应力刺激而产生自适应、自增强行为，同时又不会因为变形过大而遭受破坏。其中，新建 2 号支撑对 B 树皮进行支撑，3 号支撑对树皮 C1 支撑，主要支撑位点为原支撑位点，立柱位置如图 7-12 所示，具体情况见表 7-2，图 7-13 为示意图。

表 7-2 支撑情况表

门式支撑	立柱直径 /cm	立柱高度 /m	横梁直径 /cm	横梁长度 /m	支撑树皮
2 号支撑	24	3.5	15	2	B
3 号支撑	24	4.5	15	2	Cl

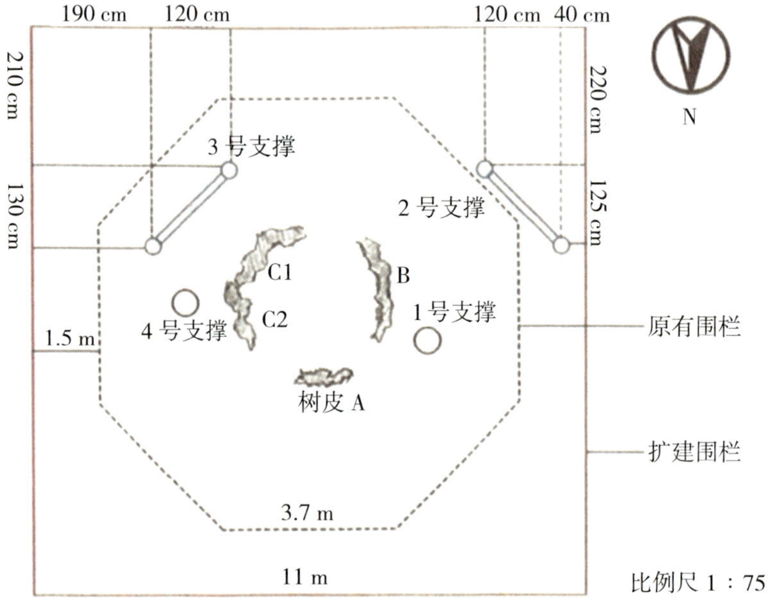

图 7-12　支撑位置平面图

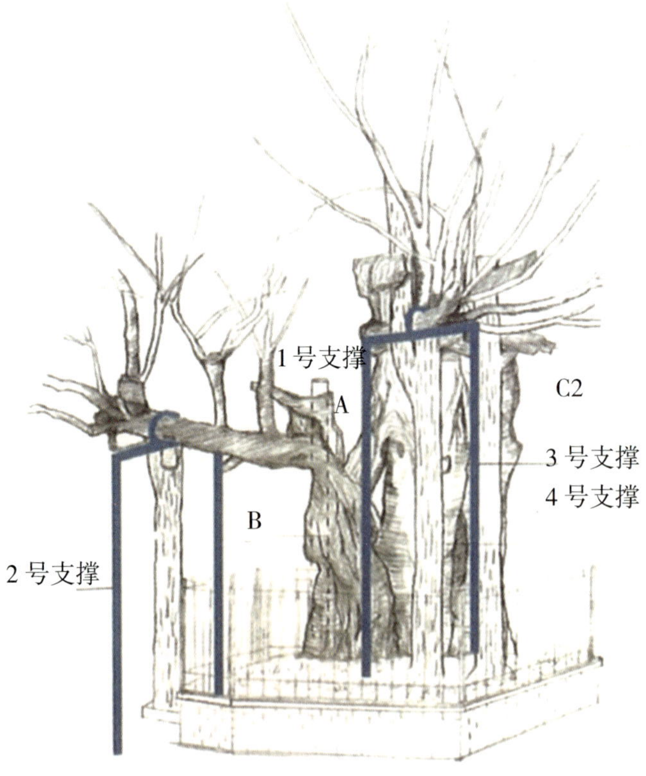

图 7-13　支撑示意图

二、地面围栏改造

（一）拆除地面铺装，扩大树池范围

老子手植银杏围栏内部，以堆土覆盖，土台高 50 cm，围栏高 164 cm，减去树干基部面积 11.34 m^2，围栏内营养面积为 52.3 m^2，为树冠面积 1/3 左右。围栏外部表面以青石石板覆盖，石板下为水泥沙土垫层，不透水层厚度共计 21 cm。地表垫层以下 0.7 ～ 1.0 m 以建筑垃圾为主。树木根系营养面积小，地面铺装严重限制了土壤的透气和透水性，进而影响了根系的生长和分布。

建议在现有土台围栏的基础上，将现有围栏向外扩展 1.5 m 并改建为四边形（图 7–14），改建后其营养面积将达到 109.66 m^2，为原有营养面积 52.3 m^2 两倍以上。同时拆除原有围栏到新建围栏外 1.5 m 范围内的全部地面铺装，清除水泥垫层。新建围栏内回填原土，补充配制土，基本形成自然平缓坡。估测清除不透水层面积共计 132 m^2，深度约 22 cm。

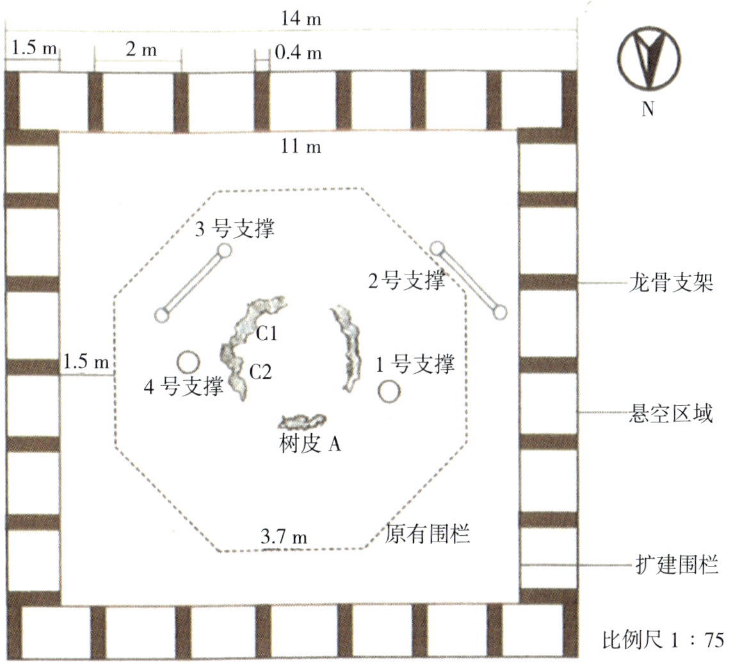

图 7–14　围栏改建平面图

（二）围栏外地面镂空

在新设围栏外 1.5 m 的范围，修建一圈悬空木质铺装，以有效防止游客踩踏对古树根际土壤的影响、保证根系的营养范围和通气。

龙骨架设好后铺设木板（图 7–15）。在相邻的两根纵向龙骨支架上横向搭建木板并固定，木板中间悬空长度为 2 m。铺装材料选用规格为 12 cm × 12 cm × 200 cm 的板栗木或生漆木，并做防腐处理。每个悬空区域使用该规格木板约 12 块，整个木栈道共计 325 块。

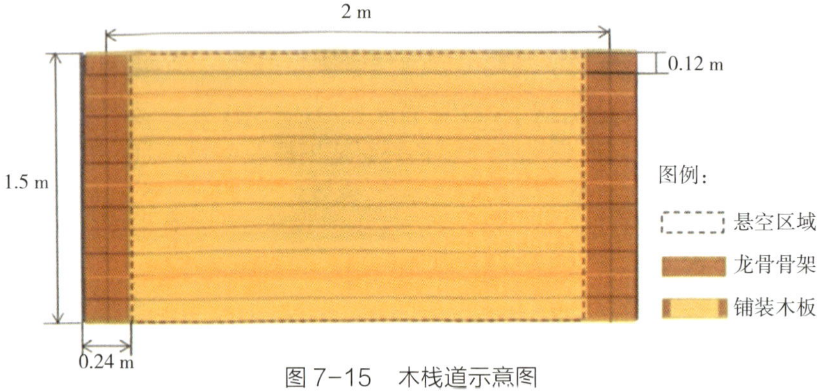

图 7–15　木栈道示意图

龙骨支架材料采用水泥柱和工字钢，纵向架设。支柱采用钢筋水泥浇筑，规格 30 cm × 30 cm，下深 1.5 ～ 2.0 m；横梁采用工字钢，长度为 1.5 m，宽度为 0.24 m，间距为 2 m。根据围栏扩建平面设计图，南北方向各需架设 8 根横梁，东西方向各为 7 根，共计 30 根（图 7–16、图 7–17）。

图 7–16　悬空角钢支架

图 7-17 悬空木桩支架

（三）围栏类型

现有围栏为钢筋普通围栏，与道教文化不甚相符，建议新修围栏采用暗红色正八边形或四边形木质围栏，并雕刻有关老子传经布道的历史图腾，以提升其美观效果和文化价值。

设计理念：以老子文化为主题，运用具象图案与抽象符号相结合的方式来体现相关的历史故事和神话传说，如教童识字、夜探婴儿、神丹救人、老子造镰、关前讲经、夜观天象、观水悟道、娘娘占山等老子造福百姓和老子悟道这一系列历史故事。

三、安装避雷针与树池植被

老子手植银杏树龄已有 2 600 多年，内腔完全空腐，仅存树皮，极易遭遇雷电袭击。根据古树名木的珍稀程度、地区雷暴日等级，按防雷要求老子手植银杏为一类防雷古树名木。

防雷装置由接闪器、引下线、接地装置、电涌保护器（SPD）及其他连接导线组成的防雷设施的总和，见第五章第三节。

（一）接闪器

接闪器的选择和接闪器的安装，详见第五章第三节。

（二）引下线

引下线的选择和引下线的安装，详见第五章三节，并在距老子银杏手植柏 3 m 外设置非金属封闭围栏。

（三）接地装置

见第五章第三节“避雷针与树池植被”相关内容，但老子手植银杏的接地体是由垂直接地体和水平接地体组成，接地体的埋设深度不宜小于 0.6 m。垂直接地体长度不宜小于 2.5 m，宜采用角钢、圆钢或钢管，其中角钢不小于 40 mm × 4 mm，圆钢直径不小于 20 mm，钢管直径不小于 50 mm，壁厚不小于 3.5 mm；垂直接地极间距应大于 5 m。

（四）注意事项

见第五章第三节“注意事项”。

（五）树池植被

在扩建树池内，本方案设计采用 5 cm 木屑或树皮代替地被植物，以增加土壤的透气和透水性。

第四节　老子手植银杏复壮技术方案

鉴于老子手植银杏生长的萌蘖与土壤环境特点，本方案以疏除萌蘖、土壤改良、诱发新根作为古银杏复壮的主要手段。

由于老子手植银杏的萌蘖聚集生长，林冠交接重叠，林下光照缺乏，单株树冠扩展严重受阻，相互之间争夺光照水分和营养。树冠下和树冠内的部分萌蘖植株明显生长不良，有的出现枯叶、有的出现枯梢，所以建议对地径小于 15 cm 的萌蘖进行疏除，只留 8 个长势良好、无病虫害的萌蘖，并对留下的萌蘖进行修剪等抚育管理措施。

老子手植银杏主要根系多位于树冠投影以内，树冠外围根系极少。所以，建议在树冠外围没有活根的垃圾土层区域采用环形开挖，清除原垫土层的建筑垃圾，填充人工配置的复壮基质或者附近农耕地表层土壤，以引导根系向外扩展；树冠内活根区域，结合放射状复壮坑开挖，清理原垫土层的建筑垃圾，填充人工配置的复壮基质或者附近农耕地土壤，以达到诱导新根产生和复壮的目的。

一、老子手植银杏萌蘖状况

（一）分蘖植株现状

陕西周至县楼观台老子手植银杏树萌蘖较多，分布在东、西、南三个方向，北侧由于缺乏光的刺激，未见有地面萌蘖，东侧萌蘖较多，但胸径较小；西侧萌蘖较少，但胸径较大，分蘖枝胸径最粗可达 27.0 cm，西南和东南方向具有大量的萌蘖。具体各部分萌蘖情况见图 7-18。

图 7-18 银杏萌蘖全景图

从全景图可以看出，树干基部不仅分蘖稠密，而且每个分蘖单株分枝数量也较大，经统计，所有分蘖单株的主干分枝数 126 枝。由于高密度分蘖株的聚集生长，林冠交接重叠，林下光照缺乏，单株树冠扩展严重受阻，相互之间争夺光照、水分和营养。树冠下和树冠内的部分分蘖植株明显生长不良，有的出现枯叶，有的出现枯梢，可见分蘖枝出现了明显的自疏现象。有关东南侧和西南侧树冠下的分蘖枝见图 7-19 和图 7-20。

（二）去除萌蘖

去除萌蘖的原则是间密留稀，间小留大，去劣留优，疏除强度不宜过大。确认萌蘖的方向和地径，对地径小于 15 cm 的萌蘖进行疏除，即去除西边 3 号和 4 号，南边 6 号、7 号、10 号、11 号、12 号以及东边 14 号、15 号、16 号、17 与 20 号萌蘖，只留 8 个长势良好、无病虫害的萌蘖。同时对留下的萌蘖进行修剪等抚育管理措施，去除萌蘖后的平面效果见图 7-21，具体说明如下：

图 7-19　东南侧树冠下的分蘖枝

图 7-20　西南侧树冠下的分蘖枝

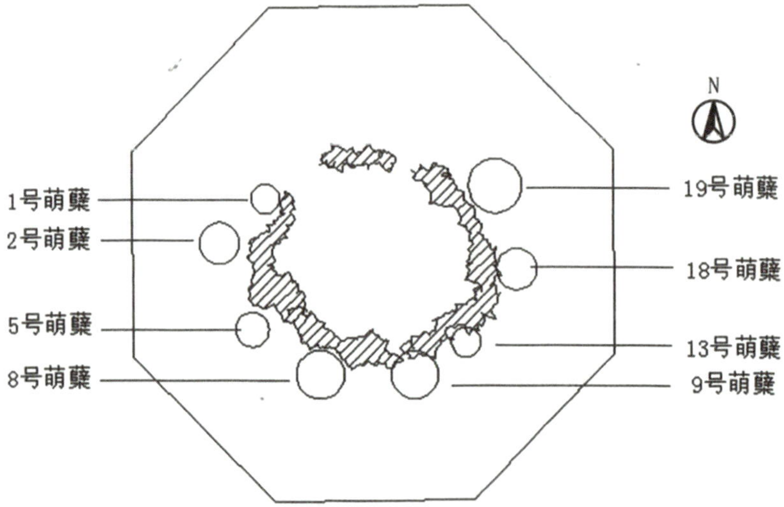

图 7-21　去除萌蘖后的平面效果图（1 ∶ 75）

（1）6 号、7 号、8 号是由一个地径为 33 cm 的萌蘖上分出来的 3 个主干，在去除萌蘖时采用去弱留强的原则，去除 6 号与 7 号，保留 8 号。

（2）9 号、10 号、11 号是由一个地径为 35 cm 的萌蘖上分出来的 3 个主干，在去除萌蘖时采用去弱留强的原则，去除 10 号与 11 号，保留 9 号。

（3）19 号 、20 号是由一个地径为 20 cm 的萌蘖上分出来的 2 个主干，在除萌蘖时采用去弱留强的原则，去除 20 号，保留 19 号。

二、地面铺装与根系分布

（一）地面铺装及垫土层情况

周至楼观台老子手植银杏地面状况分为围栏内部和围栏外部两部分。

围栏内部：以垫土覆盖，土台高 50 cm，铁围栏高 1.2 m，围栏呈正八边形；减去树干基部面积 11.34 m^2，围栏内营养面积为 52.3 m^2，是树冠面积 1/3 左右。

围栏外部：表面以青石板覆盖，石板厚度 6 cm，石板下为水泥沙土垫层，平均厚度 15 cm，不透水垫层厚度共计 21 cm；北面地面平坦，前方有侧柏古树（已枯死）；东面以石板铺路，与景区 2 m 宽道路相连；南面石板总长约 6 m，连接 2 m 宽绿地（草坪、绿篱）；西面地面平坦，距栏杆 5 m 处为楼观台景区院墙，围墙墙根 2 m 范围内有 1 棵构树（H=2.5 m），2 棵圆柏（H=3.0 m），对老子手植银杏生长有一定影响。

（二）根系分布情况

利用 SIR-3000TRU（Tree Radar Unit）树木雷达 900 MHz 天线和 400 MHz 天线的探测查明，老子手植银杏的粗根水平分布主要是在距树干 6 m 范围内，根系与树冠线基本一致；老子手植银杏粗根的垂直分布主要集中在 0 ～ 100 cm 的范围内，尤其是 40 ～ 60 cm 土层，其可能是古银杏生长的主要营养层。各层次根系分布见图 7-22。

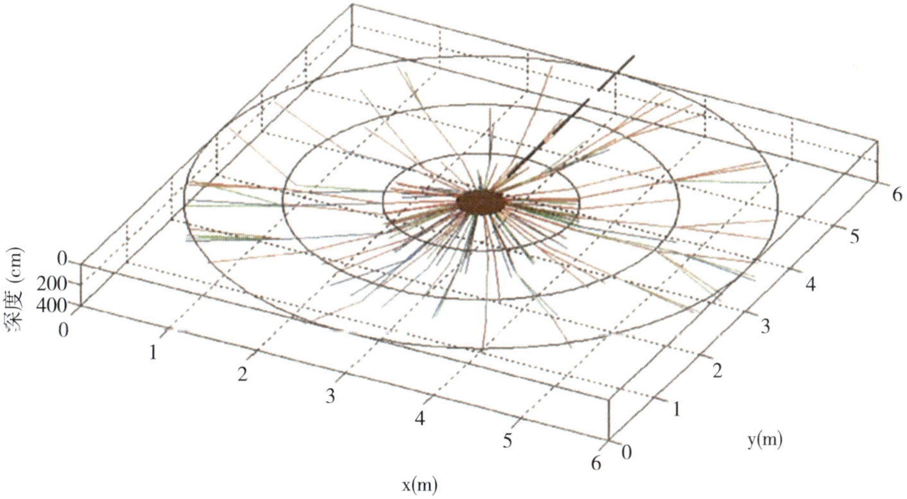

图 7-22　根系分布三维图

不同方向根系分布情况与地面树冠现状基本对应，即树冠大的方向根系多，具体根系在各方向的分布见表 7–3。从表 7–3 可以看出，各圈不同深度的根系在各方向有明显的差异，第 1 圈东侧的根系密度最大，第 2 圈南侧的根系最多，第 3 圈南侧的根系最多，3 圈平均值为南侧根系较多。这一结果与树冠的发育基本一致。老子手植银杏根部垫层有建筑垃圾，已经对根部生长产生了较大的影响，在老子手植银杏的北侧和东侧发现死亡的大根和细根。从图 7–23 至图 7–26 可以看出东侧和北侧土壤剖面中垃圾，以及根系生长和死根情况。

表 7–3　400MHz 天线监测不同方位根系分布统计表（单位：%）

取样序列	东	南	西	北	合计
第 1 圈	33.3	27.8	23.3	15.6	100.0
第 2 圈	23.5	29.4	19.6	27.4	100.0
第 3 圈	22.7	34.1	25.0	18.2	100.0
平均	26.5	30.4	22.6	20.5	100.0

图 7–23　东侧土壤剖面

图 7–24　北侧土壤剖面中砖块

图 7–25　东侧土壤剖面 90 cm 处的粗根

图 7–26　东侧土壤剖面 40 cm 处死根

三、土壤养分现状

（1）老子手植银杏围栏内和围栏外的土壤有机质均属于中等（3 级）或偏低水平（4 级），土壤全氮在围栏内是中等水平，在围栏外是中等或偏低水平。可以推断老子手植银杏未曾有明显的施肥，土壤养分缺乏。

（2）老子手植银杏根际土壤微生物量碳和氮含量均属于较低或极低的水平，间接说明土壤中微生物的活性非常低，不利于土壤有机物质的分解。微生物量较低的可能原因是有机质缺乏和土壤通气性差。

（3）从土壤的容重结果可以看出，古树周围的土壤结构偏紧实和紧实。

（4）老子手植银杏正东方向建筑垃圾存量最多，主要集中在地表以下 70 cm，占总土壤体积的 80% 以上。正南、正北方向土壤中深度 90 cm 以上存在较少或少量建筑垃圾。

（5）在正南方向树冠垂直投影的树冠边缘，银杏的根系活力较强，原因可能是正南方向古银杏株较多，且该剖面紧挨草坪，土壤通气性好。北边土壤中的活根的数量很少，并且有腐朽多年的粗根，可能与古树北边主体部分衰老以及土壤透气性差有关。东侧 70 cm 以上未发现根系，主要原因可能是受较多的建筑垃圾影响。从图 7–27 可以看出老子手植银杏不同方位土壤剖面的情况。

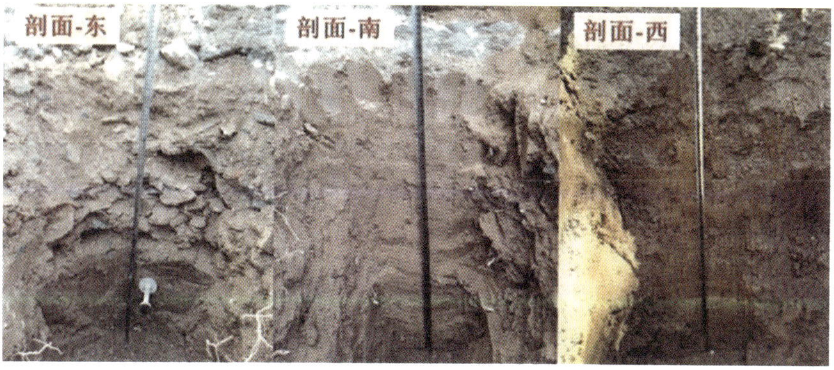

图 7–27 老子手植银杏不同方位土壤剖面图

四、换土复壮与引根技术

（一）换土引根

结合地面铺装拆除，采用目前技术相对成熟、效果较好的环状引根沟和放射复壮沟的办法，对手植银杏进行换土引根。具体技术方案如下：

1. 开挖范围

沿树冠外缘线向外开挖 100 cm 深、100 cm 宽的间断环形沟。环形沟在开挖过程中，根据所遇活根系的多少，决定环形沟的宽窄和环状沟的间断区域，原则上遇见活根停止开挖。所以，方案设计宽度和形状仅作参考，以实际情况而定。老子手植银杏树冠投影近似于圆形，经计算环状沟长度为 43.96 m。四个方位的纵向复壮沟（辐射状）起始开挖点分别在老子手植银杏南面距离树干 8.3 m 处、西面距离树干 5.3 m 处、东面距离树干 6.3 m 处、北面距离树干 4 m 处。此外，伐除古树西面围墙墙根 2 m 范围内的 1 棵构树（H=2.5 m），2 棵圆柏（H=3.0 m），以利于老子手植银杏复壮。

放射状复壮坑（纵向复壮坑）规格为 100 cm × 100 cm × 200 cm，由冠缘线向树干方向开挖，若按照 4 年进度安排，每年每个方向需开挖 3 个复壮坑，共计 12 个复壮坑。在施工过程中，复壮坑的具体数量根据实际情况而定。另外，在施工过程中要小心细致，在换土过程中避免伤害土层中的活根系；如果发现有根系，及时用湿润麻袋片或草帘覆盖和包裹古树根系。具体开挖位置、复壮换土与引根参见图 7-28。

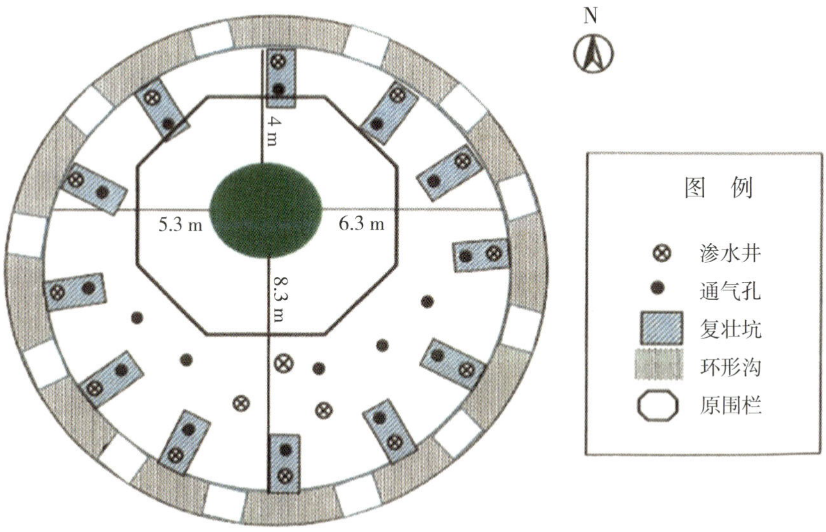

图 7-28　老子手植银杏复壮换土与引根设计平面图

2. 填充基质

内容参见第五章第四节。

（二）土壤通气技术方案

首先，在现有围栏范围之外，树冠投影之外 1 m 的范围内进行架空铺装，保证根系的营养范围和土壤通气。具体铺装见第七章第四节“老子手植银杏保护技术方案”。

其次，在回填环形沟和每个纵向复壮坑时，埋设一定数量的通气管，设计每 2 m^2 埋 1 个，共需通气管约 75 个。通气管建议采用“U”型通气管，在深入地下的管壁上开若干直径为 5 cm 的小孔增强通气。通气管材料采用 PVC 管，粗的一端直径为 12 cm，细的一端直径为 6 cm。从地表层到地下竖埋，管高度 100 cm，管口加带孔的 PVC 盖，以防止杂物落入。

有关通气管示意和渗水井见第五章第四节图 5-25 和 5-26。

（三）灌溉与排水设施

鉴于滴灌管道水源的问题，本方案建议采用人工灌溉的办法，在干旱季节利用通气管进行人工浇灌，每次沿通气管进行灌水，灌溉量以不下渗为宜。

关于排水问题，由于现在古银杏周围未见排水设施，在北侧冠缘线附近开挖土壤剖面时，发现土壤有明显的积水，土壤湿度较大，显然增设排水设施很有必要。 根据当地的降水特点，本方案采用渗水井来解决后续的排水问题。

渗水井设计时既要考虑到地面积水，又要考虑到灌溉时的地下积水。结合环形沟和复壮坑开挖修筑渗水井。根据当地土壤的侧渗能力和范围，每 9 m^2 修 1 个渗水井，共需渗水井约 12 个，在每个方向均匀分布。渗水井采用花砖墙方法修筑，用砖块垒出一个直径 50 cm，深 200 cm 的空心井，不必用水泥勾缝。渗水井可填充草炭，既有利于排水，还可生长根系。井口用水泥封口，并加网状井盖。

五、技术实施效果监测与养护管理

老子手植银杏的保护复壮的技术实施效果监测方案与后期养护管理，内容与黄帝手植柏的保护复壮的技术实施效果监测方案与后期养护管理基本相同，详见第五章第五节，其不同的几点如下。

（一）仪器方法

Root Scanner-R 根系原位监测系统，是目前自动化根系监测效果较好的仪器，具有监测范围广、省力高效、统计数据准确、地面不开挖等优点。

（二）病虫害防治

病虫害的防治应采用生物防治、化学防治和物理防治相结合的方法，做到早发现、早预防、早治疗。

《老子手植银杏诊断报告》显示，老子手植银杏主要病害为叶枯病，未发现虫害。

银杏叶枯病发生于每年 7 ～ 8 月，受害叶片的边缘由部分黄色直到褐色，并出现褐色或红褐色的叶缘病斑，以后病斑逐渐向叶基延伸，使整个叶片变成褐色或灰褐色。防治方法为在 5 月底以前施多效锌肥或硼、锰、锌等微量元素混合液态肥，提高植株抗病能力；发病初期，用 25% ～ 50% 的多菌灵粉剂 500 ～ 800 倍液喷雾；发病盛期用 50% 的退菌特 800 ～ 1 000 倍液喷雾，间隔 15 ～ 20 d 喷 1 次，连喷 2 ～ 3 次即可。

第五节　老子手植银杏根际土壤成分

一、土壤养分含量分级标准

土壤养分含量分级表来源于全国第二次土壤普查，见第五章表 5-6。

二、土壤剖面观察记录

表 7-4、表 7-5、表 7-6 为老子手植柏在正东、正南、正北方向土壤剖面观察数据。

表 7–4 老子手植银杏正东方向土壤剖面观察记录表

西北农林科技大学土壤剖面观察记录表				
调查日期：2017 年 8 月 12 日	剖面编号：银杏 –E	观测地点：楼观台老子手植银杏东	地形：平坦	坡向：无
地度：无	海拔高度：580 m	天气：晴	土壤名称：黄绵土	母质：黄绵土
侵蚀情况：无	植被：无	土地利用现状：被广场地砖覆盖	地下水深：无	调查人：党鹏

概况描述：

该土壤剖面位于楼观台老子手植银杏东南方向 3.8 m 处，土层被地砖和水泥垫层覆盖，其厚度为 26 cm，土层地表以下 70 cm 处填埋有大量砖头和瓦砾。

发生层	采样位置	颜色	质地	结构	松紧度	干湿度	根系	侵入体	pH
AP	0 ～ 22 cm	褐色	砂壤土	块状结构	偏紧实	潮	无	大量砖头瓦砾	8.37
H1	22 ～ 39 cm	褐色	砂壤土	块状结构	偏紧实	潮	无	大量砖头瓦砾	8.27
G1	39 ～ 51 cm	褐色	砂壤土	块状结构	偏紧实	潮	无	大量砖头瓦砾	8.15
H2	51 ～ 92 cm	褐色	51 ～ 70 cm 处为砂填土，70 ～ 90 cm 处为填土	块状结构	偏紧实	潮	有直径约 5 mm 的活根	51 ～ 70 cm 处有大量砖头瓦砾，70 ～ 90 cm 处无砖头瓦砾	8.37
G2	92 ～ 100 cm	褐色	砂壤土	块状结构	紧实	潮	无	无	8.28

表 7–5　老子手植银杏正南方向土壤剖面观察记录表

西北农林科技大学土壤剖面观察记录表									
调查日期：2017 年 8 月 12 日		剖面编号：银杏 –S		观测地点：楼观台老子手植银杏正南方向		地形：平坦		坡向：无	
地度：无		海拔高度：580 m		天气：晴朗		土壤名称：黄绵土		母质：黄绵土	
侵蚀情况：无		植被：无		土地利用现状：草坪		地下水深：无		调查人：党鹏	
概况描述：该剖面位于楼观台老子手植银杏正南方向 4.2 m 处，剖面位置土壤上层种植有草本植物。									
发生层	采样位置	颜色	质地	结构	松紧度	干湿度	根系	侵入体	pH
AP	0 ～ 22 cm	深褐色	黏壤土	片状结构	偏紧实	湿	2 根直径为 1 mm 的活根	极少量瓦砾	8.36
H1	22 ～ 39 cm	深褐色	砂壤土	块状结构	偏紧实	湿	1 根直径为 3 mm 的活根	极少量瓦砾	8.36
G1	39 ～ 51 cm	深褐色	砂壤土	块状结构	偏紧实	较湿	2 根直径为 1 mm 的活根	极少量瓦砾	8.07
H2	51 ～ 92 cm	深褐色	砂壤土	块状结构	偏紧实	较湿	60 cm 处有 2 根直径为 1 mm 的活根和 1 根直径为 5mm 的活根	极少量瓦砾	8.32
G2	92 ～ 100 cm	深褐色	砂壤土	块状结构	偏紧实	较湿	1 根直径为 2cm 的活根；2 根直径为 3 mm 的活根	无	8.34

表 7–6 老子手植银杏正北方向土壤剖面观察记录表

西北农林科技大学土壤剖面观察记录表

调查日期：2017 年 8 月 12 日	剖面编号：银杏 –N	观测地点：楼观台老子手植银杏正北方向	地形：平坦	坡向：无
地度：无	海拔高度：580 m	天气：晴朗	土壤名称：黄绵土	母质：黄绵土
侵蚀情况：无	植被：无	土地利用现状：被广场地砖覆盖	地下水深：无	调查人：党鹏

概况描述：

该剖面位于楼观台老子手植银杏正北方向 3.2 m 处，土壤表层被地砖和水泥垫层覆盖，覆盖厚度为 26 cm，土壤 1 m 深处发现直径为 4 cm 的死根 3 条，土壤中填埋有少量体积较小的砖头和瓦砾。

发生层	采样位置	颜色	质地	结构	松紧度	干湿度	根系	侵入体	pH
AP	0 ～ 22 cm	深褐色	黏壤土	片状结构	偏紧实	湿	2 条直径为 2 mm 的活根	10 块小石头 (20 cm × 20 cm)	8.36
H1	22 ～ 39 cm	深褐色	砂壤土	块状结构	偏紧实	湿	25 cm 处有 1 条直径为 4 mm 的活根	4 块小石块 (20 cm × 20 cm)	8.36
G1	39 ～ 51 cm	深褐色	砂壤土	块状结构	偏紧实	较湿	40 cm 处有直径为 5 mm 的活根	整个剖面有 1 块小石块	8.07
H2	51 ～ 92 cm	深褐色	砂壤土	块状结构	偏紧实	较湿	65 cm 处有 1 条直径为 4 mm 的活根；70 cm处有4条直径为 4 mm 的死根	整个剖面有 1 块较大砖头	8.32
G2	92 ～ 100 cm	深褐色	砂壤土	块状结构	偏紧实	较湿	1 根直径为 2 cm 的活根；2 根直径为 3 mm 的活根	无	8.34

三、老子手植银杏根际土壤理化指标

表 7-7 至表 7-18 为老子手植银杏根际土壤主要理化指标。

表 7-7　老子手植银杏根际土壤 pH

土层 /cm	围栏内				围栏外				
	东－里	西－里	南－里	北－里	东－外	西－外	南－外	北－外	对照
0 ～ 20	7.98	8.03	8.30	7.96	8.37	8.05	8.46	8.39	8.15
	7.98	8.04	8.32	7.99	8.36	8.07	8.46	8.38	8.10
20 ～ 40	7.97	8.07	8.45	8.26	8.36	7.96	8.60	8.39	8.00
	8.07	8.25	8.52	8.23	8.19	7.67	8.12	8.50	8.02
40 ～ 60	8.16	7.78	8.01	8.27	8.14	7.86	8.07	8.43	8.20
	8.16	7.79	8.00	8.28	8.15	7.82	8.06	8.42	8.21
60 ～ 80	8.09	8.01	8.68	8.40	8.37	7.77	8.32	8.03	8.16
	8.09	8.00	8.70	8.40	8.37	8.01	8.32	8.03	8.34
80 ～ 100	—	—	—	—	8.28	8.12	8.33	8.19	8.22
	—	—	—	—	8.27	7.98	8.35	8.18	8.36

表 7-8　老子手植银杏根际土壤有机质含量

土层 /cm	围栏内				围栏外				
	东－里	西－里	南－里	北－里	东－外	西－外	南－外	北－外	对照
0 ～ 20	23.49	23.17	26.04	14.86	16.81	10.69	15.28	15.93	21.10
	22.68	21.85	28.14	14.89	16.69	10.69	16.04	15.57	21.54
20 ～ 40	20.81	17.20	24.23	13.02	13.24	12.98	18.09	14.51	22.75
	21.06	17.51	23.85	13.11	12.60	12.06	18.13	15.82	21.68
40 ～ 60	17.41	14.67	16.74	14.30	16.08	13.53	19.15	9.81	23.23
	16.30	15.56	18.97	15.20	17.02	13.18	18.58	10.78	24.01
60 ～ 80	35.45	26.31	25.25	21.13	26.39	15.75	19.69	23.59	20.78
	37.80	25.81	23.03	20.89	25.43	15.87	19.09	24.51	19.66
80 ～ 100	—	—	—	—	23.15	17.54	17.91	21.78	18.44
	—	—	—	—	21.81	18.84	18.36	21.64	18.02

(表头：pH；有机质含量 /$g \cdot kg^{-1}$)

表 7-9 老子手植银杏根际土壤全氮含量

土层 /cm	全氮含量 /g·kg⁻¹ 围栏内				围栏外				
	东-里	西-里	南-里	北-里	东-外	西-外	南-外	北-外	对照
0 ~ 20	1.24	1.16	1.24	0.87	0.78	0.67	0.77	0.60	1.35
	1.25	1.15	1.22	0.86	0.78	0.66	0.77	0.60	1.34
20 ~ 40	1.11	0.80	0.85	0.64	0.63	0.64	0.72	0.61	0.89
	1.13	0.80	0.84	0.64	0.63	0.66	0.72	0.61	0.92
40 ~ 60	1.04	0.95	0.98	0.72	0.86	0.66	0.66	0.34	0.86
	0.99	0.91	0.96	0.73	0.85	0.67	0.65	0.35	0.84
60 ~ 80	1.70	1.18	0.81	0.89	0.74	0.64	0.73	0.38	0.73
	1.67	1.09	0.83	0.94	0.74	0.66	0.72	0.39	0.79
80 ~ 100	—	—	—	—	0.74	0.58	0.66	0.49	0.69
	—	—	—	—	0.70	0.54	0.63	0.50	0.63

表 7-10 老子手植银杏根际土壤可溶性有机碳含量

土层 /cm	可溶性有机碳含量 /mg·kg⁻¹ 围栏内				围栏外				
	东-里	西-里	南-里	北-里	东-外	西-外	南-外	北-外	对照
0 ~ 20	57.50	45.34	114.23	80.24	125.98	59.80	152.89	105.05	95.68
	68.51	53.30	106.54	80.49	147.42	56.95	147.92	112.15	82.48
20 ~ 40	93.30	62.91	48.89	60.24	105.15	163.32	69.26	128.24	122.78
	88.02	54.38	41.82	72.55	96.48	164.47	62.40	132.15	110.95
40 ~ 60	106.49	90.75	65.51	78.42	162.62	55.42	72.98	504.77	74.43
	110.97	90.48	80.23	78.64	169.81	69.71	47.85	537.17	86.85
60 ~ 80	96.73	83.06	56.85	62.70	73.43	51.39	58.41	80.22	76.79
	98.67	63.46	66.79	58.69	87.50	53.52	67.99	81.21	69.74
80 ~ 100	—	—	—	—	50.82	52.35	58.13	46.23	61.20
	—	—	—	—	51.77	44.64	53.15	45.60	63.04

表 7–11　老子手植银杏根际土壤铵态氮含量

土层 /cm	铵态氮含量 /mg·kg^{-1}								
	围栏内				围栏外				
	东–里	西–里	南–里	北–里	东–外	西–外	南–外	北–外	对照
0 ～ 20	3.08	3.49	3.39	3.05	3.37	3.00	5.35	3.08	3.97
	3.08	3.71	3.79	3.71	3.27	2.81	5.35	2.84	3.99
20 ～ 40	3.02	3.32	5.57	4.16	3.86	3.30	3.38	2.90	3.85
	3.01	2.97	2.97	2.89	3.32	5.21	3.37	3.96	4.10
40 ～ 60	5.34	4.63	4.15	3.05	3.66	3.42	2.88	5.75	3.87
	4.88	4.04	3.11	2.84	3.51	2.98	3.74	5.57	3.92
60 ～ 80	3.47	2.89	2.50	2.85	3.09	2.87	3.79	5.44	3.44
	3.35	3.18	2.63	2.85	8.01	2.85	3.77	5.59	3.44
80 ～ 100	—	—	—	—	4.17	2.92	3.03	7.48	3.76
	—	—	—	—	4.15	2.92	2.91	7.65	3.76

表 7–12　老子手植银杏根际土壤硝态氮含量

土层 /cm	硝态氮含量 /mg·kg^{-1}								
	围栏内				围栏外				
	东–里	西–里	南–里	北–里	东–外	西–外	南–外	北–外	对照
0 ～ 20	26.34	12.18	9.99	6.36	4.69	1.52	9.71	6.33	12.14
	27.68	11.82	10.99	6.95	3.69	1.48	9.62	6.20	11.47
20 ～ 40	15.53	7.44	6.15	3.86	4.75	1.58	7.76	5.85	5.02
	10.97	4.89	3.70	2.22	7.64	1.05	10.32	4.71	5.10
40 ～ 60	14.39	12.45	6.29	0.75	12.51	1.22	11.40	2.95	3.37
	12.40	12.71	5.76	0.57	12.92	1.93	10.84	2.37	4.30
60 ～ 80	18.36	46.78	4.45	5.55	13.81	1.28	3.24	5.08	3.44
	18.74	45.90	4.26	5.69	14.01	1.23	3.05	4.99	3.44
80 ～ 100	—	—	—	—	14.56	1.35	3.25	7.20	3.76
	—	—	—	—	13.74	1.25	3.36	7.19	3.76

表 7–13　老子手植银杏根际土壤速效磷含量

速效磷含量 /mg·kg^{-1}									
土层 /cm	围栏内				围栏外				
	东 – 里	西 – 里	南 – 里	北 – 里	东 – 外	西 – 外	南 – 外	北 – 外	对照
0 ～ 20	32.95	28.55	55.95	14.25	26.95	4.55	22.45	18.55	25.15
	33.45	27.45	55.05	13.95	27.35	4.85	23.35	18.45	24.55
20 ～ 40	33.1	22.8	30.3	8.8	24.6	6.05	36.25	24.9	45.75
	32.3	23.65	30.35	8.25	24.45	6	36.4	25.2	47.15
40 ～ 60	27.95	15.85	11.25	9.35	46.35	14.75	33.75	20.25	44.45
	26.55	14.95	10.35	9.55	51.15	14.55	33.15	21.25	45.15
60 ～ 80	58.26	18.24	31.56	15.3	36.54	18.66	10.2	26.7	32.28
	60.66	18.9	31.62	15.06	36.84	17.76	9.66	26.28	32.76
80 ～ 100	—	—	—	—	33.3	16.74	12.6	18.3	28.92
	—	—	—	—	33.36	16.26	12.72	19.5	30.54

表 7–14　老子手植银杏根际土壤速效钾含量

速效钾含量 /mg·kg^{-1}									
土层 /cm	围栏内				围栏外				
	东 – 里	西 – 里	南 – 里	北 – 里	东 – 外	西 – 外	南 – 外	北 – 外	对照
0 ～ 20	344.3	294.8	374.8	114.4	337.7	135.7	297.9	210.4	201.5
	344	300.4	373.6	115	325	132.2	300	214.5	200.9
20 ～ 40	218.8	154.5	282.4	99.5	165.7	126.5	152.65	114.15	155.5
	218.45	156.45	282.75	99.5	170.4	128.4	154	112.95	157.9
40 ～ 60	157	159.9	162.6	124.8	168.7	133.2	117.9	109.7	138.3
	156.7	162	161.8	124.9	168.2	131.9	117	108.9	141.6
60 ～ 80	546.9	164.3	168.6	143.7	234.5	125.7	115.6	128.7	124.15
	549	164.3	169.7	143.7	233.4	131.5	120	130.8	127.21
80 ～ 100	—	—	—	—	158.9	123.22	138.9	130.8	116.34
	—	—	—	—	165.4	117.88	136.2	126.4	122.08

表 7-15　老子手植银杏根际土壤电导率

土层 /cm	电导率 /μS·cm^{-1}								
	围栏内				围栏外				
	东－里	西－里	南－里	北－里	东－外	西－外	南－外	北－外	对照
0 ～ 20	173.6	87.7	124.2	55.6	96.2	47	66.1	61.2	67.2
	175.4	88	121.3	53.8	97.4	47.2	65.5	63	69
20 ～ 40	191.05	119.8	126.9	67.75	87.1	47.1	79.35	55.95	56.1
	171.15	77.65	95.15	63.7	77	26.7	68	52.05	55.4
40 ～ 60	161.3	109.4	103.5	62	68.7	42.7	87	44.6	115.1
	161.2	110.1	104.7	60.8	68.5	43.6	86.4	43.8	115.4
60 ～ 80	228.7	350.1	249.6	146.5	126.6	115.22	145.6	68.9	122.6
	229	349.9	249.3	146.3	127.4	112.08	145.6	68.8	126.72
80 ～ 100	—	—	—	—	132.4	134.4	107.6	90.7	118.45
	—	—	—	—	132.8	121.36	108	90.6	120.71

表 7-16　老子手植银杏根际土壤微生物量碳含量

土层 /cm	微生物量碳含量 /mg·kg^{-1}								
	围栏内				围栏外				
	东－里	西－里	南－里	北－里	东－外	西－外	南－外	北－外	对照
0 ～ 20	223.18	179.51	139.09	189.94	30.41	113.64	51.97	84.50	191.40
	198.20	142.32	141.95	160.35	33.15	82.22	56.65	69.31	172.40
20 ～ 40	149.82	99.19	60.01	92.61	40.98	65.23	37.65	66.90	172.22
	173.91	119.09	90.86	128.10	38.40	79.29	45.44	69.10	169.60
40 ～ 60	127.90	88.00	78.49	128.90	94.89	99.44	86.05	58.91	90.72
	150.50	111.33	87.21	120.99	95.97	92.03	86.72	53.95	94.70
60 ～ 80	456.16	103.81	209.98	162.00	63.13	73.46	97.79	38.55	84.23
	508.50	48.29	201.78	157.19	76.69	71.33	84.08	22.77	81.20
80 ～ 100	—	—	—	—	48.32	59.85	38.05	650.78	78.61
	—	—	—	—	64.77	58.87	30.23	652.45	75.23

表 7–17 老子手植银杏根际土壤微生物量氮含量

土层 /cm	微生物量氮 /mg·kg^{-1}								
	围栏内				围栏外				
	东 – 里	西 – 里	南 – 里	北 – 里	东 – 外	西 – 外	南 – 外	北 – 外	对照
0 ~ 20	7.72	5.07	4.18	4.75	4.24	2.52	4.00	4.39	4.74
	7.79	5.59	4.95	4.48	4.24	2.92	3.46	3.72	5.37
20 ~ 40	5.34	4.63	4.47	4.52	3.87	2.37	1.79	3.42	3.62
	5.05	4.93	4.97	4.16	3.45	2.19	1.63	3.68	4.39
40 ~ 60	6.05	4.16	4.71	4.72	2.88	3.75	2.49	3.60	2.60
	6.27	3.51	3.56	4.78	3.30	3.91	2.75	2.96	2.88
60 ~ 80	54.91	13.14	14.50	3.65	1.96	2.12	2.22	4.40	1.32
	55.42	11.93	13.82	3.65	1.77	2.25	2.38	4.06	1.77
80 ~ 100	—	—	—	—	2.28	2.36	1.91	0.85	2.53
	—	—	—	—	3.10	1.75	2.10	0.79	2.29

表 7–18 老子手植银杏根际土壤容重

土层 /cm	土壤容重 /g·cm^{-3}							
	围栏内				围栏外			
	东	西	南	北	东	西	南	北
0 ~ 20	1.3	1.32	1.36	1.42	—	—	1.33	1.37
20 ~ 40	—	—	—	—	—	—	1.28	1.32
40 ~ 60	—	—	—	—	—	—	1.31	1.34
60 ~ 80	—	—	—	—	—	—	1.32	1.34
80 ~ 100	—	—	—	—	1.36	—	1.3	1.32

[31] 林海球，龙腾，莫晓勇，等. 抗酚剂对桉树扦插生根的影响研究 [J]. 林业科学研究，2000(01):89–95.
[32] 刘桂丰，杨文书，邵顺流，等 . 红皮云杉扦插繁殖技术的研究 [J]. 东北林业大学学报，1991(19):161–166.
[33] 刘浩如 . 珍稀树种宝华玉兰扦插繁殖的研究 [D]. 南京：南京林业大学，2013.
[34] 刘洁. 黄心夜合扦插繁殖技术及生根机理研究 [D]. 长沙：中南林业科技大学，2010.
[35] 刘景润，张亚红，刘继军，等. 侧柏插条育苗方法 [J]. 山东林业科技，2003 (02):28.
[36] 刘延青 . 仿栗扦插繁殖技术及其生根机理的研究 [D]. 长沙：中南林业科技大学，2010.
[37] 卢翔，夏海涛，李效文，等. 山桐子扦插繁殖试验 [J]. 浙江林业科技，2011，31(01):68–72.
[38] 麻文俊，张守攻，王军辉，等. 日本落叶松扦插生根期内源激素和营养物质及酚酸含量变化特征 [J]. 西北植物学报，2013，33(01):109–115.
[39] 潘健，夏日红，程家寿，等. 柃木插条生根的解剖学研究 [J]. 植物资源与环境学报，2008(01):62–65.
[40] 潘瑞炽，叶庆生 . 国兰生理 [M]. 北京：科学出版社，2006.
[41] 邱声林 . 古树名木复壮技术探讨——以漳平市榉子洲公园古樟树复壮为例 [J]. 绿色科技，2012(4):54–56.
[42] 任建中，赵健康，郑智礼. 云杉扦插试验研究 [J]. 东北林业大学学报，1997(03):69–71.
[43] 森下义朗，大山浪雄 . 植物扦插理论与技术 [M]. 李云森译 . 北京：中国林业出版社，1988.
[44] 沈琪 . 榉树扦插繁殖与生根机理研究 [D]. 南京：南京林业大学，2013.
[45] 施娟娟 . 薄壳山核桃种质资源收集与无性繁殖技术研究 [D]. 杭州：浙江农林大学，2013.
[46] 孙兰英，桑子海，王目标 . 银杏一枝多芽嫁接扦插育苗技术试验 [J]. 落叶果树，1998(2):46.
[47] 宋金耀，何文林，杜玉虎，等. 山海关杨扦插生根过程中几种生理生化指标的变化 [J]. 河北职业技术师范学院学报，2001(03):5–7，43.

[48] 唐全，曹帮华，刘凤，等. 悬铃木硬枝扦插年龄效应及对 α–NAA 处理的响应 [J]. 西南大学学报 (自然科学版)，2009，31(03):94–99.
[49] 汪劲武 . 柏科植物古树多 [J]. 植物杂志，1999(05):34–36.
[50] 王东光 . 闽楠嫩枝扦插繁殖技术及生根机理研究 [D]. 北京：中国林业科学研究院，2013.
[51] 王佳卓 . 杉科、柏科 14 种植物茎叶的解剖学研究 [D]. 南宁：广西大学，2007.
[52] 王军辉，张建国，张守攻，等. 青海云杉硬枝扦插的激素、年龄和位置效应研究 [J]. 西北农林科技大学学报 (自然科学版)，2006(07):65–71.
[53] 王佩卿，王丽倩，全金英 . 新型植物生长调节剂 (ASL) 在农林业上的应用 [J]. 南京林业大学学报，1999(04):2–7.
[54] 王秋玉，赵丽惠，王福来，等. 红皮云杉扦插繁殖中的年龄效应及其生理机制 [J]. 植物研究，1997，(03):105–110.
[55] 王小玲，刘腾云，余发新，等. 四倍体刺槐扦插生根及相关的生理生化特征 [J]. 江西科学，2013，31(04):479–483.
[56] 王小平，孟迪 . 东北红豆杉扦插枝条愈伤组织的结构研究 [J]. 通化师范学院学报，2005(06):74–75.
[57] 王永格，常卫民，丛日晨 . 不同树龄银杏嫩枝扦插繁殖试验研究 [J]. 科学技术与工程，2012，12(32):8642–8644.
[58] 王永格，丛日晨，常卫民 . 北京古槐嫁接和扦插繁殖技术研究 [J]. 园林科技，2012(03):5–7，17.
[59] 王振华，程广有 . 东北红豆杉古树复壮技术探讨 [J]. 林业实用技术，2012(12):26–27.
[60] 魏树强 . 杂交鹅掌楸扦插繁殖技术与生根机理研究 [D]. 南京：南京林业大学，2009.
[61] 吴奎河，杨洪臣，解孝满 . 紫薇嫩枝扦插育苗试验研究 [J]. 山东林业科技，2004(06):46–47.
[62] 吴落军 . 落羽杉的扦插繁殖技术与生根机理研究 [D]. 南京：南京林业大学，2007:1–58.
[63] 徐程扬，张忠辉，李绍臣 . 核桃楸枝条、插穗中生根抑制物质的含量 [J]. 吉林林学院学报，1998(04):28–31.
[64] 徐丽萍，喻方圆，上官新晨 . 秤锤树插穗生根的解剖学观察 [J]. 林业科

技开发，2009，23(01):58–60.
[65] 徐丽萍，上官新晨，喻方圆. 秤锤树嫩枝扦插过程中营养物质含量的变化[J]. 江西农业大学学报，2012，34(01):50–53.
[66] 许方宏，方良，李孟. 影响桉树插穗生根的几个因素研究 [J]. 广东林业科技，2003(01):6–9.
[67] 许晓岗，丁芳芳，李苏蓉，等. 生长调节剂对垂珠花硬枝扦插生根及其氧化酶活性的影响 [J]. 甘肃农业大学学报，2014，49(01):89–98.
[68] 许晓岗，丁芳芳，童丽丽. 垂丝海棠、楸子扦插生根的生理机制 [J]. 东北林业大学学报，2013，41(05):91–97.
[69] 许晓岗. 垂丝海棠、楸子的扦插生根机理研究 [D]. 南京：南京林业大学，2006.
[70] 严兴余. 塔柏扦插育苗技术初探 [J]. 农业科技与信息(现代园林)，2009(06):51–52.
[71] 杨丽. 二色胡枝子扦插繁殖技术与生根机理研究 [D]. 北京：北京林业大学，2005
[72] 杨文化，孙志虎，王庆成. 土壤水分供应梯度对银中杨扦插生根及苗木生长的影响 [J]. 东北林业大学学报，2002(04):125–128.
[73] 杨秀莲，李春意，王良桂. 波叶金桂扦插生根过程中营养物质和激素含量变化 [J]. 江苏农业科学，2014，42(06):202–205.
[74] 袁利利. 华北五角枫扦插繁殖技术及生根机理的研究 [D]. 济南：山东农业大学，2012.
[75] 詹亚光，杨传平，金贞福，等. 白桦插穗生根的内源激素和营养物质 [J]. 东北林业大学学报，2001(04):1–4.
[76] 张金浩. 裸花紫珠扦插繁殖技术及生根机理研究 [D]. 北京：中国林业科学研究院，2014.
[77] 张梅春，杨立新. 紫杉扦插插穗生根过程的研究 [J]. 内蒙古农业科技，2007(02):48–50.
[78] 张猛，汤浩茹，王丹，等. 费约果插条生根特征和解剖特性研究 [J]. 果树学报，2009，26(04):498–501，592.
[79] 张明宏，叶景丰，金山，等. 影响树木播种和扦插繁殖的因素研究 [J]. 安徽农业科学，2014，42(01):135–136.
[80] 张往祥，宋元超，赵明明，等. 金雀花扦插生根过程中内源激素动态变化 [J].

林业科技开发，2014(05):61–64.
[81] 张国华．古树衰老状况及生理生化特性研究 [D]. 北京：首都师范大学，2009.
[82] 张雪，李隆云，杨宪．灰毡毛忍冬扦插繁殖过程中内源激素含量变化 [J]. 中药材，2012(04):521–525.
[83] 张忠微，石素霞，张彦广，等. 金露梅嫩枝插穗生根过程中营养物质含量变化研究 [J]. 河北农业大学学报，2008，31(04):56–59.
[84] 赵剑波, 姜全, 郭继英, 等. 桃的扦插繁殖技术研究进展 [J]. 北京农业科学，2002(02):14–17.
[85] 赵云龙，陈训，李朝婵．糙叶杜鹃扦插生根过程中生理生化分析 [J]. 林业科学，2013，49(06):45–51.
[86] 周建伟，郭利国．东北红豆杉扦插繁殖技术研究 [J]. 农业与技术，2013，33(10):64，115.
[87] Andreas Hamann. Adventitious root formation in cuttings of loblolly pine (Pinus taeda L.): developmental sequence and effects of maturation[J]. Trees,1998,123.
[88] Balakrishnamurthy O,Madhava R V N. Changes in phenols during rhizogenesis in rose (Rosa bourboniana Desp)[J]. Curr Sci,1988,57(17):960–962.
[89] Bhattacharya N C,Bhattacharya S,Nanda K K. Isoenzyme polymorphism of peroxidase,IAA oxidase,catalase and amylase in rooting etiolated stem segments of Salix tetrasperma[J]. Biochem Physiol Pflanz,1978,172(5):439–452.
[90] Céline S. , Luc N. , Thierry B. et al. Proteomic analysis of different mutant genotypes of Arabidopsis led to the identification of 11 proteins correlating with adventitious root development. [J]. Plant Physiology,2005,1401.
[91] Copes D L,Mandel N L. Effects of IBA and NAA treatments on rooting Douglas–fir stem cuttings[J]Newforests,2000,20(3):249–257.
[92] Crow W D,Qsawa T,Paton D M ,et a1. Structure of grandinol: a novel root inhibitor from Eucalyptus grandis–ScienccDirect[J].Tetrahedron Letters, 1977, 18(12):1073–1074.
[93] Fielding J M. Factors affecting the rooting and growth of Pinus radiata cuttings in the open nursery[J]. Australia Forest Timber Bur Bull,1969.
[94] Ford Y Y,Bonham E C,Cameron R W F,et al. Adventitious rooting: examining

the role of auxin in an easy-and a difficul t-to-root plant[J]. Plant Growth Regulation,2002,36(2):149-159.

[95] Gaspar T, Kevers C, Hausman J F, et al. Practical uses of peroxidase activity as a predictive marker of rooting performance of micropropagat ed shoots [J]. Agronomie,1992,12(10):757-765.

[96] Gyana R R. Effects of auxins on adventitious root development from single node cuttings of Camellia sinensis(L.)Kuntze a nd associated biochemical changes. Plant Growth Regul. 2006,48:111-117.

[97] Hartman T,Kester D E. Plant ProPagation-principle and Practices:3nd[M]. New Delhi:Prentice Hall of India,1976

[98] Hsen A. Rejuvenation and adventitious rooting in coppice-shoot cuttings of Tectona grandis as affected by stock-plant etiolation[J]. American Journ al of Plant Sciences,2011(2):370-374.

[99] Hua H. ,Shougong Z. ,Xiaomei S. . A review on the molecular mechanism of plants rooting modulated by auxin[J]. African Journal of Biotechnology. 2009,348-353.

[100] Hudson T. ,Dale E. Kester,Fred T. et al. Hartmann and Kester's Plant Propagation:Priciples and Practices[M]Prentice Hall;8th Revised edition. 2010.

[101] Husen A. Clonal propagation of Dalbergia sissoo Roxb and associated metabolic changes during adventitious root primordi um development [J]. New Forests,2008a(36):13-27.

[102] Husen A. Changes of Soluble Sugars and Enzymatic Activities During Adventitious Rootuing in Cuttings of Grewia optive as Affected by Age of Donor Plants and Auxin Treatments[J]. American Journal of Plant Physiology,2012(1):1-16.

[103] Husen A. Stock-plant etiolation causes drifts in total soluble sugars and anthraquinones and promotes adventitious root formation in teak(Tectona grandis L.)coppice shoots[J]. Plant Growth Regul. 2008b(54):13-21.

[104] Leif K. World's Oldest Living Tree-9550 years old-Discovered In Sweden[J]. DailyMail,2008 (4):20.

[105] Macheix J. J. ,Fleuriet A., Billot J. "Fruit Phenolics" [M]. Florida, 1990.

[106] Nicholls W, Crow W D, Paton D M. Chemistry and physiology of rooting inhibitors in adult tissue of Eucalyptus grandis. In:Carr D J(ed.). Plant

Growth Substances[M]. Berlin: Springer Verlag,1970: 324–329.

[107] Ooyamma N，Toyoshima A. Rooting ability of pine cuttings and its promotion[J]. Bulletin of Governmental Forestry Experiment ation Station,1965,179: 99–125.

[108] Osterc G. ,Stefancic M. and Stampar F. Juvenile stockplant material enhances root development through higher endogenous auxin level[J]. Acta Physiol Plant,2009(31): 899–903.

[109] Palanisamy K. ,Subramanian K. Vegetative Propagation of Mature Teak Trees(Tectona grandis L.)[J]. Silvae Genetica. 2001(50): 188–191.

[110] Paton D M,Willing R R,Nicholls W,et al. Rooting of stem cuttings of Eucalyptus: A rooting inhibitor in adult itssue[J]. Aust J Botany,1970,18(2): 175–183.

[111] Stems M. Crystal and molecular structure of a rooting inhibitor from Eucalyptus grandis[J]. Journal of Chemical Crysyallo graphy,1971,1(6): 373–381.

[112] Sunita K,Kochhar V K,Singh S P,et al. Differential rooting andsprouting behavior of two Jatropha species and associated physiological and biochemical changes[J]. Current Science,2005,89(6): 936–939.

[113] 板鼻直荣，东北林育，邓晓安 . 日本落叶松母树年龄对组织培养幼苗的影响 [J]. 广西林业科技，1992(02): 79–81.

[114] 陈勤，王斐，琚淑明 . 杉科植物组培生根机理研究综述 [J]. 林业实用技术，2011(05): 3–5.

[115] 程凌利，朱大柱，黄迪南，等 . 端粒保护蛋白 1(POT1) 的研究进展 [J]. 中国生物工程杂志，2012，32(07): 120–126.

[116] 费学谦，阙国宁，周立红 . ZT、ABA 等内源物质与杉木树龄及其组培复壮的关系 [J]. 林业科学研究，1992(03): 317–320.

[117] 辜夕容，石大兴 . 圆柏组织培养繁殖研究 [J]. 亚热带植物通讯，2000(02): 40–42.

[118] 金江群，韩素英，郭泉水 . 柏科植物组织培养研究现状与展望 [J]. 世界林业研究，2012，25(02): 34–40

[119] 李春艳，王林和，慈忠玲 . 臭柏愈伤组织的诱导 [J]. 内蒙古农业大学学报（自然科学版），2000(02): 58–62.

[120] 石美丽，宋西德 . 叉子圆柏组织培养和快速繁殖研究 [J]. 陕西林业科技，2008(02): 15–17，27.

[121] 帖君，房殿春 . POT1 与端粒 [J]. 重庆医学，2005(09):1429–1431.
[122] 汪劲武 . 柏科植物古树多 [J]. 植物杂志，1999(05):34–36.
[123] 王冲 . 端粒相关蛋白 TRF1 和 PinX1 的翻译后修饰研究及功能解析 [D]. 杭州：浙江大学，2011.
[124] 王春玲，周波 . 古树名木景观在园林中的应用 [J]. 旅游纵览，2011(12): 135–136.
[125] 王雅群 . 颐和园古树组培快繁及端粒酶活性研究 [D]. 北京：北京林业大学，2009.
[126] 王建华，齐力旺，韩素英 . 绒柏的组织培养和植株再生 [J]. 植物生理学通讯，2006(01):76.
[127] 吴大忠 . 不同杉木无性系组织培养繁殖特性的比较研究 [D]. 福州：福建农林大学 :2007.
[128] 吴代坤 . 秃杉组织培养技术研究 [J]. 林业实用技术，2002(10):11–13.
[129] 徐红梅，黄和平，张家来，等 . 古树名木研究概述 [J]. 湖北林业科技，2012(02):34–37，57
[130] 徐龙光 . 黄帝手植柏的组织培养和硝酸还原酶活性测定 [D]. 杨凌：西北农林科技大学，2014.
[131] 于飞飞 . 水杉离体组织培养及其影响黄酮类物质合成因素的研究 [D]. 重庆：西南大学，2010.
[132] 张玫瑰 . 杉木优良无性系组织培养及再生体系研究 [D]. 福州：福建农林大学，2013.
[133] 张守英，杜小光，李玲 . 兴安落叶松组织培养不定根诱导的研究 [J]. 林业科技通讯，1993(05):8–10.
[134] 张建瑛，邢亚娟，白卉，等. 胡桃楸最佳初代组织培养选择的研究 [J]. 林业科技，2011，36(06):5–6.
[135] 张秀华 . 龙柏组织培养研究 [J]. 安徽农业科学，2011，39(24):14548–14549，14592.
[136] 郑广顺 . 古树快繁及端粒长度与树木年龄关系的研究 [D]. 北京：北京林业大学，2012.
[137] 郑国欢，周燕，高岚，等. 侧柏种胚快速成苗探析 [C]. // 中国风景园林学会 . 中国风景园林学会 2013 年会论文集（下册）. 中国风景园林学会：2013:4.

[138] Babizhayev M A,Savelyeva E L,Moskvina SN,,et al. Telomere length is a biomarker of cumulative oxidative stress,biologic age,and an independent predictor of survival and therapeutic treatment requirement associated with smoking behavior[J]. American Journal of Therapeutics,2011,18(6): e209–e226.

[139] Bah A, Wischnewski H,Shchepachev V,et al. The telomeric transcriptome of Schizosaccharomyces pombe[J]. Nucleic acids research,2012,40(7): 2995–3005.

[140] Blackburn E H. Structure and function of telomeres[J]. Nature, 1991, 350(6319): 569–573.

[141] Bundock P, van Attikum H, Hooykaas P. Increased telomere length and hypersensitivity to DNA damaging agents in an Arabidopsis KU70 mutant[J]. Nucleic acids research,2002,30(15): 3395–3400.

[142] Bertioli D. Rapid amplification of cDNA ends/PCR Cloning Protocols[M]. Humana Press,1997: 233–238.

[143] Chang E,Shi S,Liu J,et al. Selection of reference genes for quantitative gene expression studies in Platycladus orientalis (Cupressaceae) using real–time PCR[J]. PloS one,2012,7(3): e33278.

[144] Chang J,Dinney C P, Huang M,et al. Genetic variants in telomere–maintenance genes and bladder cancer risk[J]. PLoS ONE,2012a,7(2): e30665.

[145] Colgin L M,Baran K, Baumann P,et al. Human POT1 facilitates telomere elongation by telomerase[J]. Current biology,2003,13(11): 942–946.

[146] de Lange T. Shelterin: the protein complex that shapes and safeguards human telomeres[J]. Genes and Development,2005,19: 2100–2110.

[147] de Lange T. T–loops and the origin of telomeres[J]. nature reviews molecular cell biology,2004(5): 323–329.

[148] Entringer S,Epel E S,Kumstac R, et al. Stress exposure in intrauterine life is associated with shorter telomere length in young adulthood[J]. PNAS,2011, 108(33): E513 – E518.

[149] Fajkus J,Sýkorová E,Leitch A R. Telomeres in evolution and evolution of telomeres[J]. Chromosome Research,2005,13(5): 469–479.

[150] Flanary B E,Kletetschka G. Analysis of telomere length and telomerase activity in tree species of various life–spans, and with age in the bristlecone

pine Pinus longaeva[J]. Biogerontology,2005,6:101–111.

[151] Franco S,Canela A,Klatt P,et al. Effectors of mammalian telomere dysfunction:a comparative transcriptome analysis using mouse models[J]. Carcinogenesis,2005,26(9):1613–1626.

[152] Gomez M P,Segura J. Morphogenesis in leaf and single-cell cultures of mature Juniperus oxycedrus[J]. Tree physiology,1996,16(8):681–686.

[153] Harley C B, Futcher A B,Greider C W. Telomeres shorten during ageing of human fibroblasts[J]. Nature,1990,345:458–460.

[154] Harte A L,da Silva N F,Miller M A,et al. Telomere length attrition,a marker of biological senescence,is inversely correlated with triglycerides and cholesterol in South Asian males with type 2 diabetes mellitus[J]. Experimental diabetes research,2012.

[155] Heidinger B J,Blount J D, Boner W,et al. Telomere length in early life predicts lifespan[J]. PNAS,2012,109(5):1743–1748.

[156] Hong J P,Byun M Y,An K,et al. OsKu70 is associated with developmental growth and genome stability in rice[J]. Plant physiology,2010,152(1):374–387.

[157] Houghtaling B R,Cuttonaro L,Chang W,et al. A dynamic molecular link between the telomere length regulator TRF1 and the chromosome end protector TRF2[J]. Current biology,2004,14(18):1621–1631.

[158] Issartel J, Coiffard C. Extreme longevity in trees:live slow,die old?[J] Oecologia,165(1):1–5.

[159] Kondo T,Oue N,Yoshida K, et al. Expression of POT1 is associated with tumor stage and telomere length in gastric carcinoma[J]. Cancer research,2004,64(2):523–529.

[160] Lanner R M,Connor K F. Does bristlecone pine senesce?[J].Experimental gerontology,2001,36(4/5/6):675- 685.

[161] Lanner R M. Why do trees live so long. Ageing Research Reviews[J], 2002,1(4):653–671.

[162] Lee M S,Yaar M,Eller M S,Rünger TM,Gao Y, Gilchrest BA. Telomeric DNA induces p53-dependent reactive oxygen species and protects against oxidative damage[J]. Journal of Dermatological Science, 2009,56(3):154–162.

[163] Liu D,Qiao N,Song H,et al. Comparative analysis of telomeric restriction

fragment lengths in different tissues of Ginkgo biloba trees of different age[J]. Journal of Plant Research,2007, 120:523–528.

[164] Loayza D,de Lange T. POT1 as a terminal transducer of TRF1 telomere length control[J]. Nature,2003,423(6943):1013–1018.

[165] Loayza D,de Lange T. POT1 as a terminal transducer of TRF1 telomere length control[J]. Nature, 2003,423(6943):1013–1018.

[166] Mather K A,Jorm A F,Parslow RA et al. Is telomere length a biomarker of aging?[J] The Journals of Gerontology:Series A,2011,66A(2):202–213.

[167] Mimi L Kurz,David T Webb,William E Vidaver. Micropropagation of yellow cedar(Chamaecyparis nootkatensis)[J]. Plant Cell, Tissue and Organ Culture,1989,18(3):297–312.

[168] Monaghan P,Charmantier A,Nussey DH,et al. The evolutionary ecology of senescence[J]. Functional Ecology,2008,22(3):371–378.

[169] Monteuuis O. Rejuvenation of a 100 - year - old Sequoiadendron giganteum through in vitro meristem culture. I. Organogenic and morphological arguments[J]. Physiologia Plantarum,1991,81(1):111–115.

[170] Muller FL,Lustgarten MS,Jang Y, et al. Trends in oxidative aging theories[J]. Free Radical Biology and Medicine,2007,43(4):477–503.

[171] Munné–Bosch S. Do perennials really senesce?[J]Trends in Plant Science,2008, 13(5):216–220.

[172] Nelson A D. Lamb J C. Kobrossly PS. et al. Parameters affecting telomere–mediated chromosomal truncation in Arabidopsis[J]. The Plant Cell, 2011,23(6):2263–2272.

[173] Riha K,Fajkus J,Siroky J,et al. Developmental control of telomere lengths and telomerase activity in plants[J]. The Plant Cell, 1998,10:1691–1698.

[174] Schoeftner S,Blanco R,de Silanes IL, et al. Telomere shortening relaxes X chromosome inactivation and forces global transcriptome alterations[J]. PNAS,2009,106(46):19393–19398.

[175] Shakirov E V, Shippen D E. Length regulation and dynamics of individual telomere tracts in wild–type Arabidopsis[J]. Plant Cell, 2004,16:1959–1967.

[176] Shakirov E V, Perroud P F, Nelson A D,et al. Protection of telomeres 1 is required for telomere integrity in the moss physcomitrella patens[J]. Plant